大雅

为一种品格注脚

拜德雅
Paideia

建筑与虚无主义

论现代建筑的哲学

［意］马西莫·卡奇亚里（Massimo Cacciari）｜著

杨文默｜译

广西人民出版社

目录

前言

这本书集结了我借助审美哲学的问题意识角度，针对现代建筑的特定方面所写的最重要的几篇文章。第一部分收入了我的一本小书《大都市》（*Metropolis*, Rome: 1973），以及另一本书《瓦尔特·拉特瑙和他的生活环境》（*Walter Rathenau e il suo ambiente*, Bari: 1979）中的一章。第二部分包括《路斯与维也纳》（Loos-Wien）一文，原先出版于我与 F. 阿门多拉齐尼（F. Amendolagine）合著的《家政》（*Oikos*, Rome: 1975）。关于这位伟大的维也纳建造大师（Baumeister），第三部分还有我最重要的文章《路斯和他的天使》（*Loos e il suo angelo*, Milan: 1981），其他几篇短文选自我的另一本书《来自斯坦因霍夫：20 世纪初的维也纳风景》（*Dallo Steinhof: Prospettive viennesi dell'inizio del secolo*, Milan: 1980）。另外，我建议英语世界的读者们参考我的《欧帕里诺斯或建筑》（Eupalinos or Architecture）一文[1]，它已经被翻译成了英文，刊登于 1980 年第 21 期的《对置》（*Oppositions*），这篇文章为本书所发展的基本主题提供了一般的参照框架，即作为一个整体的现代建筑史。后记《论虚无主义的建筑》则是为这个英文版特地撰写的，本质上这是一篇审美哲学的论说文，那些建筑史专家们也许会觉得它有些不太友善，然而他们或许可以在一个适意得多的语境里发现同样的理念，那就是本书的第 10 章，

---

1 见本书附录。——译注（本书未标明“译注”的注释均为原注）

《路斯和他的天使》。

我对以上全部文章都进行了修改，为了把它们作为一个独立的整体在美国出版。在此向我的好友及译者斯蒂芬·萨塔雷里（Stephen Sartarelli）表示深挚的感激，他一定受够了我的“语源学”；还有马克·拉卡坦斯基（Mark Rakatansky），对于在今天出版这些“旧作”的时宜性，他帮助我克服了部分疑虑。我既没有更改自己在这些论文中提出的根本实质性内容，也没有增改关键的部分，因为那样的工作无异于引导我自己再去写几部其他著作。另外，在检验现代建筑的理性（ratio）时，这些文章所采用的方式，以及其中所引用的那些不同寻常的美学与哲学参照，已经经历了一定程度的传播和影响，证明了即使在建筑史与城市规划这些更加具体的学科领域中，它们也能取得丰硕的成果。在过去的几年里，我已经很少再就这些主题专门写文章，但我依然对它们抱有积极的兴趣——尤其是在我讲授的大学课程里——对贯穿了我们整个智识传统的建筑和哲学之间的关系的兴趣，或者说，对两者之间连续不断的隐喻线索的兴趣。在写这些文章的时候，我尚未清楚地意识到它们究竟何以是“维特鲁威式的”（Vitruvian）。我一直认为建筑学是取决于多门学科与各种修习的专门知识（scientia pluribus disciplinis et varii eruditionibus ornata），而建筑师则是那个登上建筑圣殿之顶点（ad summum templum architecturae）的人，他是一位真正的作者（author），一位造物者（demiourgos），也就是说，一位有能力在工作中取得影响力（cum auctoritate）的创造者，因为他的劳动包含了作品及其背后的推理（ex opere et eius ratiocinatione）。[1] 恰恰是这种

1　这句话所引用的拉丁文全部来自维特鲁威（Vitruvius）的《建筑十书》（*De architectura*）第一书第1章。——译注

推理（ratiocinatio），这种反思与中介能力，在20世纪那些最伟大的“建造者”身上始终在场，在此，我试图通过它的全部张力与冲突阐明这一点。当然，读者们还会注意到，在这本书所收录的近期著作与早期著作之间，存在着语调和视角上的差异，然而我的确希望读者们把握到一种内在的一致性，或者至少把握到某种不变的执着：为了理解这门艰深技艺（tékhnē）的本质性与构成性疑难，我努力想要超越一切时髦的思潮，超越一切简单的记录——并超越一切僵死的学院教条。

马西莫·卡奇亚里

威尼斯，1992年6月

第一部分

否定与大都市的辩证法

1. 大都市

大都市的问题，作为现代生存与其形式之间的关系问题，是格奥尔格·齐美尔（Georg Simmel）全部哲学由以发端的起点。为了理解这种哲学，为了在不局限于印象式评注的同时成功地分离出它的历史意义，就必须从这个起点出发——它的重要性尽数囊括于《大都市与精神生活》（*Die Großstädte und das Geistesleben*）[1]，这篇杰出的论说文重启了对《货币哲学》（*Philosophie des Geldes*）中关键主题的讨论，并通过一种新的综合呈现了它们。在这篇写于1903年的文章与三十年后出现的瓦尔特·本雅明（Walter Benjamin）有关波德莱尔（Baudelaire）与巴黎的片段[2]之间，横亘着整个先锋派运动及其危机。[3]但为什么这一历史时段的边界可以由这两份关于大都市的、详尽的历史哲

1 格奥尔格·齐美尔（Georg Simmel），《大都市与精神生活》（Metropolis and Mental Life），见《论个体性与社会形式》（*On Individuality and Social Forms*），唐纳德·E. 莱文（Donald E. Levine）编，Chicago: 1971。这篇文章有两个意大利文译本，见《人的图像》（*Immagini dell'uomo*），Milan: 1963；《城市与社会学分析》（*Città e analisi sociologica*），Padua: 1968。

2 瓦尔特·本雅明（Walter Benjamin），《第二帝国时期的巴黎与波德莱尔》（The Paris of the Second Empire and Baudelaire），见《新天使》（*Angelus Novus*），Turin: 1962。

3 先锋派的危机构成了本书的整个分析框架。我在《危机》（*Krisis*, Milan: 1976）和其他地方也谈到过这一点。曼弗雷多·塔夫里（Manfredo Tafuri）将《球体与迷宫：从皮拉内西到1970年代的先锋派与建筑》（*La sfera e il labirinto. Avanguardia e archiettura da Piranesi agli anni '70*, Turin: 1980）的中心部分献给了这个主题。

学讨论所决定呢？大都市意味着什么？

大都市是社会关系的合理化过程所承担的一般形式。紧接着生产关系合理化的阶段，出现了全部社会关系合理化的阶段或者说问题。在齐美尔看来，这是现代生存的决定性时刻；在本雅明看来，这是资本统治作为社会结构的更深层时刻。在任何一种情形下，这个过程的形式总是精神化（Vergeistigung，精神［Geist］的实现过程）的形式，这个过程从人格当中抽象出来，并且在主体性之上重建为计算、推理、利益。在这个意义上，精神生活（Geistesleben，或者说智识生活）可以被理解为大都市的生活本身。不存在超越了“大都市类型”、超越了大都市（Großstadt）的真正发达的精神；也不存在任何不表现心灵生活的大都市——确切地说，通过一种完全发达的、将社会领域成功地整合进自身当中的形式，通过它的一切细枝末节，大都市表现了心灵的生活、理性的生活。当精神放弃了单纯和直接的生产关系，它所创造的就不再是城市，而是大都市。居于大都市中的必然是精神，而非个体。这是大都市的客观理性。

齐美尔以一种精确的方式提供了这个历史运动的问题意识。由于精神的现代概念是一个辩证概念，大都市便以神经生活（Nervenleben）与知性（Verstand）之间的反题作为基础，这个反题不断地肯定又消解自身。“大都市人格类型借以出现的心理学基础是神经生活的紧张程度（die Steigerung des Nervenlebens），它来自外部和内部印象迅速且连续的变换。”[1]然而，这种神经生活的紧张程度奠基于连续不断的“革新”，因而同乡村生活的传统和神话色彩直接相矛盾，它在一个“器官”的创造中得到“升华”，这个“器官”意在保护个体远离那些威胁要“根

1　齐美尔，《大都市与精神生活》，见《论个体性与社会形式》，227-228。

除”他的力量（Entwurzelung，被根除性），那些袭向他的力量“来自其外部环境的趋势与矛盾……他并非凭借情感（das Gemüt）做出反应，而是凭借知性、凭借意识的紧张程度（die Steigerung des Bewusstseins）做出反应”[1]。情感从此成了一个彻头彻尾保守的概念。但是情感并非对立于那种由突入印象造成的知觉非连续性的单纯生活。这个生活仅仅是大都市的外观。情感不再是社会关系的综合基础，它反倒处于同神经生活还有知性相对立的位置。因此，大都市扩展了知觉的范围，增加了刺激的数量，而且似乎把个体从简单的重复中解放了出来——但是这个过程只能被控制在“知性的尺度”以内，后者包含了这些刺激，并且辨识和阐明了它们的多元性。作为主体性的共同尺度，知性把自己强加在个体性之上。大都市的“神经生活”因此无论如何也不会返回到“人格的深层区域”[2]，它反倒是推进的动力，是知性的燃料。这两者之间不存在矛盾，严格地讲，这甚至也不是有关两个不同层面的问题。神经生活是知性的条件——它的权力、它的统治完全被整合于其中的一个内部条件。没有这个“神经生活”，就无法全面控制大都市的进化。由此推至最终结论，精神化与神经生活的紧张程度是同一个过程。大都市的广包合理性，即系统，内在于刺激，而当刺激被接收、发展和理解时，刺激本身就成了理性。由此我们就获得了对大都市功能的第一项精确定义：它将个体性消解为印象流，又严格地按照它们的构成将其重新整合为精神化的全面过程。在进化的第一阶段，大都市将个体性从保守的稳定性中根除；以这种根除为起点的过程必然会导致那种辩证的推理，它治理、度量并指导社会关系，即大都市的利益（inter-esse，交互-

1　齐美尔，《大都市与精神生活》，见《论个体性与社会形式》，228。

2　同上，229。

存在）。

神经生活所承担的合理秩序也影响到了政治领域。在大都市的情势中，革命的过程本身是彻底知性的，就像托克维尔（Tocqueville）所观察到的那样："我整个下午在巴黎到处游逛，有两件事令我惊讶不已：第一，独一无二的革命群众性……人民的无所不能……第二，实际上缺少怨恨的情绪，不管是哪种怨恨的情绪。"[1] 在最后的分析中，阶级利益被构想为具有几何学的清晰性，它清除了一切可能的目的论的或道德情操的综合，因而只能居于大都市中。

这个知性的系统，它的历史构成，就是货币市场经济。"货币经济同知性的统治非常紧密地相联系"，齐美尔写到。[2] 这种抽象既来自个体性，又来自被给予性（无论是客观的，还是超越的），它在决定了这种经济的同时，还决定了这种知性统治。在这些力量面前，一切表现质量关系的事物都被淘汰：剩下的只有一个合理化计算关系的系统，它杜绝了意外的可能性。货币经济将经济关系形式化，正如知性将心智的关系与运动形式化一样；它令使用价值超越化，正如知性令直接的刺激和印象的质量超越化一样。这样一来，我们就能发现知性同货币经济在大都市中有着怎样千丝万缕的联系，以及大都市如何成为交换的场所、生产的场所还有交换价值的流通。整个循环也因此变得清晰：神经生活对应于从交换价值向使用价值连续不断的革新质变——也就是说，它对应于交换价值成为实在价值的必然实例。知性，反过来从使用价值的外观中抽象出交换价值的实体；它从过程中抽取出货币，从而正确地反映了商品本身——也就是说，它再一次生产了交易。

1　阿列克西·德·托克维尔（Alexis de Tocqueville），《回忆录》（*Souvenirs*），Paris: 1850。

2　齐美尔，《大都市与精神生活》，见《论个体性与社会形式》，229。

大都市是这整个循环的场所：它使所有这些实例具有交互作用的功能。只要我们面对着孤立的使用价值，或者面对着单纯的商品生产，或者当这两种实例在非辩证的关系中并排站立时，我们就依然在“城市”中。反之，当生产承担了它自身的社会根据时，当它决定了种种消费模式并成功地使它们具备更新这个循环的功能时，我们就在大都市中。大都市必须设定一种运动中的神经生活，为了通过使用价值实现知性所生产的交换价值——从而也为了再生产出知性的实存所要求的那些条件。

在米什莱（Michelet）写于 1846 年的《人民》（*Le Peuple*）一书中，部分段落就描述了这种辩证法。当 1842 年的纺织业危机跌至谷底时，一件“意料之外的事情”发生了：棉布价格降到了六个苏[1]！“这对于法国而言简直是一场革命……我们看到人民能够成为何等巨大和有力的消费者，一旦他们下定决心这样做。”“遍地的羊毛织物都降临在了人民身上，使大家充满活力。”“过去，每个妇女都穿着长年不洗的蓝色或黑色裙子，因为害怕它会被洗成碎片……现在，只需要花费一天的工钱，她那个做苦工的穷丈夫，就能为她买一身印花图案的裙子。一大群不久前还身着丧服的妇女，如今已经变成了沿着人行道的绚丽彩虹。”林荫大道的神经生活，这幅印象派作品令新型工业策略的知性变得具体、形象；米什莱非常明确地将它理解为全部资本再生产的决定性元素。

但是这个货币市场经济——也就是神经生活和知性之间牢不可破的关系得以在其中贯彻自身的那个经济——渗透并塑造了个体性。个体将货币经济内化的过程，标志着齐美尔的分析中最后的也是最重要的一点。我们在这里看到了辩证过程的极致——而早先的那些定义则丧失了它们的一般有效性。只有当知性化了的

1　法国旧有辅币。——译注

刺激多元性变成行为时，精神化才得以完成，人们才能确保个体的自主性并不存在于精神化之外。为了证明这一结论具有无所不包的有效性，我们就必须能在那种最明显的行为癖好里，展现出抽象和计算的形式所具有的优先地位，展现出大都市的产物。

厌倦（blasé）类型同诸现象最为疏远、最少向任何交流经验敞开，它集中体现了知性对事物的质量——它们的使用价值——漠不关心。厌倦态度暴露了差异的虚假性。在齐美尔看来，持续的神经刺激与对快乐的追求，最终是——从其客体的特定个体性之中——被完全抽象出来的经验："任何一个客体都不比其他的更受偏爱。"[1]客体揭示了它作为交换价值的历史本质，而且它的确被当作是这样。单纯的消费行为同一切商品的等价性处于恒常关系中。在这个过程中，享乐本身丧失了：人同事物的关系、同事物之宇宙的关系被彻底地知性化了。精神化与"商品化"在厌倦态度中合而为一：凭借这一态度，大都市最终创造了它自己的"类型"；它的一般结构最终变成了社会现实与文化事实。货币在这个实例中发现了它的最本真的承载。厌倦类型根据货币的本质——作为商品的普遍等价物——使用货币：他用货币获取商品，非常清楚自己无法接近这些货物，他不能命名它们，他不能爱它们。带着一丝绝望感，他意识到事物和人已经取得了商品的地位，而他的态度又内化了这一事实。普遍的等价性通过怨愤得到表现，但这种怨愤仅仅是知性的无所不能之产物。对神经生活的专注似乎主导了厌倦的经验，从而——"在整个客观世界的贬值中"[2]，在找寻独一个体（unicum）的枉然中，在对一度笼罩着主体间关系的超验光环的亵渎中——显明了自身。厌倦类型不但没有开始

1　齐美尔，《大都市与精神生活》，见《论个体性与社会形式》，232。

2　同上，233。

大都市的新神话，反而将一切事物还原为货币，将一切经验还原为知性的尺度，尽管随着其自身情势的个体自主性的终结，他的神经生活被整合进了大都市的总体性——对此他感到绝望。城市是那些作为矛盾的差异之所在，差异依然允许“魔术般”独立自足的文化实体存在；大都市则是那些作为价值尺度与价值计算的差异之所在，差异将每一现象整合进抽象价值的辩证法当中。在第一种情形中，显露出了一个常数；在第二种情形中，则显露出了同知性计算之间一种必然的、功能性的关系。

齐美尔的分析之所以重要，正是因为他把对大都市的社会学描述引向了对其特定意识形态的孤立。厌倦类型的批判不再只是对大都市生活的一种特殊显现进行描述，反倒恰恰象征着它的文化，象征着它的自身反映。齐美尔最为杰出的洞见就是他认识到了在一种否定性思想的形式下对这个意识形态来说最适当的表达。[1] 如果说厌倦类型充分反映了大都市的结构，那么这并不是因为他与它完全一致或他是它的简单反映，而是因为他从这样一个视角去理解它，即他自己无法超越它，也就是说，从他自身被否定的个体性的视角去理解它。简单地反映它就是根本不反映它：在这一单纯反映的种种形式和模式，同大都市特定的辩证结构之间，任何一致性都是不可能的。只有这样一种思想才能表现大都市的意识形态，它通过神经生活构想了知性的优先地位，或者再进一步，它理解了神经生活的合理构成与合法地位——也就是说，只有这样一种思想才能表现大都市的意识形态，它不是根据否定、而是根据使用和功能性来看待个体性的归类。这个意识形态来自一切“否定性”——也就是关于传统综合与城市人文主义的一切

1　关于否定性思想这一术语，请读者们参考拙著《危机》。这本书的出版在意大利所引发的讨论带来了有关这个概念的一些重要进展，很遗憾我在此还来不及介绍它们。

否定性批评——迸发之处。它也来自这个否定被彻底内化之处，只要主体在自己的内心深处感受到了他的任务何等重要，那个任务是“去神秘化”，是获取一种被给予者的悲剧意识。

这是齐美尔结束与本雅明开始的地方。齐美尔通过厌倦类型描画了大都市的意识形态，这几乎将他引向了个体化——尽管个体化只是间接从属于否定性思想同资本主义社会化过程之间在一个特定历史节点上牢不可破的联系。恰恰是否定性思想（但只有它的辩证法）能反映出作为一种功能性矛盾之结构的大都市。否定性思想预先假定了矛盾，也正是因为这个缘故，前者才能够在精神化的过程中包含后者，矛盾本身在这个过程中承担了一项功能。“魔术般”先天地还原掉矛盾，这将会摧毁大都市的整个合理基质。但是齐美尔没有利用否定性思想的视角，而这原本可以让他分离出大都市的*理论*——通过将大都市视为对资本主义增长进行社会整合的基本系统。齐美尔把厌倦类型当作大都市的一分子，而非讨论大都市本身的一种工具。他把否定性思想带回了大都市，却没有解释这何以能表明发现大都市本身的否定性。只有这样，一种大都市的意识形态才能成为一个切实可行的主张。但正是因为前述论点中各种术语的功能并没有通过假设得到规定，所以齐美尔只解释了否定性思想的大都市形式，而非否定性思想在大都市内部的功能；他解释了神经生活同知性在大都市中的关系，而非这一关系的使用。齐美尔认为货币与市场经济的优先地位是一种单纯涉及商品流通水平的现象。既然如此，大都市似乎依然是一个易于进行意识形态实验的“开放位置”，而不是一种政治支配的工具或一种——已经既在经济上又在意识形态上独立自足的——政治功能。

依齐美尔所言，封建社会轨道的断裂“在一种精神化且高雅的意义上”给了人自由。[1]这种自由并未遭受到像否定性思想一样

1　齐美尔，《大都市与精神生活》，见《论个体性与社会形式》，237。

的批评，以厌倦态度来看，它不再是诸权利的形式自由，而是人格自由的具体拓宽，是实在权力的获取。大都市视域的拓宽，即资本市场的拓宽，使大都市成为“自由的中心”，此处的自由意味着个体性的“泛滥”及其质料的自我丰富。正如一个人并非终结于“他的身体边界或他的当下活动所填充的空间边界”[1]，同样，大都市包含着效应链条这一事实，则象征着它对边缘地带握有统治权，象征着它所独有的权力意志。在齐美尔看来，这一事实理应表明自由所及的最大限度，即个体自由所及的最大权力。依照这个逻辑，劳动分工唤醒了一种对于个人生存来说愈益个体化的需求。个体从旧的“社交圈”中获得的解放则在意识形态上驱散了随之而来的异化。齐美尔可以根据微不足道的“专门化”或“客观精神”与“主观精神”之间的对比来谈论劳动的社会分工，而恰恰是这一事实使他能够从劳动分工当中拾取到有关平等关系的一个完全积极的信号。劳动分工的普遍性已经成熟为一种对个人自由的需求，它成了一种对平等的要求，但在这个平等之中理应存活着刚刚发现的那种人格。对于包含在大都市当中的资产阶级社会的全部经济与法律关系，齐美尔依照它们直接的意识形态实证意义来加以理解：资产阶级法律形式主义自由的精神化，被当作了实在的自由——资本市场，一种人格的紧张化——而劳动的社会分工则被当作平等的基础，一种个体化的、“歌德式的”平等。因此，齐美尔所阐发的大都市的意识形态依然是一种综合的意识形态。它的形式既包含了极端的个体性在社会总体性中的显露，又包含了这一总体性在个体中的持续内化。

经由专门化所创造的“人格需求”，人类的价值回到了主体，但这个主体只能是平等的主体与劳动的社会分工。“大都市的功

1　齐美尔，《大都市与精神生活》，见《论个体性与社会形式》，238。

能是为这一斗争及其和解提供舞台。”[1]显然，齐美尔处理上述论点中诸元素的方式所针对的就是这个结果。神经生活与知性之间的关系充当了个体同一般的这个综合，而非资本主义生产关系的精神化理论。他对这个精神化的描述仅仅处理了流通领域，这足以在知性的特定层面重申个体自由，却不足以批判法定的与形式的自由。齐美尔使用否定同市场形式之间的关系，不是为了定位这个市场的历史运作，而是为了勾画出特殊性（被单纯地当作否定的，在一种辩证的意义上）与社会之间的综合。这之所以可能，是由于他的分析所给出的首要基本结论包含着直接的混淆：大都市的形式同否定性思想之间的一致性。正当否定性思想开始指向对资本主义支配在历史上的某种特定形式的孤立或觉察时，通过预先假定这一形式本身——从而既摆脱了任何怀旧乡愁，又摆脱了任何乌托邦——齐美尔直接将这个形式还原为个体性在大都市中的一种单纯表现：个体性断言了自身，意欲实现它的权利，并要求自由。这篇论说文最终的综合——“大都市与精神生活”——回答了这个要求。然而这个综合与对厌倦类型和否定性思想的实际讨论彻底无关，它对于齐美尔就上述材料所做的具体展开来说也完全不是必须的。这个综合妄图复苏共同体——礼俗社会（Gemeinschaft）——的价值，以便在社会中，也就是在法理社会（Gesellschaft）中重新肯定它；它复苏了那个礼俗社会的个体化自由与平等，并使它们成为这个法理社会的意识形态支柱。但这个综合恰恰是否定的理论所要拒绝的。齐美尔的大都市被注入了一种“灵晕”（aura），它将在魏玛的神话中再次倾覆。

在这一点上，齐美尔的大都市不可能再被当作资本主义社会关系的象征。它为知性所支配，知性依然朝向个体性的价值，找

1 齐美尔，《大都市与精神生活》，见《论个体性与社会形式》，242。

寻着人性。这无非是否定所造成的贬值（Entwertung）——尽管我们已经看到，恰恰是否定的这种悲剧的、没有价值的（wertfrei）角色，最精确地表现了大都市的形式与功能。

我们是否必须由此得出这样一个结论，那就是齐美尔的综合没有表达出——对包含在大都市中的精神化过程的——资产阶级分析的根本需求？然而问题比这复杂得多，也许它能帮我们理解齐美尔最初的历史意图，以及他在历史上的位置。齐美尔跟随着否定及其逻辑，直到这个逻辑在关于增长条件的理论中激烈地重新断言自身，它斩除了对过去的社会平衡进行综合、控制，抑或政治意识形态复苏的一切可能性——否定性思想记录了历史中发生的跳跃、断裂、革新，而非过渡、流动、历史连续体。而这便是它的强大功能、它作为象征的价值；它不仅再现了危机在资本主义增长中的运动，而且再现了在这种增长内部发挥作用的危机本身。

可是，战术方法——或者说意识形态的政治——同危机的这个新方面是并存的。有可能将否定的诸前提推至其逻辑极限，也就是达到危机本身的本质性；但同样有可能将这些前提局限于既定的历史与社会情势，使它们具有意识形态工具的功能。第一种情形关系到与传统的根本决裂：任务在于找到一个针对现存冲突的不同方案。第二种情形则关系到先前意识形态综合的重建主张，而这也正是齐美尔的情形。正如卢卡奇（Lukács）所指出的那样，齐美尔的确是一位过渡的（Übergang）哲学家。[1] 通过激化危机，

1　格奥尔格·卢卡奇（György Lukács），《格奥尔格·齐美尔》（Georg Simmel, 1918），见《致谢格奥尔格·齐美尔之书》（*Buch des Dankes an Georg Simmel*），Berlin: 1958。与卢卡奇对齐美尔思想的定义相类似，恩斯特·布洛赫（Ernst Bloch）将齐美尔称为不确定的思想家（Vielleichtsdenker）——在 1958 年的一篇文章里，现收入《哲学手稿》（*Philosophische Aufsätze*），Frankfurt am Main: 1969。但在布洛赫看来，这个术语具有一个根本上否定的价值：它展示出了内容与决断的匮乏。没有必要再指出卢卡奇关于齐美尔的立场将会在《理性的毁灭》（*Die Zerstörung der Vernunft*, Berlin：1954）中发生彻底转变。

否定寻求那些随跳跃出现的必要条件。通过把危机的意义重建为对综合的怀旧乡愁，齐美尔也加入了对这些条件的找寻，却背负着过去的灵晕：他和过去结成了同盟。

除了隐喻，所有这一切同样揭示出了齐美尔整个立场的根本目标：他为资本主义社会统治的一般条件的跨增长（transcrescence）接续了一种意识形态。[1] 齐美尔是一位过渡的哲学家，因为他理解跨增长现象不仅表明了理论倒退，而且还表现了阶级需求，即辩证地超越过去的综合，而非拒绝它们。在齐美尔的论点中，对大都市中的礼俗社会理念、歌德式的专业化个体性和资本主义市场条件下的自由贸易人格的坚持——这种坚持象征着这个一般的、根本的需求。除非通过这些同盟的形式，否则资本主义的统治不可能在历史上存在；除非通过跨增长，否则它的无所不包的合理性也不可能存在。

齐美尔的论点是历史与政治的，否定的论点则是理论与分析的。但是对于现代资产阶级的意识形态来说，齐美尔的根本意义在于他懂得在一个决定性的时段中使用否定，只要事实证明否定的论点在历史上是有用的。接受否定并使它在既定条件与政治危情的内部运转，这一步骤——意识形态需要阐明它——随后将会支配现代社会学的整个传统。接下来我们将会更加清楚地看到，这种对否定的“同化”构成了齐美尔所探究的真正主题，此后它变成了一个宽广而持久的方法论模型。它的本质特征是对增长所带来的矛盾的一种系统性解决。凡断裂之处，必有过渡。齐美尔正是这样再现了从城市到大都市的过渡。城市与城市人的种种价值也只有这样才能被保存在大都市中。这种保守工作有意识地通

1　对于跨增长这个概念，见约瑟夫·A. 熊彼特（Joseph A. Schumpeter），《资本主义、社会主义与民主》（*Capitalismo, socialismo e democracia*），第二部分，Milan: 1955。

过颠倒否定的意义来利用否定，然而它并不只是一种理论的贫乏；对于处在一个特定增长阶段的系统来说，它是一种必要的功能操作。否定无法被还原为对被给予者的法则的某种分析，或者说，在面对作为命运的被给予者时，它的悲剧立场尚未被还原为纯粹的理论——恰恰在这样的情形中，跨增长的概念才有巨大的意识形态价值。实际上，这个概念使得对否定的明确理论还原成为可能。通过使各种力的真实多元性与那个求保守的意志对立于否定的去神秘化悲剧色彩，跨增长已经开始实施这种还原：它安排了否定的位置。不过它却把对被给予者的简单断言转型成为理论研究。在尼采（Nietzsche）同韦伯（Weber）的关系中，我们发现了居间的齐美尔。

在此，齐美尔的综合所具有的功能由资本主义精神化的历史不可能性得到了解释，从而以第一人称充分地表达了自身。问题在于术语之间的一种不稳定平衡态，否定早已将这些术语置于相互开放的（非政治的！）矛盾中，它们往往会抹消彼此。在齐美尔和本雅明之间，我们发现了这一平衡的断裂。我们发现，韦伯既实现了过渡的跨增长、肯定了关于否定的资产阶级与资本主义理论，又通过本质上全新的、有组织的术语，彻底忽视了各个阶级之间的政治矛盾理论。根据我们的分析，这个结果恰恰令齐美尔的方案发生了崩溃。一方面，他的理论肯定了知性的优先地位与治理着其系统的诸法则，肯定了神经生活的辩证功能化，并肯定了悲剧色彩的实存作为既定社会关系的不可逾越性（或者说宿命）。另一方面，前工业时代之人那种神话般的、怀旧乡愁的意识形态的萌生，则不利于这一理论——但这些同大都市不再有任何关系。如果说还有什么关系的话，那就是它们再现了大都市应当成为的样子、它的历史的目的论价值，但它们不再构成一个不可或缺的部分；它们不再表现它在当下的意识形态结构，齐美尔那里的情形便是如此。一旦它对直接综合的要求不再有效，意识形态便提纯自身、变成义务。它变成了许诺。齐美尔此前所拣选出来的价值依然存在，只是外在于大都市——它们不可能再被整合进它在当下的结构中。真实的大都市，其现状同理论所断言的一模一样；只不过在这个现状之上还有它“应当成为”的纯粹形式。保守乔装成了对知性优先地位的替代选项。反动论点的实质竟然将否定性思想粉饰成为对知性的否定、对人性的怀旧乡愁——或者在最初的努力失败后，成为纯粹的、单纯的非理性主义。

古老的教会从大都市中被放逐，在乡村的记忆中寻求庇护。在一种号称对那个主导着大都市的知性提出批评的论点中，一个接一个地发现礼俗社会的理想，没有什么比这更荒唐可笑了。[1]

不过我在此无意就各种“批判理论”展开讨论。让我们从齐美尔的方案发生崩解所造成的第一项后果开始：否定被还原为否定的纯粹理论，这是大都市生活的一项功能。否定的视角当然会在这里复现。在齐美尔的意识形态综合之上，复现了构建一种大都市理论的可能性，就像是从否定的视角中所看到的一样。问题在于将大都市当作对城市原先的实存形式的根本否定，将它的效果当作对一个特定阶级的主导地位有所助益。因而我们必须再一次从否定出发，但不是为了使它同一般意义上的社会性重新和解，而是相反，为了停下来并检验它的悲剧所暗示的根本矛盾。因此，我们的进展应当是从否定到作为阶级工具的大都市、到作为阶级矛盾的否定性：从否定的视角到阶级的视角。就其本质轮廓而言，

1　对于大都市的反动批评已经成了批判理论最喜爱的主题之一。参见亚历山大·米切利希（Alexander Mitscherlich），《都市恋物》（*Il feticcio urbano*），Turin: 1968；以及 H. 伯恩特（H. Berndt）、A. 洛伦泽（A. Lorenzer）、K. 霍恩（K. Horn），《意识形态与建筑》（*Ideologia dell'architettura*），Bari: 1969。

这正是本雅明想要做的。这样看来，大都市就再一次成了资本主义社会关系的广包象征。然而在齐美尔那里与综合串通一气（并且以建立大都市的“科学”作为目标）的全部元素，在这里则象征着阶级矛盾，或者说在阶级支配的功能中的矛盾。终将倒塌的，不仅有每一种把大都市当作综合的意识形态，还有全部自称属于科学论点的客观性、将否定整合进自身内部的幌子。这种意识形态的真实现状，就像这个论点的真实现状一样，不可避免地变得与资本主义社会关系中无法逾越的否定性的真实现状别无二致。但是我们要细致地检验一下本雅明如何发展了这种分析，以及发展到何种程度。

在本雅明看来，波德莱尔的抒情诗与散文诗体现了这种内化——通过否定，内化了在大都市中占据主导地位的关系。本雅明的分析基于震惊（shock）和体验（Erlebnis）之间的关系，这一关系直接来自神经生活和知性之间的那个齐美尔式关系。在这个辩证法中，内在于震惊的创伤之威胁受到了意识的控制与阻挡。震惊扮演了体验的角色，它被感受，被记录，最终被固着于记忆中。[1]我们在这里发现了一个组织起刺激并升华了震惊的过程，齐美尔也曾谈到过，这个过程被直接整合进了精神化的更大过程之中。可是本雅明对这个过程的理解来自他所处时代的意识形态形成，而不是来自齐美尔。如果说弗洛伊德（Freud）在有机体屏蔽刺激的能力中发现了讨论文明的一项基础，[2]那么现代抒情诗的整个经验就能够被当作对震惊的一种记录而得到分析。苦恼本身成

1 本雅明，《第二帝国时期的巴黎与波德莱尔》，见《新天使》，91-97。

2 本雅明在此引用了弗洛伊德在 1920 年的杰作，《超越唯乐原则》（*Jenseits des Lustprinzips*）。关于这个主题，见 E. 贝内维利（E. Benevelli）的文章，发表于《新天使》（*Angelus Novus*），1972（23）。（译按：此处的《新天使》并非上文所引的本雅明文集，而是卡奇亚里参与主编的一份文学评论刊物。）

了一种接受形式，对由外部刺激能量发起的进攻进行了“灭菌处理”。现代抒情诗的诸形式似乎成了生存的合理化这一一般过程的一个宽广的象征。它们试图将日益膨胀的神经生活带回到苦恼、记忆与体验的边界内部。

这种种思考在齐美尔那里没有容身之地：他为大都市给出的意识形态辩护（尽管在功能上是退步的）只允许关于大都市的一种分析，这种分析依然以历史主义人文主义的传统价值为中心。而对于本雅明来说，大都市的诸文化形式仿佛完全被整合进了其增长的全部功能与内容之中。知性的国度在诗歌创作中原封不动地重现，创伤的危险也像刺激的多元性一样，存在于诗歌的创作中，因此，知性中存在着震惊，恐怖亦长成为苦恼。但所有这一切却暗示了任何文化皆遭瓦解，只要这种文化相对于大都市的机制有可能保持独立自主；它暗示了任何魏玛的乌托邦均告终结——而不仅仅是对齐美尔的调查加以拓宽。

本雅明将震惊和体验这两个术语当作现代抒情诗的问题予以单独分析，这个分析被当作大都市文化的一个象征，尽管它也许会导致严重的误解。假如这两个术语实际上是分离的，那么无论它们可能具有何种阐释功能，事实都会将其摧毁。体验从一开始就不同于震惊，它不能为了克服震惊而将自身同震惊相关联——任何一种克服都不能是辩证的：它将是一个单纯的否定。震惊既不出现在其他某物中，也不复现于意识或自我中——意识或自我等待着它的发生，以便将它系统化并将它消解掉。相反，震惊独自生产出对于消解自身和组织自身来说必不可少的能量；它占有了自己的构成，从而占有了自己的语言。就震惊而言，支配着体验的不是思想——而是震惊本身，它道说着、揭示出它的结构，成为主体。只有在这个层面上，人们才有可能理解作为大都市文化的现代抒情诗所获得的真正合理化是如何运作的，而这似乎令本雅明感到头疼。一个支配着震惊（仿佛震惊只是一片森林）的体验已经自在地是合理的，事实上它不会将任何东西合理化，它会导致一种同义反复。只有当文化与艺术的命题通过自身的语言发现并直接表达出震惊的组织与结构法则时，命题对于整个过程——一般的精神化——才变得不可或缺。

从这个意义上说，应当在本雅明的分析中进行一处重要的修正——这并没有什么值得大惊小怪的。在讨论齐美尔时，我们已经看到了神经生活与知性之间牢不可破的、交互关联的功能性——知性仿佛被阐释为那个支配着大都市的特殊神经生活的合法现状。震惊与体验之间的关系——正如本雅明和其他人所解释的那样——同神经生活将合理性显明为功能性的现象相一致。此外别无可能，因为震惊的图像通过与大都市的人群相接触得到定义，[1] 而定义体验则把同样的问题当作具象的创作，把它同人群之关系的语言组织问题当作大都市的实存。

苦恼，甚至还有无望，由此便在合理化的过程当中产生，这个过程不再局限于大都市的经验形式，它变成了文化事实，并以这种方式显明了其社会化的高级水平。本雅明将否定当作理解大都市社会关系的一种理论工具，当作用来阐释它们的合适透镜。这个理论来自同人群的碰撞，并独自承担了大都市生活的根本经验，把它们构想为*无法避免的悲剧*。

但凡震惊变为体验——或者说，但凡体验本身揭示出它的根本构成法则、它的永久不变的质量，并且以英雄般的决心坚持下去——悲剧便存在。沉湎于震惊的图像并从中提取一种对怀旧乡愁或乌托邦的需求，以便震惊不再重复自身——这根本不是否定。

1 本雅明，《第二帝国时期的巴黎与波德莱尔》，见《新天使》，97ff.。

相反，否定不断地“预先假定”震惊；也就是说，它寻觅它、看到它、“欲求”它，恰恰是为了建构体验——并将它转化成悲剧。

恰恰是由于这个缘故，否定才“预先假定”大都市，因为大都市永远重复着震惊又不断显露出它的功能。但这暗示了一种全面贬值。实际上，否定之所以如此，恰恰因为它就是贬值。一种话语彻底去除了震惊的神话色彩，例如波德莱尔的话语，它不允许任何一种意识形态复苏。震惊的图像要求被还原为它自身的相同性，要求依照它自身的严格内在逻辑被定义——简单来说，就是被预先假定——它与那些在这个大都市的实存同人性的诸价值之间建立综合的企图不再有任何关系。在它对现代资本主义社会早期诸形式的徒劳的理论认识中，否定性思想预先假定了对这些价值本身的否定。这个否定就是合理化，就是精神化，它沿着和这个社会一样的方向运动，直接地并有意地分享着它的命运。但它同时又拆穿了这个社会的逻辑，否定了其“跨增长”的可能性，并使它的目标与需求更加激进；换句话说，否定达到了这样一种地步，它暴露出这个社会的内在冲突与矛盾、它的根本问题意识或者说否定性。

当齐美尔在这个否定性面前寻求慰藉时，否定独自承担了、完全内化了“被给予者的悲剧”，并让它自为地道说；当齐美尔试图令这个否定性同它过去的条件和解时，波德莱尔却假定它不仅是根本的经验，而且是唯一的经验。但是震惊的“灵晕丧失”却意味着大都市的表象此后将有助于暴露出它的特定的历史与社会构成、那些塑造了它的冲突，以及那个反映了它并使它神秘化的文化。否定停留在大都市的界限之内，因为它揭开了大都市的否定性。然而一旦这个否定性被去除了神话色彩，被去除了神秘化，并被完全推入体验和知性，它就会将大都市的图像呈现为现代资本主义社会中种种矛盾与功能的象征和位置。否定，假如使用正确的话——也就是说，根据它本身的无望，而不是被当作综合的必要条件、当作对慰藉的祈祷加以神秘化——将会通往这个界限。这也正是本雅明重启讨论之处。

最重要的是人群。面对人群，齐美尔关注到了它所必然激起的“道德反应”。这正是他关于它的经验何以最终被升华的原因：人群成了诸多主体的统一整体，体现了对自由与个体自主性的需求。在波德莱尔身上并没有这种升华。就像本雅明所说的那样，人群的经验总是灾难的经验。[1]在这个人群当中，既没有综合，也没有交流。闲逛者无论如何也没有被挽留，严格地说，他们也不是特定的幻影：独一个体的出现总是瞬时的与全然无法挽留的，它无情地造就了支配着大都市的一般等价物。恰恰是因为本雅明以这种方式建立了关于人群的理论，它所提供的震惊才能够揭示和表达它的逻辑构成。齐美尔的人群实际上更类似于施特凡·格奥尔格(Stefan George)笔下的女性闲逛者(本雅明自己也引用过)，女人没有“被人群所推动”[2]——也就是说，它类似于一种回归到人类公民权（civitas hominis）之中的意识形态化的人群。

但是人群在它的运动中“内化”整个商品流通，从而体现了资本主义生产关系的社会化过程，它无法为——同这个过程的结构无关的——震惊与体验留下任何余地。我们在这里所面临的问题，就是将震惊的图像同系统的实际生产功能相关联。

本雅明通过游戏的图式处理了这个问题。[3]在本雅明看来，枉然、重复和相同性类似于工人在工业生产过程中的劳动，它们形

---

1 本雅明，《第二帝国时期的巴黎与波德莱尔》，见《新天使》，101。

2 同上，101n。

3 同上，109-113。

成了游戏的基础，游戏则作为人群的图像以及人群所生产的震惊与体验的图像。社会关系在大都市人群当中的形式化——以及它们所表现的交易的一般等价性——能够在“工人同机器的互动中”被发现，“［它］与先前的互动毫无关系，这恰恰是因为它是对它的准确重复”。[1]除人群外，还有为其提供结构的大都市，都以这种方式返回到生产的时刻，返回到劳动，相互映射出彼此的共同基础。本雅明的阐释方法所带来的结果颠倒了齐美尔的视角。本雅明认为社会本身就暴露了它自己的起源，而没有将工厂同社会类型、同流通规律相关联。震惊的图像揭示了它本身的阶级现状。

然而，本雅明的论点局限无论如何也不允许我们忽视其令人印象深刻的方法论直觉。震惊的确在此被还原为对工人劳动的单纯异化，就它的直接方面而言，就那些最受制于一定生产过程的方面而言。通过这种方式被显明的大都市的否定性，也的确尚未构想——在大都市中爆发，并且因大都市而爆发的——阶级冲突的模式与内容；但是，大都市在本雅明这里变成了一个复合体，包含整个系统的功能、阐释与机器，连同它的全部文化：《巴黎，19 世纪的首都》（*Paris, Capital of the Nineteenth Century*）便是这种情形。[2]在大都市面前，以及在大都市内部，城市的意识形态——也就是说，文化（Kultur）的观念所暗示的综合之可能性——分崩离析。任何灵晕也无法在这个大都市中幸存。

奥斯曼（Haussmann）表现了大都市的权力意志：通过摧毁作为礼俗社会的法理社会这一理想辩证法，他实现了大都市。他把城市直接当作交易，向巨额金融资本的投机敞开了大门；他还

1　本雅明，《第二帝国时期的巴黎与波德莱尔》，见《新天使》，101。

2　同上，140。

使城市彻底摆脱了原先的居民，把他们赶出市中心。不同于城市，奥斯曼将大都市设想为阶级斗争的战场。拓宽道路，以便适应针对街垒的炮火射击，他的理由并不仅仅是这个最明显的方面；更为根本的理由是一个从资本主义利益观出发的大都市图景，它以一种党派的方式看待大都市，因而力图使它成为大资本的领地。在这种情况下，大都市不再根据传统的辩证推理图式，表现一个力图使自身同对立面相综合的阶级之优先地位，而是表现一个要取得权力的阶级之优先地位：被直接而持续地施加的权力，重复着它固有的暴力。

否定性思想早已预见到这一结果，并建立了关于它的理论。波德莱尔的悲剧是奥斯曼的胜利。但是奥斯曼的图景中的暴力——也就是说，他的大都市成功地否定了作为辩证法的综合并重申了它的强权——本身却成了一个乌托邦。他的规划使得1848年对人民的“胜利”，以及清算巴黎原有的、“稳固的”阶级结构成为可能，可是这些在新的阶级矛盾面前已经彻底无效——矛盾在街垒之外，隐含在已经包围了大都市的群众冲突之中。鉴于这一矛盾，奥斯曼的规划可以被视为一种初步的积累机制，而它的权力意志可以被视为一种投机形式，矛盾在其中充分地重塑了自身。对这个否定的解决方案便是资本的乌托邦。而这也是早已为否定性思想所直观到的。但不论是奥斯曼，还是齐美尔，都没有觉察到这一点。

2. 论世纪之交的德国城市社会学

在齐美尔的作品中，尝试将大都市的否定还原掉——或者无论如何将它同大都市相分离——是如此显著的一个特征，这绝非偶然。滕尼斯（Tönnies）在《礼俗社会与法理社会》（*Gemeinschaft und Gesellschaft*, 1887）中把这一点当作他的城市分析的中心焦点。[1] 对于否定性思想所造成的贬值来说，这种方法是精确的反动对应物；它也是当前那些关于大都市的"激进"批判原本的历史先驱，是它们的理论资源。克服大都市的否定性便意味着将它再次还原为城市，还原为礼俗社会的文化特色。[2] 滕尼斯认为城市依然属于礼俗社会的理念，是一个实在的、有机的关系系统，对立于法理社会中观念的、机械的关系。城市，一种"自给自足的对内经济，……无论它在实际经验中的起源是什么"，它呈现为"一个整体……，一个永久的实体……凭借自我掌控……或者凭借定期的自我补充获得担保"。它还将它的权力尽数倾注于"最精细的心灵活动……：城市里的每一门手工艺都是真正的艺术"。城市是"保护"这种艺术的广包系统，它阻止了我们在齐美尔那里发现的"社交圈的混杂"：它的理想是作为宗教共同体的同业公

1 斐迪南·滕尼斯（Ferdinand Tönnies），《礼俗社会与法理社会》（*Comunità e società*，译按：又译《共同体与社会》），Milan: 1963。

2 同上，32。

会。“假如是这样，那么除非预先假定艺术与宗教是城市之为整体的最高和最大利益，否则整个城市的全部经济存在……就无法被理解。”[1]这番话尽可能地表达了城邦的反动神话：大都市的动态与冲突本质，不仅没有像在否定性思想中那样得到预先假定，反而在被当作唯一解决方案的那个共同体理念、综合理念中遭到撤销。在此，我们的确位于当代的激进人文主义城市社会学的根源处。但是滕尼斯所给出的自觉反应，随后却在对资本主义文明（Zivilisation）的进步批判中被神秘化了。历史，当它重复自身时，总是上演这种笑剧。

滕尼斯知道大都市已经对城市作出了答复。它粉碎了传统的手工艺同家庭生活之循环：“它的富足是资本的富足。……它最终是科学与文化的城市。……艺术不再确保谋生的手段，它自身也受到资本主义方式的剥削。”[2]在此我们发现了科学与文化，或者说知性，同城市生活的有机总体性相对抗。不要有任何误解：这种分析，它的乌托邦的、反动的特征并非来自对共同体模型的具体主张本身，而是来自那样一种理念，即认为有可能克服大都市的冲突与动态本质。我们在这里还能看到，滕尼斯的分析同齐美尔的晚期论点之间存在着根本差异。在大都市中，在其特定的辩证法中，齐美尔试图捕捉——无论以何种可能的方式——综合的实例。这就是他的论点所隐含的矛盾之根源、终极考验之根源：退步的方面同乌托邦的方面是彻底分离的。而这代表了通往彻底的去神秘化——换句话说，通往马克斯·韦伯——的第一步。

韦伯则陈述了一种与滕尼斯遥相对立的回应。他对大都市文明的攻击取自尼采的查拉图斯特拉这一形象。早在滕尼斯的著作

1 滕尼斯，《礼俗社会与法理社会》，79-82。

2 同上，290-291。

出版之前，在尼采的一段决定性篇章中，社团主义与公社的理想——即使作为纯粹的怀旧乡愁——已经被推翻了。我们今天应当从这个角度解读韦伯，以及他对责任的直接设想。

在第三部分的开头，查拉图斯特拉作为一名“漫游者”出现在返回山峰的路途中。[1] 查拉图斯特拉正要复归他的孤独，而在这一复归中他满载着图像与象征——按照第四部分的解释，它们将构成他的教诲。他在静候着他的时间，等待着他的时刻。他所遭遇的第一个诱惑是重力的精神：“一半侏儒一半鼹鼠；麻木；也令人麻痹；把铅滴入我的耳里，把铅点般的思想滴入我的脑里。”[2] 升起的必将坠落——你将石头掷向高处，它将会击中你——这种悲观主义，从根本上讲，以完美平衡的理想为特征。这种关于生命运动方向的悲观主义仅仅平衡与完成了叔本华（Schopenhauer）的涅槃，此后它又出现在《帕西法尔》（*Parsifal*）中。这种悲观主义受到了永恒复归理念的驳斥。

关键在于理解永恒复归理念是某种综合重建的对立面。它是对悲观主义平衡发生崩溃的绝对肯定，肯定了“抛投出去”的意义、矛盾的意义。在侏儒的抛掷与坠落的平衡同查拉图斯特拉的永恒复归之间，存在着一个巨大的差异。奇怪地是，永恒复归几乎总是被错误地阐释为侏儒的时间“循环”。“‘一切笔直者都是骗人，’侏儒不屑地嘟哝道，‘所有真理都是弯曲的，时间本身就是一个圆圈。’”[3] 这恰恰是永恒复归的对立面，永恒复归是一条笔直的

1　弗里德里希·尼采（Friedrich Nietzsche），《查拉图斯特拉如是说》（*Thus Spoke Zarathustra*），瓦尔特·考夫曼（Walter Kaufmann）译，New York: 1954，“漫游者”（The Wanderer），152-155。（译按：本书所涉《查拉图斯特拉如是说》中译，均参考尼采，《尼采著作全集［第 4 卷］：查拉图斯特拉如是说》，孙周兴译，北京：商务印书馆，2010。）

2　滕尼斯，《礼俗社会与法理社会》，156。

3　尼采，《查拉图斯特拉如是说》，217。对于尼采的这些段落，更精确的文献学解释见欧根·芬克（Eugen Fink），《尼采的哲学》（*Nietzsche's Philosophie*），Stuttgart: 1960。

道路，沿着这条道路，我们就处在出入口的空间中，查拉图斯特拉同侏儒在那里对话，或者说我们就处在这个时刻的时间中。

路没有转弯。在这个出入口，面前的道路永远延伸，就像背后的道路一样。永恒复归排除了怀旧乡愁的可能性，排除了我们重走旧路的可能性。相反，它的思想断言，那些能走的，那些到达了这个时刻的，必然已经走过了背后的路，必然已经存在；这个时刻带来了一切将要到来的事物，因为如果我们已经走到了这一点，我们将不得不再走一次。[1]保守的理念和静止的理念支配着侏儒。在两条路之间、在两种永恒之间——如今它们被当作一个整体，被当作一种命运——矛盾的永恒复归理念支配着查拉图斯特拉。必须把自己掷向空中。人并非坠落回去——人超出自身。这个超出是永恒的，它同时就是面前的路与背后的路。这个时间结构通过效果发生作用：每一步都是消耗，每一步都是消耗的重复以及重新消耗的义务。这个思想不能再被人的喉咙所歪曲。咬这条蛇就必须咬掉它的头。只有在那时我们才能大笑。

尼采明确阐述了永恒复归的意义。他的恶魔，他的死敌，就是重力的精神、坠落的精神、平衡的精神——永恒复归被当作漠不关心，被当作悲观主义，被当作肯定涅槃的工具。

查拉图斯特拉突然遇到的一个弟子就是这样解读他的思想的。尼采清楚地意识到他被颠倒了，意识到他的“深渊思想”被还原成了叔本华传统的范畴，并且经过他，被还原成了欧洲文化的术语。职此之故，尼采安排了一场考验，它恰好发生在大都市的门前。[2]当漫游者查拉图斯特拉“绕道回到了自己的山林和自己的洞穴”[3]时，他在自己的心中发展出了复归的理念。似乎没有任

1 尼采，《查拉图斯特拉如是说》，192。

2 同上，214-217。

3 同上，214。

何情势比这更符合侏儒的看法了。查拉图斯特拉仿佛已经走上禁欲的幸福之路，走上矛盾的“内部超越”之路——而这条路似乎已经被混同于那条通往过去的路，因为查拉图斯特拉正要复归。在这里，尽管误解的风险是最高的，人们却必须实现最大的明晰性——即最大程度的启蒙（Aufklärung）。复归的理念必须既被理解为命运的理念和超越的理念，又被理解为对怀旧乡愁的否定，被理解为否定的极致，换句话说，被理解为悲剧的理论。

在伟大城市的门前，查拉图斯特拉的猴子企图模仿他的音调和举止，为了阻止这位导师。“倒是怜惜一下你的双脚吧！宁可唾弃这城门，并且——转身而去！”[1] 在此我们发现了猴子的“永恒复归”——它和侏儒的坠落回去如出一辙。猴子把自己掷向了大都市。他的论点就是“浪漫主义者”的缩影：大都市是伟大思想与伟大情操的死亡；它是精神的酒馆、生活的脏破烂、语词的臭粪坑；大都市是淫欲、恶习与文员德性的群集（crowd）。最重要的是，它是对精神自由的否定：“我服役，你服役，我们服役。”[2] 我们对这种攻击路线非常熟悉：大都市被当作对有机形式的否定，被当作礼俗社会“心灵”的毁灭，被当作匿名的人群。查拉图斯特拉不能在这里生活，他似乎正要遁入孤独，他肯定了永恒复归。猴子阐释尼采的方式同后来的评论家与文学家们一模一样：尼采被当作单纯浪漫主义的对文明之否定，被当作难以捉摸的漫游者。猴子的控诉、怨言、怀旧乡愁，所有这一切通过否定或暗示的形式，继续存活在滕尼斯的每一页著作中。正如我们将会看到的那样，它们在有关大都市的晚近社会学与哲学中复归了，却是以一种悖论的形式：在尼采的名义下。实际上，猴子自己的论点后来却被

1 尼采，《查拉图斯特拉如是说》，214。

2 同上，215。

冒充为晚期尼采，即批评家尼采。这不仅仅关系到大都市的问题。既然如此，尼采与查拉图斯特拉就应该唾弃这座被商贩和他那当啷响的铁皮鼓（齐美尔所说的“货币经济”）统治的大都市。而且他应该冲着群集的渣滓、大都市的污水宣泄他的怨愤，并转身离去。这难道不就是孤独之路？这难道不就是永恒复归？

恰恰相反，这是重力的精神；这是固守被给予者，只能凝望它；不能行走，不能前进，不能超越；自身被局限于怨愤，无法阐明，无法理解；遭受自己的命运——而非构想它；成为猴子，是查拉图斯特拉的笑剧而非悲剧。永恒复归不是回返——而是通过超越重演自身。孤独不是禁欲的幸福——而是为重演自身做准备。离开是为了看见，理解自己是为了训导。它在等待着权力的时刻，在那个时刻，在那个命定的片刻，它将成为实际的。孤独仅仅起到了这种试图与命运相遇的作用。因此，对大都市的鄙视根本无足轻重。这种鄙视将我们束缚于我们声称要放弃的东西。猴子的唾沫横飞不过是徒劳地想要隐藏这种被奴役状态。相反，查拉图斯特拉注视了大都市许久，而且依旧沉默。[1] 他的问题是要认识大都市：要看到它的时间与命运。回到大都市之前的时间，重复走过的路，这是侏儒们与猴子们的选择。

大都市存在。对大都市的批评是另一回事：那就是对那些使它有罪的张力和矛盾加以阐释，就是大都市“在其中焚烧的火柱”[2]。猴子将大都市当作一个无法逾越的被给予者，当作一个终结。相反，查拉图斯特拉则将它置入时间中；背后的道路抵达了这个不可逆转的时刻，它在我们身后永远延伸，同时这个时刻也带来了全部未来。的确，我们不得不认识这个未来。从这个意义

1 尼采，《查拉图斯特拉如是说》，217。

2 同上。

上说，我们不得不“超越”大都市。那么我们就必须构想命运，不带半点“怨愤”。为什么这猴子不到山林里去，或者去耕地呢？大海中不是充满了绿色岛屿吗？[1]查拉图斯特拉知道，在这个时刻他属于大都市——而且他知道他的教诲只能以大都市作为出发点。大都市显然是一种命运——但是它有它自己的命运。我们必须认识这种交错。蜘蛛的网是真正的、实际的问题。

但这还不够。假如尼采自己被局限于此，他的思想就仅仅是部分地驳斥了滕尼斯及其“传统”。事实上，滕尼斯的确“鄙视”大都市精神，就像查拉图斯特拉的猴子一样——但是他并没有假装要回返。他的著作属于一系列关于调停中介、跨增长及转型的著作群，从大都市中缓慢出现，并将大都市当作其主题。查拉图斯特拉对这一趋势不予理会：“无论何处都没有什么可改善，没有什么可恶化了。”悲剧的图景澄明了一个形式、一个结构、一个命运。命运不可能被修正。然而这恰恰对立于那种把大都市当作绝对的理解。猴子就是这样理解它的，他假装要改变它，却只不过重新确认了它的本质是不可把握的；他仅仅鄙视它，却只能参与它的生活，而没有他自己的痕迹。

悲剧的图景澄明了大都市的命运。查拉图斯特拉的咕咕猪们在大都市的四周步履艰难——这个中心显然只是留给那些承认大都市的一切矛盾不可逆转、承认大都市是一个时间结构的人：只有他们能够否定大都市，更确切地说，能够把握住那些否定它的力。但这个否定将会是一种完全的超越。任何努力，只要是为了跨增长、为了在早先的诸形式与大都市的诸形式之间建立综合，都将会像枯叶般凋零。在大都市之后，没有什么可说的。今天，我们所能说的，只是将大都市构想为一个时刻的那些力。

1 尼采，《查拉图斯特拉如是说》，216。

假如大都市被构想为命运和时间，它就是一种矛盾。它的历史是一种冲突。它恰恰是滕尼斯的乌托邦假设想要克服的东西，而且不在猴子的论点范围内。同时它也是任何一种“论说文的”形式所要神秘化的东西。韦伯正是在这一点上重启了讨论。

韦伯的《城市》（*Die Stadt*）[1] 一书也许可以回溯到1911—1913年，我们在这本书里并没有遭遇到有关大都市的具体讨论。这里没有出现滕尼斯所提出的两种模型之间的形式冲突。借以追溯城市历史的视角，自然也适用于现实中的大都市。西方城市的整个历史就是大都市命运的一部分。问题在于理解城市的诸形式在资本主义合理化的整个过程中所扮演的角色——必须依照资本主义发展的整个政治问题来看待城市的问题。在韦伯对城市的分析中，这个政治概念通过氏族（tribus）的断裂、古典农业城市的清算、欧洲中世纪共同体的形成显明了自身。

这里的城市不仅是一个经济的或军事的事实，而且是一种新型政治组织。[2] 过往的有机系统发生解体，这正是城市组织的诸形式所引发的理性化（Rationalisierung）过程的起源：原有的盟约（coniuratio），兄弟团契（fraternitates）的组织，“凭借经济利润从奴役上升到自由”[3]。在朝向广包的社会目的的基本约定与集体运动中，同胞之间的认同塑造了城市中的诸关系并带来了一种共同语言，那不再是氏族的语言，而是政治利益与政治贸易的语言。

---

1 这部作品于1920—1921年在《档案》(*Archiv*，译按:《社会科学与社会政策档案》[*Archiv für Sozialwissenschaft und Sozialpolitik*]，韦伯生前曾任主编)发表，之后又收入《经济与社会》(*Wirtschaft und Gesellschaft*)。参见赖因哈德·本迪克斯(Reinhard Bendix)，《马克斯·韦伯》(*Max Weber*)，New York: 1962, 72。

2 马克斯·韦伯(Max Weber)，《经济与社会》(*Economia e società*)，第2卷第8章，Milan: 1961, 549。

3 同上，566。

然而，这仅仅是韦伯所指出的第一个转变。[1]还有一个随之而来的转变，尽管它很少被研究，但是对于我们在此的目的来说，它却是至关重要的。当代城市政治问题的真正起源并非来自中世纪盟约的政治形式主义，而是来自它的断裂，来自“第一个自觉违法与革命的政治团体”的出现。[2]

换句话说，这就是那些不承认誓约的“人民”，他们捣毁了城市的“城墙”，向兄弟团契的“圈子”发动攻击。具体而言，大都市的命运始于人民。城市不顾一切地想要抵挡住这场进攻——但是这样一来，它就已经断言了它本身是一个冲突之地，是一种斗争：总之，是一种辩证的结构，从此以后，这个城市的内部不再有解决方案。对城市里爆发的冲突进行综合，这个问题随后变成了国家的一项职责。由此我们看到了从城市（Stadt）到国家（Staat）的演进。此时，西欧的城市已经被整合进了新型合理国家的辩证秩序（ordo）中，从质料的角度看，它本身消解在了合理化的诸过程的总体导向中。因此，任何自在的城市话语此时必然变得反动：城市就是国家，是合理化的整个过程，是内在于资本主义增长的阶级冲突。韦伯认为，对城市的分析直接先于对合理国家的分析：“国家的资产阶级概念在古代与中世纪的城市中自有其先例。”作为一个拥有财产和教化（Besitz und Bildung）的人，市民（Bürger）是城市的一个历史产物：“资产阶级总是一个特定城市的资产阶级。”[3]然而根本的时刻依然存在，那恰恰是这个城市的合理系统在其中生成的时刻，因为出现了一

1 大体而言，关于韦伯的主要研究止步于他的思想中这个最为传统的方面——此外这个方面也更容易同格洛茨（Glotz）和皮雷纳（Pirenne）的著作相关联。有关城市的历史编纂，见奥斯卡·汉德林（Oscar Handlin）、约翰·伯查德（John Burchard）编，《历史学家与城市》（*The Historian and the City*），Cambridge, Mass: 1963。

2 韦伯，《经济与社会》，619。

3 韦伯，《经济通史》（*Wirtschaftsgeschichte*），1923 年版的凸字重印，Berlin: 1958, 271。

种特定的阶级冲突，一种广包的资本主义系统。这个跳跃标志着从不合理的资本主义向合理的资本主义之过渡。从资本主义中创造出一个系统——更确切地说是一个国家——这必然意味着摧毁中世纪城市的城市自由、同业公会、兄弟团契、盟约。它意味着朝向国家的实现运动，国家实现为绝对的合理秩序，但这种秩序的城市已经是大都市。

韦伯的这一图式令人印象深刻，它不仅强调了大都市形式的不可逆转性，还断言了它的起源本身就是冲突：否定特征不是从外部抵达了大都市，而是表现了它特有的根基、它的本质。从一开始，大都市就是综合的形式，这个综合无可挽回地迷失在了时间中。它构想了合理化所暗示的冲突的新层次——它没有将这些新层次还原为城市的诸维度，而是相反，它故意将它们交付给了国家的绝对制度。一个没有国家的大都市，一个外在于合理组织的国家的大都市，这是不可能的——因而这也是一种对大都市的分析，却外在于对这个国家内部阶级冲突的分析。

在维尔纳·桑巴特（Werner Sombart）的著作中，我们发现了针对韦伯的分析的一种补充，事实上也是一种评论，首先是《爱情、奢侈与资本主义》（*Liebe, Luxus und Kapitalismus*），随后是《现代资本主义》（*Der moderne Kapitalismus*）。[1]桑巴特认为，最早的大都市形式——“消费城市”，巴黎，17 世纪的首都——既是国家，又是工业化的初始过程。大都市是奢侈品行业的中心与市场——通过生产“爱情”，这个奢侈品摧毁了一切神圣的部落仪式。“不合法爱情的合法子嗣”，奢侈品令大都市成了消费者的栖息地。在 18 世纪中叶，真正的工业城市只有不超过三到四万

1　维尔纳·桑巴特（Werner Sombart），《爱情、奢侈与资本主义》（*Liebe, Luxus und Kapitalismus*, 1912），Munich: 1967。桑巴特在《现代资本主义》（*Der moderne Kapitalismus*, 1927）第二卷中讨论了现代工业城市。

居民，而伦敦和巴黎各自的人口都在五十万以上。意大利人贝卡里亚（Beccaria）与菲兰杰里（Filangieri），法国人魁奈（Quesnay），还有重农主义与光明会的思潮，他们向这个“享乐城市”的模型发起了第一轮攻击。[1]古典资产阶级经济学终结了大都市的这幅早期图像——大都市作为单纯的市场，作为非生产性消费的场所，以及（在魁奈看来）作为对农业剩余价值的一种寄生。

当代的大都市完全没有保留大型消费城市。它不能被混同于任何特定类型的大城市，无论是商业的、工业的，还是消费导向的。它的本质在于成为一个系统，一个多环节的都市类型——也就是说，一种为当代大型资本增长提供的广包服务。它是一种整体装配：合格的劳动力组织，工业增长的科学储备与供给，金融结构，市场，以及无所不包的政治权力中心。[2]简言之，为了被称为大都市，它必须是一个一般意义上的资本主义系统：资本流通与再生产的城市，*资本主义的精神*（Geist der Kapitalismus）。

不要有任何误解：通过这个公式，桑巴特所断言的东西恰恰对立于那样一种信条，即大都市必定是“工业城市”[3]。他坚持认为大都市必须是一个完美地融入工业与资本主义增长之中的系统，或者说，一种广包的、社会政治的增长服务。大都市协调和组织起了增长的诸形式，并使它们社会化。它的服务职责必需履行这个义务：它必须成为增长的政治管理中心。桑巴特认为大都市的文化在这些功能中断言了自身，因此它就是资本主义规划方案的文化。

在这里，桑巴特对大都市的分析得出了最后的结论。知性最

1　桑巴特，《爱情、奢侈与资本主义》，54-58。有关 18 世纪奢侈品的论战，参见卡洛·博尔盖罗（Carlo Borghero）编，《关于 18 世纪法国的奢侈品的论争》（*La polemica sul lusso nel Settecento francese*），Turin: 1974。

2　桑巴特，《现代资本主义》（*Il Capitalismo Moderno*），Turin: 1967, 673-677。

3　同上，684。

终表明它本身没有怀旧乡愁、没有乌托邦。我们已经实现了对大都市的生产方面进行定义——也就是说，在一个广包的经济规划内部的合格问题，在大都市的服务同工业增长之间的最优关系。然而这个分析，及其随之而来的结果，当然已经隐含在了韦伯对齐美尔的问题意识所给出的解决中。

在桑巴特的大都市中，政治的集中化——在魏玛时代的中期！——表现了集中化的一个客观过程，从而预先假定了韦伯自己曾勾勒出的一种交互功能性，它存在于对城市的讨论与对理性化的讨论之间。在桑巴特看来，大都市就其最完全的意义而言，就是韦伯式官僚化的空间组织。同时它也不是静态的，而是动态的和冲突的——依据它的各种制度，频繁的政治革新，以及对劳动力扩大同政治控制之间的关系的合理化。大都市既是对增长进行政治控制的组织，又是对增长进行连续规划的中心。从这个意义上说，它作为冲突并且仅仅作为冲突而持续。在韦伯看来，对这个冲突的利用构成了官僚化的目的本身。

大都市的集中化是经济过程与政治目标的结果。在社会政治协会（Verein für Sozialpolitik）就垄断的结构及生产的集中化与合理化过程展开争论的那几年里，齐美尔和韦伯陆续完成了他们对大都市的分析。[1] 也正是韦伯为分析的两个层面给出了综合，并证

1 见拙著《否定性思想与合理化》（*Pensiero negativo e razionalizzazione*），Venice: 1977。对理性化的分析同建筑学与城市规划的争论之间的交集，在那个年代是客观存在的。弗里德里希·瑙曼（Friedrich Naumann）是制造联盟（Werkbund）的创办人之一；西奥多·豪斯（Theodor Heuss，译按：德国作家与政治家，德国自由民主党第一任主席及联邦德国第一任总统）后来也正式加入。对于土地组织的问题，阿尔弗雷德·韦伯（Alfred Weber，译按：德国经济学家与社会学家，著名社会学家马克斯·韦伯的弟弟）总是在政治社会学分析与直接干预之间区分他的承诺，参见他的《大都市及其社会问题》（*Die Großstadt und ihre sozialen Probleme*），Leipzig: 1908。胡戈·普罗伊斯（Hugo Preuss）在魏玛宪法的制定中起到了决定性作用，他处理了都市发展的问题，见《德国城市部门的发展》（*Die Entwickling des deutschen Städtewesens*），Leipzig: 1906。为了充分理解马克斯·韦伯关于城市的论说文，就必须在这个政治和文化的语境中看待它。

实了它们源初的不可分离性。

桑巴特所做的，是通过分析法完成了这个图式。德国的工业集中化程度在1882—1907年增加了一倍。这段时期，在雇用1到5名工人的小企业中，工人的总数增加了25%；在雇用6到50名工人的企业中，这个总数增长了近两倍；在雇用51到1000名工人的企业中，这个总数增长了两倍以上；而在雇用1000名以上工人的大型企业中，工人的总数增长了三倍。集中化现象同时就是资本主义生产关系的一种群众化（massification）现象：赫斯特染料厂在1863年有5名工人，而在1912年有7700名工人；1865—1900年，巴登苯胺苏打厂雇用人数从30人增加至6700人。在钢铁工业中，每家公司的工人平均人数从1800年的292人上升至1900年的618人。电气行业则诞生自一种已经集中和垄断的形式：这个部门在1875年拥有81家企业，总计1157名工人（其中993人受雇于56家企业）。埃米尔·拉特瑙（Emil Rathenau）于1883年成立了德国爱迪生公司，后来更名为AEG，它的股份资本从1885年的500万马克增加至1900年的6000万马克。在1901—1911年，德国的前七位电气公司中有四家被AEG与西门子兼并。

同样的内部集中化也发生在金融资本的组织中。整个集中化过程的内部正在形成托拉斯与银行集团，它既是纵向的，又是横向的。举例来说，德意志银行同AEG与西门子的电气王国密不可分地融为了一体。[1]

自20世纪的头几年起，这些过程在纯粹经济的层面就已经开始显得不可掌控。它们本身就已经创造了新宪法（neue

1 关于工业和金融资本的集中化这一主题，参见尤尔根·库钦斯基（Jürgen Kuczynski），《资本主义下的工人处境历史》（*Die Geschichte der Lage der Arbeiter unter dem Kapitalismus*），第14卷，Berlin: 1962。桑巴特是最早分析和理解这些过程的重要性的人之一，见《19世纪的德国国民经济学》（*Die deutsche Volkswirtschaft im 19. Jahrhundert*），Berlin: 1903。

Verfassung）的问题，这也是弗里德里希·瑙曼（Friedrich Naumann）、阿尔弗雷德·韦伯（Alfred Weber）及马克斯·韦伯所倡导的问题。大都市的理论来自同样的探究顺序。工业劳动力的扩大也意味着安排它的位置部署、空间组织及流动能力的必要性，只要它的扩大被认为是增长的一项功能。劳动组织的合理化是不够的，那只是这个过程的第一阶段。劳动组织并不是相同劳动的直接再生产：它是一个一般的社会事实。但是在金融资本与工业增长之间——以及在这种联系同政治之间——存在着关系，这同样是一个一般的社会事实。所有这一切必须得到检验。

大都市要么成为对这些问题的回应，要么依然只是城市；它要么接受这项解决问题的任务，要么陷于查拉图斯特拉的猴子所展示出的"鄙视"中，或者陷于滕尼斯的跨增长中。总之，它要么意味着对直接的社会生产关系的命运进行干预，以及摒除掉每一种"自由"的理念，要么就再次成为无力意志（Wille zur Ohnmacht）。"韦伯式"政治家与实业家们，比如瑙曼与沃尔特·拉特瑙（Walther Rathenau，AEG创始人之子）甚至于将这种论点引介给了"一战"以前德国的艺术与建筑界。[1] 在当时的艺术与建筑意识形态的形成中，对这一"授权"的反动阐释乃是决定性的时刻之一。随着协会在诸如垄断组织等问题上的实际解体，制造联盟（Werkbund）于1907年诞生了，[2] 此时德国与欧洲的城

1　有关这些主题，见本书第3章。

2　关于制造联盟的历史，参见汉斯·埃克斯坦（Hans Eckstein），《德意志制造联盟的观念与历史》（*Idee und Geschichte des deutschen Werkbundes*），Frankfurt am Main: 1958；同样重要的还有见证瑙曼团队在制造联盟中的在场，豪斯，《对德意志制造联盟历史的笺注与联想》（Notizen und Exkurse zur Geschichte des deutschen Werkbundes），见《德意志制造联盟50年》（*50 jahre deutschen Werkbundes*），Berlin-Frankfurt am Main: 1958；尤利乌斯·波泽纳（Julius Posener），《功能主义的起源》（*Anfänge des Funktionalismus*），Berlin-Frankfurt am Main-Wien: 1964；马塞尔·弗朗西斯科诺（Marcel Franciscono），《瓦尔特·格罗皮乌斯与魏玛包豪斯的创建：成立初年的理想与艺术理论》（*Walter Gropius and the Creation of the Bauhaus in Weimar: The ideals and artistic theories of its founding years*），Urbana，Ill.：1971。

市正在经历彻底转型。从一开始，制造联盟似乎就根本没有能力为大都市的建造问题提供任何解答。诸社会力量之间的冲突在大都市中受到永久控制，尽管直到1920年代，这个大都市才借助桑巴特的类型呈现为明确的术语，但是早在1894年的代表大会之后，它就已经隐含在了协会的左翼对集中化过程所建立的分析之中。难道说这一“授权”只要求某种文化劳动（Kulturarbeit）？或者，就像舒马赫（Schumacher）[1]所声称的那样，要求一种提炼（Veredelung），使工业劳动变得高贵？艺术、工业及手工艺之间的协同合作（Zusammenwirken von Kunst, Industrie, und Handwerk）——这一实际要求是对制造联盟的成员们提出的，也正是基于这一要求，沃尔特·拉特瑙委托贝伦斯（Behrens）担任AEG的“艺术监督”，那么这个要求的意义又是什么？[2]

为了调整工业劳动的群众化过程，为了通过艺术文化形式（form）对大都市的集中化命运给出合理解释；为了成为韦伯式理性化的器官与工具，成为理性化的知识分子：这个方案所针对的结果不同于制造联盟的方案所强调的还原，即劳动或工作（Arbeit）被还原为文化——或者被还原为劳动与文化的综合。制造联盟也许可以努力建造一座工厂——但却无法建造大都市本身。制造联盟的成员们怀抱着一种礼俗社会的理想，他们以为他们必须从社会生产关系的集中化与群众化中“挽救”它。而这其中隐含着一幅有待“挽救”的知识分子肖像，一幅同礼俗社会的有机“自由”及其形式概念相一致的肖像。

韦伯式政治律令的要求，或者说它的意义和方向在一种“同

1　弗里茨·舒马赫（Fritz Schumacher，1869—1947），德国建筑师、城市规划师，曾在汉堡的城市建设部门长期担任高级官员。舒马赫也是德意志制造联盟的联合创办人之一，他在汉堡完成了大量建筑项目，积极探索并发展了现代砖砌建造工艺。——译注

2　波泽纳，《功能主义的起源》，22ff.。

化”的方案中被颠倒了，在劳动的资本主义组织那坚固的、完美的工具性内部，它找寻着作为文化的有机劳动节拍。在关键的层面上，舍夫勒（Scheffler）最连贯地阐释了制造联盟的这个一般倾向。[1] 他将制造联盟当作自由同劳动工具性之间的综合，礼俗社会传统同大都市革命之间的综合，以及生产的精神同创造发明的精神之间的综合。凡·德·维尔德（Van de Velde）是这一论点的关键所在。[2] 劳动在此将自身变得同艺术（Kunst）一样高贵；然而，一切权力——只要源于将这种艺术整合进生产过程的力量——都被制止了。有必要“将现代的、美国的生活意义转型为一种贵族的和古典的意义”[3]。一种新的古典性（Klassizität）——对于矛盾时期或过渡时期（Übergangsperiode）的再现与解决，齐美尔与卢卡奇曾先后讨论过——古典主义作为形式与秩序的综合，狄尔泰（Dilthey）还有后来的齐美尔都相信这是歌德（Goethe）所特有的，[4] 而制造联盟本应成为这样一种古典主义。所有这一切如何被应用于对大都市的分析，以及首先被应用于它的重建，就不难推断了。[5]

同齐美尔一样，舍夫勒也将大都市、支配着那里的货币经济和大都市所造成的社交圈断裂作为他的出发点。然而舍夫勒的其余分析围绕着挽救礼俗社会的灵魂这一需求，通过大都市：家庭

---

1 卡尔·舍夫勒（Karl Scheffler），《超越德意志制造联盟的论战》（Uber die Auseinandersetzung im deutschen Werkbund），见波泽纳，《功能主义的起源》，225-227。

2 舍夫勒，《亨利·凡·德·维尔德》（*Henry Van de Velde*），Leipzig: 1913。这本文集收录了1900—1913年有关凡·德·维尔德的四篇文章，适逢这位建筑师五十岁生日时发布于尼采档案馆。1933年，在凡·德·维尔德七十岁生日时，舍夫勒又为他献上了一篇全新的文章，见《艺术与艺术家》（*Kunst und Kunstler*），1933（32）。

3 舍夫勒，《亨利·凡·德·维尔德》，84。

4 有关在这一时期对歌德的各种解读，见本书第5章。第一位表现主义理论家赫尔曼·巴尔（Herman Bahr）在1916年著名的《表现主义》（Expressionismus）一文中，将这场运动同“歌德类型”相联系。最先是齐美尔，随后部分地还有卢卡奇，都曾尝试为先锋派给出一种“歌德式”阐释。

5 舍夫勒，《大都市的建筑》（*Die Architektur der Großstadt*），Berlin: 1913，在这里总结了该书的第一章。

的、小型的产业，从乡村到城市之间跨增长的诸形式。这个方案背后的推理天真得令人神往：这个组织，这个将城市容纳并保存于自身内部的大都市，这个国际经济的形式——它的参与者能够在工作时间之后耕种自己的家庭菜园——应当允许全面的整合、无处不在的政治分裂，以及对全部冲突的控制，或者说预防性镇压。这种推理揭示出了那个年代的德国知识界——或者至少他们中的很大一部分——如何阐释政治与工业的"授权"。

根据这种阐释，知识分子——在此是建筑师——应当"转身离去"，克服种种矛盾，抵抗劳动在工厂与大都市"服务"中的群众化，并将它带回到行将崩溃的"家庭"中。知识分子被理解为一个综合的手艺人，从而被理解为一个按部就班的神秘主义者（programmatic mystifier）：他寻求同化的诸形式，指出可感的、正确的诸形式；他擦除掉每一次跳跃和断裂；他把全部矛盾还原为个体性和有机性。这位知识分子是卓越的反尼采式个体。当这种构想拙劣的论点被以尼采的名义说出时，它的缺陷也就暴露无遗了！质料的精神化，新的古典主义，知识分子为解救纯粹劳动的工具性而复苏了天职（Beruf）的概念，所有这一切在此都被当成了尼采的批判所带来的成果。

这不是尼采的思想，而是他那"可憎的"妹妹伊丽莎白·福斯特 - 尼采（Elisabeth Förster-Nietzsche）所发起的尼采式"教派"的意识形态。这不是尼采式悲剧性，而是凡·德·维尔德与达姆施塔特的艺术家村（Darmstadt Künstlerhöhe）[1]。但如果它是反尼采的，那么它在某种程度上也是反瑙曼与反拉特瑙的。这些人所呼吁的并不是对劳动工具性的神秘化。不可逆转的并非作为普通

1　达姆施塔特的艺术家村是青年风格派（Jugendstil）的大本营，由当地末代贵族在 1899 年投资成立，力图借助艺术与贸易的结合促进该地区的经济发展，德国和奥地利的多位知名建筑师在这里设计和建造了大量房屋。详见本书第二部分。——译注

的集中化形式——作为依然向发明与规划敞开的空间——的大都市，而是作为一种政治结构的大都市，即那样一个位置，它是在官僚与政治之间、在金融与工业之间、在工人与资本之间的矛盾，正如韦伯与桑巴特等批评家所描述的那样。协会的“左翼”，同新宪法与新政党的理论家们团结一致的新实业家们，他们并未呼吁一种对矛盾的神秘化，或者对一种退步乌托邦的详尽阐明，他们所呼吁的恰恰相反。

舍夫勒要求超越的那些东西是*无可避免的*，这才是他们的出发点：劳动的群众组织及其急迫；随之而来的、愈益普遍的劳动工具性；以及全部微观经济与城市平衡的崩溃，这使得建立一种世界经济成为可能。然而所有这一切必须被赋予一个*形式*——这关系到理解、再现和监管。人必须为这些必然被异化的关系给出命令，正如他必须控制这些必然的矛盾。压制它们就是压制基于它们的整个系统。压制劳动的工具性就是压制劳动组织在大型资本主义企业中的群众化与合理化。为综合的缺席给出命令——构想这种缺席并穷究它的内涵——才是真正的“授权”与真正的问题。所有其他问题与所有其他回答都是无效的、先天无关的。而这恰恰是制造联盟的失败之所在：它没有能力规划*否定性思想*的大都市、被异化劳动的社会关系。也就是说，它未能将大都市解释为冲突，解释为冲突的功能性，从而无法在它的各个部门之间使不平衡系统化。作为综合的大都市并不是大都市，它是城市、家庭、有机体及个体性。

这才是 1914 年代表大会上真正的争论中心，而不是穆特修斯（Muthesius）的*标准化*（Typisierung）同凡·德·维尔德的“自由、自发的创造性”之间的冲突。[1] 规范与形式之间的冲突，正如

1　参见穆特修斯的论题与凡·德·维尔德的反题，见波泽纳，《功能主义的起源》，205-207。

舍夫勒后来所总结的那样，实际上是经济需求的理念同作为无所不包的“新风格”的形式乌托邦之间的冲突。

事实上没有人通过瑙曼的文字把握到资本主义增长所提出的真正问题。当穆特修斯谈到标准化时，他想要使工业产品具有一种古典的高贵——它的形式成了规范——功能同形式的一种完美综合。他的论战标靶并非凡·德·维尔德与舍夫勒的综合乌托邦；实际上，他责备他们将创新精神的形象保持为“自主的”，从而令综合不完整。因此这场斗争是发生在一系列共同目标内部的斗争。

在瑙曼的干预中隐含着的目标则完全相反。[1]这里的问题不再是形式与功能的关系，后者消解于诸事实中。将形式整合进资本主义增长的诸过程中，这是一种命运——就这个词的尼采式意义而言——那里“没有什么可改善，没有什么可恶化了”。为了融入这个增长，为了提出同这个增长的过程与问题有效一致的形式，唯一的选择围绕着技能含量与理论能耗。因而这个选择就取决于对一切传统或乌托邦视角的彻底放弃。这样看来，我们正在倾听着《学术之为志业》（*Wissenschaft als Beruf*）中的那个韦伯。但是这个推理过程究竟意味着什么？知识分子必须承认增长本身的种种模式与矛盾。他必须如其所是地反思它们并调整它们。它们的综合辩证重构不再有效的那个时刻，也正是微观经济、边际经济被转型为一种世界经济（Weltwirtschaft）的时刻。否定的矛盾和功能性所具有的根本特征，现在必须得到解释。可是这不仅仅涉及意识的单纯努力。它意味着全部职业地位的毁灭。异化必须在生存的事实中被承认，它必须被彻底内化。知识分子不可能“自

1　瑙曼，《制造联盟与世界经济》（Werkbund und Weltwirtschaft），见波泽纳，《功能主义的起源》，223。不过，瑙曼的立场并非如此“线性”——见本书第 3 章。

由”，除非就这个词的尼采式意义而言：作为自由精神（Freigeist），自由地促成和介入命运的方向。

知识分子必须停止将自己神秘化为某种“自主”劳动的代理人、同劳动相对抗的艺术的代理人、对劳动工具性的任何可能救赎的象征。事实上知识分子遭受了最彻底的异化和剥夺。并且只有从这个被给予者出发，他才能开始获得知识。他的工作根本不可能克服这个被给予者。如果它要求这样做，它就不会有任何意义——一种幽灵般的存在，仅仅是“希望的原理”。唯有承认自己被异化，知识分子才有资格谈论现实的社会生产关系并承担起整合它们所必需的那种自由。

瑙曼发展了这个中心理念，通过一种对制造联盟的整个争论造成毁灭性打击的方式。“这个制造联盟连一个花瓶都根本无法生产，因为它没有一家陶瓷厂。它连一个茶匙也无法生产：它不得不购买。”创造性对立于重获丧失的自主性。生产的循环——它赖以存在的那些矛盾，它的具体代理人，以及他们的斗争——在生产着。没有必要为所有这一切添加一种形式，或者通过一种已解决的、被综合的外观使这种斗争神秘化。这个外观不是生产性的——致力于这个外观的工作不是生产性的。制造联盟必须被转型为现实生产循环的一种有组织、有纪律的工具——也就是说，被转型为这个循环中不可或缺的一部分——为了使这个循环的基本要素尽可能地合理，使它的产品尽可能地有竞争力。“我们需要那种洋溢着美国精神的德国艺术家，他们懂得如何为美国工作，但却是作为德国人为德国工作。”换句话说，需要的是那样一类艺术家，他们属于经济扩张过程的结构，他们的注意力完全地、彻底地集中于政治家与实业家们正试图建立的世界经济。艺术家们必须成为征服海外市场的代理人，成为这种征服所必需的国内生产组织与合理化的代理人。

这并没有使劳动变得高贵，没有令质料被精神化，当然也就没有新的古典性。艺术同工业的联结意味着整个循环在增长的新阶段再结构化：组织与商品学的再结构化——但最重要的是，社会的再结构化，资本主义关系的社会化。这正是艺术家应当在大都市的建造中最大限度地予以表现的东西。真正创新的是那些能为这一规划制定纲要的人，他们能使合理化与交互关系的这些必要条件在一个广包的结构中协调一致。而那些人也知道，在现代，为了生产花瓶与茶匙，工厂是必不可少的，而且有必要领会那个使用花瓶与茶匙的社会、它们的价值在其中得以实现的社会。无论是穆特修斯还是凡·德·维尔德，他们都未能把握到这个论点的重要性，即使在一个单纯的层面。随着瑙曼发起的攻击，他们的论战也退居到了幕后。

在同瑙曼完全对立的另一极，我们看到了恩德尔（Endell）及其关于大都市的著作，《大城市的美》（*Die Schönheit der großen Stadt*）。[1]初看上去，开篇的段落似乎在准备向一切浪漫主义前提发动决定性的攻击。从那个最“尼采式”的叔本华处直接借鉴来的效用伦理学视角；里尔克（Rilke）为在场或此间（Hiersein）而作的悼词；对劳动生活（Arbeitsleben）与劳动文化（Arbeitskultur）的提升——尤其是技术结构的美学、对艺术制造的分析，相比德国的建筑界，这种提升更多地来自奥地利维也纳的建筑界，而且它可以被追溯到德索（Dessoir）的艺术科学论（Kunstwissenschaft）[2]——总之，在恩德尔关于大都市的口号

1　奥古斯特·恩德尔（August Endell），《大城市的美》（*Die Schönheit der großen Stadt*），Stuttgart: 1908。

2　关于马克斯·德索（Max Dessoir）及其学派，见迪诺·福尔马乔（Dino Formaggio），《美学研究》（*Studi di estetica*），Milan: 1962，69-102。

中被总结为命运的一切，都仿佛令这位作者置身于规范和形式的冲突之外，而瑙曼最终使人们遗忘了那个冲突。

实际上，恩德尔就此所提出的唯一问题是通过享乐文化（Genusskultur）的“美丽形式”改善大都市的劳动文化。究其本质而言，这个议题就是要把大都市的问题还原为一种“美丽的、生动的建筑”的准则，正如舍夫勒在称赞埃尔维拉工作室（Hofatelier Elvira）创造者的天才时所说的那样。恩德尔整本书的目标就是要教会人们把大都市看作新的美，要将礼俗社会的知识分子吸收进大都市——它试图向知识分子揭示出大都市最为人熟悉的方面。

然而这个目标同样涉及一项精确的方案：大都市的设计必须完全基于对“美好形式”的遵循，基于对美与功能性之间、个体性与法理社会之间的综合的需要。在“教育”知觉的工作之后，将会是规划的工作：大都市的新享乐主义。同制造联盟的其他人一样，恩德尔也具有一种综合的视角，并认为建筑师和知识分子应当成为这种综合的中心。在这个方案中，恩德尔的原创性在于成功地剥削了一种正在形成的心理，它来自大都市的印象主义图像被赋予的形式。卢卡奇在齐美尔身上所发现的印象主义，同样也能在恩德尔身上发现。恩德尔同样展示出了对大都市体验（Erleben）的提升，但他的提升却指向了新的形式、指向了新的塞尚（Cézanne）。除了作为过渡的印象主义，它什么也不是：必须对人群加以调整，它的生活、它的运动都要被分析和重建。显然，这里缺失了印象主义大都市的核心事实：那恰恰是美好形式的崩溃，是它的不可逆转的没落——事实上，那是享乐（Genuss）与消费的桑巴特式大都市的终极与最后阶段。当然，这也正是普鲁斯特（Proust）在巴黎的花园中看到的：与旧都市的年代一同逝去的，还有在心灵与社交圈之间的符合一致（consonantia）、事物同观念的秩序（ordo rerum et idearum）——普鲁斯特本人宣告了它的断然终结与无可挽回。

另外，把印象主义阐释为一种过渡，通往新的形式、新的综合，这就颠倒了它的全部意义和范围。在这一点上，仅存的可达维度就是论说文的维度。这种论说文是大都市的回忆，是城市的图像。只有能被内化的事物才被言说。大都市的问题被系统性地排除了。甚至连齐美尔的论点都无法在这里被重启。大都市的功能性问题被还原为它的主体性问题，也就是它与情感符合一致的问题。为大都市辩护就成了为一个从那里的生活中享受乐趣的“美丽灵魂”辩护。正如我们已经看到的那样，对于瑙曼和拉特瑙而言，这样一种辩护是完全非生产性的。

同样一系列问题在斯宾格勒（Spengler）的作品中再次出现。在《西方的没落》（*Der Untergang des Abendlandes*，1917）中，斯宾格勒忠实地回顾了齐美尔的分析：他从部落组织的崩溃出发，直到作为新型权力的货币与精神出现。[1]但在齐美尔那里充当结论的是一种对大都市中不可化约的矛盾的、否定的实体进行把握的尝试，而在斯宾格勒这里则变成了一种新的、完全化约了的精神秩序：齐美尔的过渡性解决方案在这里变成了一种直接辩护，为资本的城市——所有权在其中被不断地转型为资本——也就是大都市。这个大都市是新的综合、新的美，正如恩德尔曾“歌颂”的那样。斯宾格勒无非是将显而易见的意识形态变换成了它本身的无力之图像而已。对于大都市所必然带来的具体政治结构、现实冲突或者有效内部环节，斯宾格勒的大都市类型只字未提；换句话说，他根本没有觉察到大都市的功能性在哪里。斯宾格勒这

1 奥斯瓦尔德·斯宾格勒（Oswald Spengler），《西方的没落》（*Il tramonto dell'Occidente*），尤利乌斯·埃佛拉（Julius Evola）译，Milan: 1970, 1299。

种彻头彻尾的意识形态辩护已经处于实际的大都市增长的过去时态。齐美尔的见解也没有什么不同。斯宾格勒的绝对经院哲学仅仅提供了一种前人遗留下来的信念，相信旧式知识分子所具有的功能，相信他们将“克服”资本主义增长所带来的“丑恶”。先锋派的建筑师与城市规划专家们会孜孜不倦地阅读和评论斯宾格勒，这绝不是偶然的。

3. 商人和英雄

灵魂“是上帝的镜子”——这句回响在沃尔特·拉特瑙的《神秘学概要》（*Breviarium Mysticum*）开篇的话，创作于1906年令他着魔的第一次希腊之旅。[1]他在灵魂（Seele）与精神（Geist）之间设置的对立来自威廉时代（Wilhelmzeit）到魏玛德国期间的德国生活哲学，并塑造了我们在这里所要考察的文化。

精神是针对一个特定目的的心智——在当时的情况下就是世界的合理化与机械化之精神。可是这难道不会制造无止尽的冲突和分裂吗？根据这一事实，精神难道不会无能于其根本目的，即无能于建造一种体现在作为价值的国家之中的有效权力吗？如果一个纪元的本质力量被留给精神，就不仅不会有任何综合、任何文化，而且，随着围绕故土观念的每一种建造可能性皆遭失败，国家也将会失败，把经济力量导向其根本目的的可能性也将会失败。精神为此必须承认灵魂的首要地位——纯粹心智必须通过承认这一首要地位来超越自身，假如它要保证它自身的有效性。

资本主义既然存在于这些关系的总和当中，那么它无论如何

1　哈里·格拉夫·冯·凯斯勒（Harry Graf von Kessler，译按：著名的欧洲现代艺术赞助人与推动者，出生于德国贵族家庭，曾担任外交官，并游历各国）在他关于拉特瑙的“权威”传记中用很大篇幅谈论过这段经历，见《沃尔特·拉特瑙：生平与工作》（*Walther Rathenau: Sein Leben und sein Werk*），Berlin: 1928。该书由作者本人于1933年翻译成法文，并由加布里埃尔·马塞尔（Gabriel Marcel）撰写了一篇有趣的导言。此处全部引用自该书法文版。

也不能被还原为粗糙的唯物主义。在拉特瑙看来，资本主义反倒成了灵魂与精神之间这场冲突的戏剧史，然而，它的最终结果却是精神的扬弃（Aufhebung）。资本主义时代的文化是这个目的论的一种直接表现。资本主义文明有一种“天赐的历史”：这体现为它的驱动力在作为有机体的国家中、在爱国的语言中对综合的“怀旧乡愁”。合理化与机械化并不构成自在的目的——它们只是为经济生产关系的更新和转型、为人的权力扩增所支付的日常代价。拉特瑙认为，资本主义正在经过一个纯粹的机器时代（Maschinenzeitalter），尽管它的意义在于粉碎旧的社交圈、古老的文化等级制。[1]机械化是为了施加新的目的和政策而采用的技术手段。不同于众多“浪漫主义者”，拉特瑙将灵魂的缺席，即无灵魂状态（Seelenlosigkeit），视作通往故土和国家的运动中的一个——必要但仅是过渡的——阶段：对于摧毁陈旧的共同体与亵渎古老纽带的灵晕，它是必不可少的。资本主义的精神必然同古代灵魂相反，但是精神在它的生成中不仅保全了自身，还显明了对一个新灵魂的需求。拉特瑙激烈地批驳了确定性（Sicherheit）并提出其瓦解的图像，这是他同世纪之交的德国文化基本趋势相一致的特点。一切资产阶级确定性的消失——合理化剧烈过程的必然结果——同时也是一种潜能（dynamis），是对需求的丰富，是生产性的冲动。然而，更新和转型的“革命”狂热在自身之中同样包含了对一种新文化、一个新灵魂的需求。它的持续增长最终令形式和秩序成为必然。意识形态的需求同功能的需求不可分离地相并存，理解这一点很重要。资本主义的增长不能被还原为简单的计算心智，乃至被还原为它的各个主体所分得的利益。为

1　这些概念来自齐美尔，《社会学：关于公共所有权形式的研究》（*Soziologie: Untersuchungen über die Formen der Vergesellschaftung*），Leipzig: 1908。

了它本身的自我保存，它必须带来新的文化、新的综合形式，它们能体现一个国家的合法权力（auctoritas）。这个国家必须具有故土的价值，而故土必须同时又是一个现实的国家。（相同的图式也预示了拉特瑙对犹太主义的讨论：犹太教谈到了一处应许之地——而在今天，拉特瑙说，它必须被看作德国。）

机械化是一个命运——它要完成一项使命。[1]它取决于政治和经济生活的扩展，取决于需求与满足需求的手段所发生的增长，还取决于心智的发展和随之而来的神经生活。这项使命在现代资本主义中得到了完成，它的目标得到了实现。资本主义为“服从”其命运而采取的手段——确切地说，不同阶级的分隔与斗争、一个阶级对另一个阶级的政治支配、对工人运动的政治与经济征用——不再有任何用处。在纯粹机械化的时代只有不同利益之间直接斗争的余地（因此只存在功能性的人［Zweckmenschen］！）。返回过去不可能否定这个时代的存在；要超越它，我们就必须明白它是如何实现其目标的。经济生活的社会化，资本与劳动的寡头垄断组织，还有国家干预的新形式，这要求（Verantwortung）我们把经济的丰富性本身视为教育灵魂并教化（Bildung）新社会关系、新宪法的工具与手段。[2]

拉特瑙当然不是韦伯——也不是齐美尔。尽管同反动的反资本主义保持着清醒的距离，他依然继续按照目的论的、有机的方式思考政治经济的历史。他所提出的文化观——他试图在彼此的

1　这也是拉特瑙在《通往精神机械学》（*Zur Mechanik des Geistes*, 1913）中的命题，因而相比路德维希·克拉格斯（Ludwig Klages，译按：德国生活哲学代表人物，存在主义现象学先驱，他强调精神与灵魂之间的明确区分，精神象征着来自现代性与工业化的合理化力量，它摧毁生活，而灵魂则象征着通过新的植根过程克服被异化状态并重新肯定生活的能力），它更接近斯宾格勒对命运的看法。

2　伊姆雷·雷维斯（Imre Révész），《沃尔特·拉特瑙和他的经济工作》（*Walther Rathenau und sein wirtschaftliches Werk*），Dresden: 1927, 26ff。

辩证关系中设置起来的同一组对立面——来自一个特定的传统：魏玛时代的古典神话、滕尼斯的礼俗社会乌托邦，以及人民与普鲁士特色（Volk und Preussentum）的意识形态这三者的交集。无论他多么努力地想要从内部、从上述各个方面修改它，这个传统在拉特瑙的作品中依然得到了表达，偶尔还带有修辞上或学术上的强调。这也是在很多同僚关于他的回忆录中反复出现的一个特征。凯斯勒（Kessler）记得他这位朋友的“高尚美德”，并且在他的行为中看到了虚荣和苦涩的混合。[1] 弗里德里希·梅内克（Friedrich Meinecke）谈到了拉特瑙过分“造作”的方法，“就像有教养的、精明的犹太人时而采用的那样”。[2] 而这些方法，正如恩斯特·特勒尔奇（Ernst Troeltsch）和马克斯·舍勒（Max Scheler）的方法一样，[3] 能把握住那个“困扰”拉特瑙的问题现实性。拉特瑙在一定程度上也许比他的“老师们”更加透彻，他承认资本主义不能被还原为文明的单纯观念；资本主义社会关系的转型将会带来一种非同寻常的政治制度效应，这不能仅仅从技术方面与智力方面加以管理，因为它将会提出文化和价值的普遍问题。拉特瑙比他的“老师们”要尖锐得多，他意识到当机械化与合理化达到一定阶段时，就必须有一个新的国家方案，一个基于全球政策——不管是工业的、商业的，还是外交的政策——视野的新宪法，它不能被还原为陈旧的自由主义教条。以一种甚至比

1　凯斯勒，《日记》（*Tagebücher*）。他详细讲述了自己同拉特瑙在“一战”结束后的第一次会面，时间是 1919 年 2 月。凯斯勒对这位朋友的态度“大为光火”，在他看来，拉特瑙似乎已经在“考虑自己的纪念碑”。

2　弗里德里希·梅内克（Friedrich Meinecke），《回忆录，1862—1919》（*Esperienze 1862-1919*），Naples: 1971, 277。

3　恩斯特·特勒尔奇（Ernst Troeltsch，译按：德国新教神学家），《被谋杀的朋友们》（Dem ermordeten Freunde），见《新评论》（*Die neue Rundschau*），1922（33），我们暂且不论《旁观者书信》（*Spectator-Briefe*）；马克斯·舍勒（Max Scheler），《沃尔特·拉特瑙：一种评估》（*Walther Rathenau: Eine Würdigung*），Koln: 1922。

韦伯还要具体的方式，他继续分析了这个新国家的组建环节，资本主义理性（ratio）的社会化将要承担的种种形式，即资本的国家化（Verstaatlichung des Kapitals）。拉特瑙思想中的这项规划依然十分重要，即便他的意识形态仍旧依附于威廉德国的文化氛围。在拉特瑙的所有评论者当中，罗伯特·穆齐尔（Robert Musil）最清楚地理解了他的智识基础中的这些困境，1914 年为《通往精神机械学》（*Zur Mechanik des Geistes*）所作的评论[1]，以及《没有个性的人》（*Der Mann ohne Eigenschaften*）一书的部分章节均为佐证。拉特瑙“落入”了并行作用的歧途，这本身就无情地象征了他关于新灵魂的悬而未决的张力，而这一张力必然转型为浮夸的意识形态。

当瑙曼与桑巴特试图定义社会资本的文化特征时，他们的形象或许最接近拉特瑙。考察他们的部分作品也许会帮助我们对这项“使命”的失败给出更令人满意的解释。瑙曼的民主化帝国（Kaisertum）理念——个体同大型资本企业冷酷的必然性相和谐，以及被指派给新教教义的政治功能（尤其是被称为“新教教会伟大异端”的社会民主）——展示出瑙曼如何阐释他自己的天职。他不仅像韦伯一样看待它——也就是超越了所有乌托邦主义和教条主义——而且把它看作对当代生活根本“综合质量”的定义和表达。这个生活必须被转型，从而包含住更大的团结感、更完满的国家生活（Staatsleben）。这个生活拥有一种巨大的道德与审美潜质，有待被承认、被教育并被善加利用。资产阶级（Bürgertum）的现实责任，正如布伦坦诺（Brentano）[2] 早已指明的那样，恰恰

1　罗伯特·穆齐尔（Robert Musil），《对一种元心理学的笔记》（Anmerkung zu einer Metapsychik, 1914），见《日记：格言、论说文与讲话》（*Tagebücher. Aphorismen, Essays und Reden*），Hamburg: 1955, 637ff.。

2　卢约·布伦坦诺（Lujo Brentano，1844—1931），社会政治协会的创始成员之一，19 世纪晚期资产阶级改良主义的代表人物。——译注

在于领导整个国家、人民（Volk）走向这种承认。瑙曼满怀热情地投身制造联盟——它的努力在这个政治文化方案的语境之外无法被理解。制造联盟的活动不应该被当作一个呈现给当代世界的单纯模型，而应该被当作一次尝试，它要求表现这个世界固有的艺术文化目的（telos）。制造联盟所实现的综合同文明的根本目标、同机械化与合理化的根本目标相一致。制造联盟的斗士们认为自己并非一种艺术文化潮流的倡导者，而是从文明到文化的过渡命运之化身。瑙曼以清晰的方式在许多文章里阐述了这种程序模式，尤其是 1904 年的《机器时代的艺术》（*Die Kunst im Zeitalter der Maschine*）[1]。

这个题目回应了瑙曼十年前的另一篇文章，《机器时代的基督》（*Der Christ im Zeitalter der Maschine*）[2]——同关于威廉时代文化的著名《书信》（*Briefe*）[3] 一样，那当然是一篇更加不自觉地反基督教的作品。在这篇文章中，基督对机器的"认同"优先于并合法化了艺术对它的认同。瑙曼首先考察了艺术家的社会关系从个人交易转型为非个人交换。直到机器时代出现为止，艺术家一直依赖于特定的客户。他的作品是为社交圈准备的，他很了解其中的倾向、品位以及文化。这种文化有非常坚固的传统根基，艺术家的作品则保护其免于时尚的躁动不安（Nervosität）。显然，

1　瑙曼，《机器时代的艺术》（*Die Kunst im Zeitalter der Maschine*），第 2 版，Berlin: 1908；现收入《文集》（*Werke*），第 6 卷，《美学著作》（*Aesthetische Schriften*），这一卷还包括他对制造联盟代表大会的所有干预。有必要指出，这个标题不应该让人们误以为它和本雅明的那篇著名文章有什么近似之处，尽管在讨论照相术的最后几页里，瑙曼的话语超出了为工业艺术所作的天真辩护，把它当作我们观看方式的彻底转变，并谈到了它和城市文化（Stadtkultur）的关系。

2　"机器不是反基督教的，因为上帝要它存在。上帝凭借历史的事实向我们道说……上帝要求技术的进步，因而他要求机器。"瑙曼达到了和媚俗艺术（kitsch）一样的深度，见《机器时代的基督》（*Der Christ im Zeitalter der Maschine*, 1893），第二年重印于《何为基督教社会？》（*Was heisst Christlich-sozial?*）。

3　即《关于宗教的书信》（*Briefe über Religion*）。——译注

这一情势随着机器时代（Zeitalter der Maschine）的到来发生了改变。艺术家从此必须依靠市场，就像任何其他制造者一样。不过真正的问题在于，我们所面对的社会转型，是否仅仅从外部影响了艺术生产——正如它看上去的那样——抑或这种转型的的确确影响到艺术作品的本质？

为了回答这个问题，就必须分析艺术同商业与社会政策之间的关系。在我们所考察的“一战”以前的时代，德国的繁荣依赖于其市场的连续增长。通过提升德国的劳动力，这个目标不仅可以在数量方面，而且可以在质量方面得到实现。劳动产品并未自在地使全球商业政策成为可能。“我国工业的未来绝大部分依靠艺术，它为我们的产品赋予价值……最重要的当代艺术情操运动，就其具体本质而言，至少部分地由机器决定。”[1] 一方面，艺术是价值实现过程中的决定性因素；另一方面，它是机器时代的表现。艺术并非添加于机器产品之上，而是与它一同形成新的综合。瑙曼谈到了一种“国民机器时代的德国风格”[2]，它的理想是一种“在艺术方面受过教育和培训的机器人民（Maschinenvolk）”[3]。机器同艺术的有机综合象征着资本主义的文化，象征着生产一种资本主义灵魂的可能性。这个“生产”是一种高度复杂劳动的果实：工人加上艺术家，普通生产者加上灵魂。

艺术干预并没有为机器产品添加怀旧乡愁——对过去的形式、对昔日的“独立”。相反，它表现了机器的另一面；它实现了其深刻的文化意图。换句话说，艺术劳动必须为当代的生产方式及其产品买卖赋予形式。艺术是资本主义灵魂的助产婆：“最

1 瑙曼，《机器时代的艺术》，6。

2 同上，16。

3 同上，17。

好的商品里总是有某种形式的灵魂。”[1]通往这一结果的过程漫长而又艰难，里默施密德（Riemerschmid）[2]、费舍尔（Fischer）[3]、穆特修斯和奥斯特豪斯（Osthaus）[4]都曾试图实现它。起初，机器时代将自身标榜为粗糙的唯物主义。全新的材料与机器踏上了一条毫无形式和品位的发展道路。在瑙曼生活的年代，人们仍然被这样的产品所环绕。人们的视野只能慢慢地对全新的机器和材料所具备的审美潜质变得敏感。人们逐渐学会如何辨识它们的美。在这种情况下，瑙曼想要强调的东西和恩德尔是一样的：大都市在人们的眼中被转换为宏伟的自然奇观或者纯粹的艺术风景。街道、工厂之类都变成了“西方的高塔”；埃菲尔铁塔被比作雅典卫城、圣彼得大教堂、圣索菲亚大教堂以及巴尔贝克神庙。[5]

这种修辞的热情，无论它本身多么难以被接受，依然具有其自身的自我正当化。瑙曼的任务——就像整个制造联盟在这个问题上的任务一样——就在于证明机器时代的艺术劳动不可能具有像风格那样的价值，风格自上而下地令工业产品变得高贵。艺术劳动必须表达出朝向构型（Gestalt）的倾向，这个构型由机械化的过程本身引发。职此之故，艺术绝不能阻碍产品的功能表达，反倒必须为这种表达赋予形式和承载。这样一来，我们

1 瑙曼，《机器时代的艺术》，12。

2 理查德·里默施密德（Richard Riemerschmid，1868—1957），德国建筑师、画家和城市规划师，青年风格派代表人物，制造联盟创始成员之一。他既赞赏传统手工艺，又倡导机器生产。——译注

3 西奥多·费舍尔（Theodor Fischer，1862—1938），德国建筑师，慕尼黑理工大学建筑学教授，制造联盟联合创办人及第一任主席。他努力追求能体现德国传统与民族文化的建筑风格，因而在晚年支持过纳粹政权。——译注

4 卡尔·恩斯特·奥斯特豪斯（Karl Ernst Osthaus，1874—1921），德国先锋派艺术与建筑赞助人，早年间曾投身于德国民族主义活动，后转向欧洲先锋派与现代主义艺术作品的收藏与投资。——译注

5 恩德尔，《大城市的美》。瑙曼，《新的美感》（Neue Schönheiten，1902），见《文集》，第6卷，211ff.，他声称自己宁愿放弃德国与意大利的所有拱廊街，只为在法兰克福火车站短暂停留，或者在埃菲尔铁塔的阴影下待上一天！

将会发现瑙曼的激烈论战——反对一切装饰[1]，并反对在制造联盟自身内部出现的、相对于经济与工业目的的“自治”倾向——背后的原因。

这一论战的发展轨迹始自1908年的《德国工艺美术》(*Deutsche Gewerbekunst*)[2]，它堪称制造联盟初心的宣言，随后是1912年的《德国风格》（*Der deutsche Stil*），直到1912—1914年的制造联盟，正如我们此前所看到的那样，瑙曼格外坚定和明确地干预其中。在这些情形中，受到攻击的正是制造联盟所标榜的意识形态自负（Eitelkeit），这种意识形态是关于客体的艺术形式凌驾于其实效功能性之上的霸权。这时就终于不再有必要把船只、桥梁、工厂和火车站当作新型自然的实例，或者比作神庙与高塔。如果新目的和新材料在有效的交互关系中制造出新形式和新风格，那么这些形式和风格将会体现在生产和流通的实际关系中。新的构型只能存在于生产关系的区域中。假如我们同瑙曼一样，断言正是这些关系决定了新形式和新风格，那么一切同这些关系相矛盾的东西也就同这些形式和风格存在的可能性相矛盾：职此之故，规定目的，规定何为有用并设法以最经济的手段实现它，这与对新构型的追求是一致的。另外，假如通过这种方式对资本主义文化给出的推导，似乎只是在为发展进行一种空洞的辩护，而且艺术生产与工业生产之间无法还原的差异又被再次确认——或者假如人们尝试根据艺术生产的要求来“培训”工业生产——那么工艺美术(Gewerbekunst)这个概念本身便即刻失效且必须被放弃。

1　瑙曼，《机器时代的艺术》，23。

2 《机器时代的艺术》之后有《艺术与工业》(*Kunst und Industrie*)，Berlin: 1906；还有《德国工艺美术》(*Deutsche Gewerbekunst*)，Berlin: 1908，均收入《工作书简：一本关于劳动的书》(*Anstellungsbriefe: Ein Buch der Arbeit*)，Berlin: 1909；1913年第2版标题为“在劳动的国度中”(*Im Reiche der Arbeit*)。最后还有《德国风格》(*Der deutsche Stil*)，Leipzig: 1912。除了对制造联盟代表大会的干预，这些文章也同样见证了瑙曼为自己的美学活动所赋予的突出意义。

同穆特修斯还有凡·德·维尔德针锋相对[1]，瑙曼解决问题的方式——在制造联盟的整个历史，或者至少直到第一次世界大战的那段历史上，留下了印记——自在地表明了问题本身的毫无意义。如果真的像瑙曼所断言的那样，制造联盟此后必须成为现实生产周期的一个有组织、有纪律的工具，放弃所有"灵晕"，并且"懂得如何为美国工作，但却是作为德国人为德国工作"，重复制造联盟意识形态的另一面又有什么意义呢：劳动力精神化的伟大目标，德国劳动力的提升？此刻我们仅仅置身在*劳动的国度中*（Im Reich der Arbeit）：归根结底，关键问题在于劳动生产率最大化的必要条件，而非被当作产品的从属和异化身份之救赎的"美"。[2]*劳动意识形态*（Arbeitsideologie）在瑙曼和拉特瑙的思想中同样保持为一个不可或缺的部分[3]，从制造联盟经历的头十年开始，其成功的可能性越来越不确定。

在分析1914年前后的德国文化时，断言这些主题只是盲目的*文艺爱好实践*（Dilettantismus）所带来的自然衍生品，恐怕没有什么比这更加错误了。而这恰恰是桑巴特在他的《艺术行业与文化》（*Kunstgewerbe und Kultur*）[4]中所做的。他一开始就创造了

1　有关凡·德·维尔德，参考《制造联盟与世界经济》。对于制造联盟的凡·德·维尔德一派，一份具有指导意义的文本是奥斯特豪斯的辩护性著作，《亨利·凡·德·维尔德：艺术家的生活与作品》（*Henry Van de Velde: Leben und Schaffen des Künstlers*），Hagen: 1920。整整一章的篇幅被用来讲述凡·德·维尔德的圈子——包括凯斯勒在内——同伊丽莎白·福斯特-尼采所主导的魏玛尼采档案馆之间的关系。制造联盟的这一派同反动的尼采神话的意识形态政治建设，以及那些群众的国家化过程开展过积极合作，G. L. 莫瑟（G. L. Mosse）考察过这个问题，但是他采用了一种过分还原论的通俗视角。

2　这同样是西奥多·费舍尔在制造联盟早期的观点，引自G. B. 哈特曼（G. B. Hartmann）、W. 费舍尔（W. Fischer），《德意志制造联盟的历史》（Zur Geschichte des deutschen Werkbundes），见《在艺术与工业之间》（*Zwischen Kunst und Industrie*），16。

3　在《英国工业》（Englands Industrie）一文中，拉特瑙写道："英国人，富裕、健康又强壮，热爱工作，却从未彻底投身其中。他需要假期、自由时间、户外休闲、体育运动。*德国人爱自己的工作胜于一切*（Der Deutsche liebt seine Arbeit über alles）。"见《著作全集》（*Gesammeite Schriften*），第4卷，145。

4　桑巴特，《艺术行业与文化》（*Kunstgewerbe und Kultur*），Berlin: 1908。不过，这篇文章却是写于1906年。

一个问题意识，即艺术作品的自主目的这个概念（艺术仅仅作为自身目的［Selbstzweck］，作为自在的目的），以便——根据经济史和社会史——分析艺术行业同经济之间存在着的各种关系。依照《现代资本主义》一书的精神，桑巴特区分了两个根本不同的纪元：一个是为手工艺与小作坊经济、艺术品买主的高级文化和自主的作品所环绕的富裕而幸福的符合一致；另一个则是对手工艺（Handwerk）、手艺人和手工艺劳动组织的资本主义剥夺。正是在后一时期，艺术家丧失了“自然的”经济环境，开始了一段“绝对苦难”的时间。[1]资本主义工业拒绝安逸闲散的生活方式；资本主义和资产阶级的艺术客户是完全缺乏教养的；精神领袖们（Leadergeister），也就是为艺术创作定调的人，则开始冒险踏入对于艺术行业（Kunstgewerbe）全然陌生的领域：艺术家成了纯粹的艺术家。可是根据桑巴特的说法，这种纯粹恰恰见证了艺术家的现实社会经济处境之苦难。这种就艺术的社会命运所给出的粗糙分析在德国（以及其他地方）的文化中，直到第一次世界大战之后都占据着主导地位——而且正是从这一前提出发，才能得出如下理论，即资本主义同艺术之间存在着根本的相互排斥或对立。假设资本主义的纪元是本质上反艺术的，那么艺术便在某种意义上——如果它意识到了自己的命运——成了一种相对于资本主义社会关系的革命力量。很多“伟大的”现代美学理论无法在这种社会学框架之外被理解，不管它的出发点显得多么温和。

然而桑巴特像瑙曼和拉特瑙一样，没有在矛盾面前止步；他的目标是要勾勒出艺术与工业之间全新综合的可能性。在他看来，制造联盟同样是这一尝试的样板（exemplum）：那里的艺术家宛如众多圣乔治，为了解放艺术行业这位公主而同化身为当下经济

1　桑巴特，《艺术行业与文化》，45。

力量关系的上千条恶龙展开搏斗[1]；他们正在同资本搏斗，后者仅有的目标就是利润；同大众的要求搏斗，后者如今变成了“民主”；同技术搏斗，后者不仅把实效功能性当作唯一的目标，而且迄今为止无能于发展出任何一种美学。在这样一种环境下，艺术家要怎样才能存活下去并“教育”公主？这个问题的答案恰好在瑙曼那里。不可能通过激进地反对现代技术来开展这场战斗。[2]技术的组织和意图受资本主义主宰，逆转技术的大潮，人们无法从中获得任何好处[3]。可是这个技术却拥有它本身的美感、它本身的美，尽管还处于一种潜伏的状态。艺术家的任务就是要辨识这种美，“教育”它，并发展它。现代艺术家的目光并非感伤怀旧地盯住某个乌托邦的过往，他必须实现技术的潜在美感。也就是说，尽管他根本不认同既定的社会与生产组织，他却发现并揭示出了它的价值：它的趋势通往形式的纯粹，通往“自然性”——人们也许会说——通往合理的真诚[4]。此外，工业的大规模组织向艺术家开启了巨大的全新机遇，例如发明技术上可重复的形式、组织高度专业化的团体劳动，增加可利用的材料，等等。艺术家必须面对这些新的问题与维度，通过制造出隐含于其中的全新美感的方式。这种美感正是现代主义和理性主义的玻璃文化（Glaskultur）（见本书第三部分），在这里它被转移到了实用艺术的层面上。假如艺术家通过这种努力取得了成功，他就可以说他找到了教育并战胜生产要素——劳工、生意人、公众——的途径。桑巴特认为，

1　桑巴特，《艺术行业与文化》，45。

2　技术作为无所不包的“命运”，这种观点具有至关重要的意义，甚至对于后来发生在魏玛共和国的文化争论来说也是如此。特别参见恩斯特·云格尔（Ernst Jünger）的《劳动者》（*Der Arbeiter*, 1932）和斯宾格勒的《人与技术》（*Der Mensch und die Technik*）。我们不应忘记这一思潮（即使它更接近文学而非哲学），甚至在海德格尔（Heidegger）关于技术的讨论中也一样。

3　桑巴特，《艺术行业与文化》，84。

4　同上，90。

对现代工艺美术的“一切希望都寄托在”这样一位艺术家身上[1]，而现代工艺美术象征着资本主义文化的可能性，象征着灵魂与精神之间的新和谐，象征着更具生产性和商业“渗透性”的劳动，因为它将变得更加高贵和“艺术”。正如我们能看到的那样，桑巴特并不比瑙曼更清楚地意识到制造联盟思想中的困境。[2]

在许多方面，有一个人最好地理解了资本主义组织的需求及其反对制造联盟意识形态的理由，这个人就是沃尔特·拉特瑙。在1907年之后，拉特瑙作为一名伟大实业家的存在是不容忽视的。从那时起直到去世前，他参与了六十多家公司的行政理事会，这些公司位于德国、意大利、英国及西班牙等多个国家。他一跃成为德国资本在国内集中和国际扩张阶段真正的精神领袖。1912年，在吞并了F&G、拉梅耶和尤尼等多家公司后，他的AEG成为拥有二百家公司与十五亿金马克总资产的巨型集团。AEG的业务范围跨十个国家。世界市场的科学分工带来了这个兼并与集中的过程，首先是西门子，随后是通用电气和西屋。[3]古典的“曼彻斯特式”生意人当然无法代表这样一个世界性的集团；尽管如此，在拉特瑙心中依然萦绕着一种对“英雄时代”持久的、微妙的、不可能实现的怀旧乡愁，在《没有个性的人》中，穆齐尔通过阿恩海姆

1 桑巴特，《艺术行业与文化》，117-118。

2 同一时期对制造联盟的批判，参见瓦尔特·卡特·贝伦特（Walter Curt Behrendt）那本有趣的著作，《艺术行业与建筑中的风格战争》（*Der Kampf um den Stil im Kunstgewerbe und in der Architektur*），Stuttgart-Berlin: 1920, 97ff.。

3 除了“古典学派”的J. J. 拉多尔-莱德勒（J. J. Lador-Lederer），《全球资本主义与两战之间的德国企业联合》（*Capitalismo mondiale e cartelli tedeschi tra le due guerre*），Turin: 1959, 100-101；另参见H. J. 亨宁（H. J. Henning），《高速工业化年代的西部德国资产阶级，1860—1914》（*Das westdeutsche Bürgertum in der Epoche der Hochindustrialisierung, 1860-1914*），Wiesbaden: 1972；W. G. 霍夫曼（W. G. Hoffmann）编，《19世纪中叶以来的德国经济增长》（*Das Wachstum der deutschen Wirtschaft seit der Mitte des 19. Jahrhunderts*），Berlin-Heidelberg-New York: 1965。关于这个时期的一本有趣的著作来自古斯塔夫·斯托尔珀（Gustav Stolper，《德国经济学家》[*Der deutsche Volkswirt*]杂志主编），《德国经济，1870—1940》（*German Economy, 1870-1940*），New York: 1940。

与黑人男仆索利曼之间的对话敏锐地捕捉到了这种怀旧乡愁。阿恩海姆回忆起“凭直觉做生意”的“父亲”，在那个年代“无法通过理性为自己的行动负责的人往往使用直觉”。他发现这种天赋的“原始力量”如今几乎变得无法领会。[1]而这与其说是因为自然天赋必须——根据那些陈旧的理论——凭借反思、知性和计算来继承，倒不如说是因为遍及世界的商务经营本身就要求一种政治的视角，一种大规模政策的关系和维度。产业经营本身从此成为集体协商的问题，同群众性组织的政治关系问题，以及有关本国和外国的交际手段问题：国内外政策的问题。机械化与合理化的全部力量所采用的垄断组织形式强加了政治与国家——及其新宪法——的问题。从此之后，AEG 的首脑只能是一个政客。

这个全新的企业家形象在本质上是一个头脑冷静、不带幻觉的形象，超越了通常被指派给它的那种“丰富多彩”。在一定程度上，拉特瑙甚至采取了制造联盟所鼓吹的劳动意识形态——正如我们所看到的那样，它是这个形象不可或缺的一部分——但是他恰恰发展了同劳动组织化与资本主义目标的精神最密切相关的那些方面。贝伦斯为 AEG 完成的全新建设项目所要表达的正是这种精神，制造联盟并非凡·德·维尔德所说的“美的讯息”，它面对着工业和工程师的世界。这些建设项目不应被当作一项证据，而应被当作真正的产品、最强有力的结果，属于一个新欧洲的建设精神。即使是当时最严谨的批评家，也见证了贝伦斯方案的光辉典范。用格罗皮乌斯（Gropius）的话说：在我们的时代，“完美铸造的外形（Prägung），清晰的对比，元素的秩序，同等构件的序列，形式和颜色的统一——所有这些都与我们公共生活的能

1　穆齐尔，《没有个性的人》（*L'uomo senza qualità* ），第 1 卷，Turin: 1957, 635-636。

彼得·贝伦斯，AEG 透平机厂装配车间，柏林 - 莫阿比特（1909）

量和经济相一致”[1]。贝伦斯的重要贡献不在于克服、去除或“美化”了“工程师”的在场，而在于公开呈现了这种在场的功能和目的，在新的结构中，在材料的使用中，以及在室内空间的安排中，一切都是有序可控的。在建筑术的构型同劳动组织的功能性之间存在着严格对应。厂房室内涌入了空气和光线，所有的转角、所有的分隔、所有的不透明性都消失了；这是物理意义上的启蒙：理解与控制——空间被完美地还原为生产场所，并且根据这一用途被完美地专门化。贝伦斯的透平机车间室内足以媲美瑙曼、拉特瑙和桑巴特的著作中“最干净的”几页。在那里，劳动意识形态的机巧真正步入了一种全新的工业科学（Industrienwissenschaft），工程师、政客与技术人员（技术人员包含了“作为生产者的艺术

1　瓦尔特·格罗皮乌斯（Walter Gropius），《现代工业建造艺术的发展》（Die Entwicklung moderner lndustriebaukunst），见《制造联盟年鉴 1913》（*Werkbund-Jahrbuch 1913*），引自《在艺术与工业之间》，73。

家”）自相矛盾地力图使自己同他人和解。

然而在贝伦斯的工业建筑中，同样存在一种室外和室内的游戏，它表现了关于灵魂的不可化约的张力，表现了工业启蒙不可能纯然如其所是地显明自身。保罗·约旦（Paul Jordan）——最初正是他将贝伦斯介绍给了 AEG——用日常术语解释了这种张力：“发动机必须像生日礼物一样美丽。”[1]可是当贝伦斯为他的建筑意象填充了可见的纪念性含义时，正是他自己为这种张力赋予了最具文化色彩的自我意识表达。工厂理应充当劳动的神圣场所；尽管这种神圣性在内部首先类似于功能性和清晰度，但在外部它却应当作用于感官，唤起观看者的激情（pathos），同时在他的内心和知性中再现这个企业的庄严肃穆与坚固稳重。位于

---

1 引自 T. 布登西格（T. Buddendsieg）、H. 罗格（H. Rogge），《彼得·贝伦斯与 AEG 的建筑》（Peter Behrens e l'architettura dell'AEG），见《路特斯 12》（*Lotus 12*），1976 年 9 月。对贝伦斯参与 AEG 的理解，他本人与此最密切相关的文章包括《什么是纪念性艺术？》（Was ist monumentale Kunst?），见《艺术行业纪要》（*Kunstgewerbeblatt*），1908 年 12 月：“一种无法为人所爱的艺术，在它面前我们屈膝跪拜，一种在精神上支配我们的艺术……它的秘密就是比例原则，遵循在建筑的关系中表现出的规则”；《艺术与技术》（Kunst und Technik），见《电气工程期刊》（*Elektrotechnischen Zeitschrift*），1910 年 6 月：“工程师的作品依然缺少风格，它来自一种充分意识到自身目标的艺术意志，它战胜了动机、质料与实际的束缚”；《现代形式发展的时间影响与空间利用》（Einfluss von Zeit und Raumausnützung auf moderne Formentwicklung），见《德意志制造联盟年鉴 1914》（*Jahrbuch des deutschen Werkbundes 1914*）：“我们的时代尚未在它的形式图景中达到统一，对于一种新的风格来说，这既是前提又是证据……草率的处理太司空见惯了……这是我们生产的根本基础，但它还无法成为一种被艺术所支配的文化形式。它依然带有某种‘暴发户’特征；我们还没有成功地触及它的实质”；以及《走向制造厂房的美学》（Zur Aesthetik des Fabrikhaus），见《创业》（*Gewerbefleiß*），1929 年 7—9 月。有关贝伦斯在这一时期的活动，比较重要的著作包括弗里茨·霍伯（Fritz Hoeber），《彼得·贝伦斯》（*Peter Behrens*），Munich: 1913；保罗·约瑟夫·克雷默斯（Paul Joseph Cremers），《彼得·贝伦斯：自 1909 年以来的作品》（*Peter Behrens: Sein Werk von 1909 zur Gegenwart*），Essen: 1928；以及舍夫勒，《丰裕和贫瘠的年代》（*Die fetten und die mageren Jahren*），Berlin: 1946。尤其重要的还有阿道夫·贝内（Adolf Behne）的文章，《彼得·贝伦斯与 12 世纪的托斯卡纳建筑》（Peter Behrens und die toskanische Architekture des 12. Jahrhunderts），见《艺术行业纪要》，1912。贝伦斯的作品被视为古典托斯卡纳建筑传统的完满。这一完满的达成代表着一个没有退路的点。先锋派是古典传统及其语言被完全耗尽的产物。关于贝伦斯，还可参见 S. 安德森（S. Anderson）的文章，《现代建筑与工业：彼得·贝伦斯、AEG 与工业设计》（Modem Architecture and Industry: Peter Behrens, the AEG, and Industrial Design），见《对置》（*Oppositions*），1980（21）。

彼得·贝伦斯，AEG小型发动机厂，柏林-格森布鲁能（1912）

伏尔泰大街的小型发动机厂（Kleinmotorenfabrik），其立面既象征着这片屋檐下（作为劳动之家的工厂）所开展的劳动的完美合理性，又象征着这个劳动的价值，象征着它不是纯粹的机械化这一事实，并且象征着通过这种方式在劳动和劳动的都市语境之间建立起的特殊关系。后一个方面对于理解我们此处所分析的意识形态尤为重要。显然，凭借纪念性壁柱所赋予的节奏，立面包裹起了一处空间，它被设定为同都市语境相分离。在这些墙体背后进行的活动似乎一定是例外的，因而不同于大城市的匿名劳动。这些建筑物内部所发生的正是卓越不凡的劳动，它所特有的重复性（这恰恰是立面的序列性背后的含义）承担了一种仪式的、神圣的价值。这里的重复不仅仅是大都市的一个简单象征。它实际上表现了那个产生自劳动并建基于劳动的权力所具有的稳定（Festigkeit）与长久（Dauer）。和所有的纪念碑一样，工厂从都市语境中脱颖而出，同时却又与它保持着一种奇特的关系：这种关系是一种统治关系。贝伦斯的形式应当强调工厂治理着忙碌喧嚣的人们，治理着大都市生活千变万化的多样性。格罗皮乌斯很好地理解了这一点，并将其视作现代大都市的工厂异托邦（heterotopia）[1]特征：贝伦斯，他写道，建造了“真正古典态度的建筑，它们以一种主权者的气场支配着周遭环境”[2]。就在它们让空气和光线进入内部的那个时刻——对于空间作为生产场所的完全专门化来说，这是必不可少的——这些纪念碑治理着作为一个整体的大都市生活，支配了每一个视点。在这间工厂里，大都市的生活承认了它的基础本身，而不只是它的流动与神经生活中的又一个元素。生产性劳动的场所在工厂的异托邦中变得神圣。

1 关于此处所使用的异托邦这一概念，参见米歇尔·福柯（Michel Foucault），《他异空间》（Des espaces autres），建筑研究学会（Cercle d'Etudes architecturales），1967年3月14日。

2 格罗皮乌斯，《现代工业建造艺术的发展》。

对于大都市生活及其心智、印象还有连续不断的消费和再生产而言，它变成了实体、实在、全新的主体。在工厂里，大都市的神经生活承担了它本身的特定构型。

机械化灵魂（它绝不能被还原为最初的"美国特色"中"粗糙的唯物主义"）的象征此刻仿佛正要出现；资本和劳动在这里共同表达了统治着大都市的全新伦理，它的教堂就是工厂。贝伦斯的工厂无疑仍旧是普鲁士特色的实例，但是它同工业计算的清晰透明紧密相联。而在硬币的另一面，机械化无疑是这座建筑的潜能，但是它同时还体现了资本和劳动单一的、统一的教化，以及它们共同的故土。这就是为什么像瑙曼和拉特瑙这样的人尤其无法理解 1914 年的觉醒，因为他们从未分享过那个导致了战争的精神。[1] 撇开那些"保守主义革命"的圈子不谈，对于新自由主义的许多拥护者而言，1914 年是我们已经考察过的那些主题的一个神圣典范，参与世界大战迫使大型工业资本以一种激进的方式同它自己的文化达成妥协——这个文化注定像其他许多事物一样，"在魏玛死去"。

1　有关"1914 年的精神"，参见 K. 冯 · 克伦佩勒（K. von Klemperer），47-55；K. 松特海默（K. Sontheimer），第 5 章；A. M. 卡塔内克（A. M. Kaktanek），182ff.；C. 冯 · 克罗科夫（C. von Krockow），《决断：关于恩斯特 · 云格尔、卡尔 · 施米特、马丁 · 海德格尔的一项研究》（*Die Entscheidung: Eine Untersuchung über Ernst Jünger, Carl Schmitt, Martin Heidegger*），Stuttgart: 1958, 39ff.；H. 莱博维奇（H. Lebovics）；此外，从桑巴特到舍勒，再到齐美尔与特勒尔奇，大量著作家或多或少都被这个精神深刻地感染，参见关于他们的著作。

4.否定性思想与艺术再现

在齐美尔写作《大都市》的时代同本雅明关于波德莱尔与巴黎的文章之间，精神化与伦理个体性之间的综合——齐美尔本人所尝试过的一种综合——如何开始瓦解，只有当我们看到这一点时，本雅明对大都市的分析在历史学意义上才是可领会的。断言齐美尔的视角依然是文化的视角，这意味着什么？这意味着他的思想完全取决于诸模态与诸形式的定义，思想凭借这些模态与形式得以支配“存在”。我思故我在（Cogito ergo sum）：我思必须存在。[1]这个视角只有以一个自我为基础才能得到解释，自我依然是自主的，依然是个体化的，并处于一种相对自由的状态——自我依然能够将其自身从被给予者的能量或力之中释放出来，因而依然处于一个支配着被给予者的立场——换句话说，依然凌驾于被给予者的悲剧之上。如果是这样的话，自我接下来就能成为中心，从而决定——赖以判断、度量并指导知识与行动的——各种理解工具和价值视角。义务仅仅是对这个一般视角的最为形式化的伦理表达。义务体现了思想支配存在的典型目标，因为无所不包的合理化这一目标并未直接呈现自身，反倒恰恰通过一个充

1　这种阐释是对雅克·拉康（Jacques Lacan）的我思（cogito）说法进行的批判性修正，参见《科学与真理》（Science et Vérité），见《写作集》（*Écrits*），Paris: 1966。

满伦理意图并且对"文明"负有责任的故（ergo）才得以构建。只要这个故存在，义务就必须被维持。不顾许多批评者的劝诫，康德（Kant）坚决要求实践理性被完全整合进理论理性的图式之中，以至于达到冗长枯燥的地步。古典资产阶级哲学的伟大伦理学绝非某种将认识论问题神秘化的工具，而是始终构成了后者在逻辑上的延续、后者最大程度的延伸与激进性。[1]

我们将会发现这个视角在齐美尔那里如何通过已经成问题的术语呈现自身。义务的断言形式，还有依据思想被定义的价值，在齐美尔那里根据否定的相对假设不断变化。然而这一悬搁或过渡的时刻将会是非常短命的。[2]本雅明的思想同它已经不再有任何直接或明确的联系。基于自我的先验结构，不论以何种方式，一般精神化的过程再也无法被还原或证成，因为合理地位曾经好似自我专属的特权，如今却成了一种社会现象——换句话说，那个整合存在的义务隐含在这一地位中，它已经成了一个现实过程，一个实际的、依照目的论衔接起来的趋势。义务的瓦解已经是一个既成事实，在尼采那里，这来自一种理论的观点；而在韦伯那里，则来自一种政治的观点。[3]但这仅仅是过程中的一步。接下来是对思想与存在之间的超验关系进行分析，这在索绪尔（Saussure）的语言学及其智识后裔那里达到了全面的成熟期。语言不支配任何事物（thing）；它存在于同虚无（nothing）的关系中。它的结构，它的合理性法则，它的形式，并没有任何特定含义（significations）；

1 卢卡奇，《历史与阶级意识》（*Storia e coscienza di classe*），Milan: 1967。从这个角度来说，唯一在资产阶级意识形态的基础上全面地处理了伦理与理论关系的人，依然是卢卡奇。按照这一脉络，部分见吕西安·戈德曼（Lucien Goldmann），《隐蔽的上帝》（*Le dieu caché*），Paris：1955。

2 事实上，它彻底完善于《现代文化的冲突》（*Der Konflikt der modernen Kultur*），Munich-Leipzig: 1918。

3 参见拙文《否定性思想的起源》（Sulla genesi sel pensiero negativo），见《对立面》（*Contropiano*），1969（1）。

它们不与任何事物直接交流。合理不再是一个有待实现的存在状态，不再是一个义务的目标，不再是通过一种先验关系获得或支配的事物——它在语言的特有结构中、在语言的内在构成中被给予。依照这种方式——而非作为一种表意的交流工具——语言是合理的。义务的瓦解在此就是整个价值结构的瓦解：价值恰恰成了人们无法谈论的东西。

这些结论要求对否定、对先锋派进行一次全新的讨论。对于这些现象，齐美尔从一种直接的分析中完全退缩，这恰恰是因为他觉得它们同他的综合视角、他对文化的重述完全格格不入。本雅明对它们的处理——例如显明了资本主义国家的无望，从而使它们在国家的形式法则内部同这个系统的确切理由相一致——依然没有说尽一切。本雅明所欠缺的是一种清晰的感知，对于关系的功能性——这个关系的一方是否定，另一方是我们曾概述过的精神化的诸结果。换句话说，他未能发现否定在现实中如何代表了那种摧枯拉朽的批判，对自我的特权地位、对义务、对价值，以及对超验的词与物关系，大都市建立在这种批判的基础之上；他未能发现否定如何直接针对这些结果，恰恰是因为否定觉察到它们，并将它们表现为命运。这种批判如今必须——至少以一种示例性方式——被重新审视，这样我们或许才能得出一些一般性结论。

"古典"资产阶级的"我"崩溃了，这个伟大的主题与E. T. A.霍夫曼（E. T. A. Hoffmann）[1]一同出现。然而它所带来的"多元性"尚未揭示出它本身的语言学地位。在反思中，这个"我"无法再胜任对存在与事物的支配，而是仅仅通过将自身一分为二来反思自身。霍夫曼把握到了费希特主义与浪漫主义论点的直接否定的

1　E. T. A. 霍夫曼（E. T. A. Hoffmann，1776—1822），普鲁士幻想文学作家，著名芭蕾舞剧《胡桃夹子》即改编自他的小说《胡桃夹子和老鼠国王》（*Nussknacker und Mausekönig*）。——译注

一面，并为其给出了确切的表达。在霍夫曼的世界中，除了被遗弃的理性，任何理性仿佛都不可能存在。他那些古怪的奇想与反讽来自这个无能为力的情势。异想天开揭示出了一个尚未被合理化的断裂之震惊——反讽则揭示出了综合的不可能性，尽管还存在着各种旅行与学徒制度。即便如此，在这种综合的位置中，虚空仍然处于无遮蔽状态。甚至在综合缺席的情形下，综合也依然在统治。

以这种方式被宣告的那种异想天开的美学，必须同想象力的美学明确区分开来。幻想追求着想象力所构想的图像。异想天开在漫游，为了找寻它本身的形式，为了找寻掌控着主客关系的新法则——它寻求一种语言，能表达出“我”通过分裂而成为客体的那个实体。想象力能够将这种语言定义为想象的能量（Einbildungskraft）：那种赋予形式、将某物构想为有形图像的能力和权力。这就意味着那种能力，它表现了自我构成在合理化的一般过程内部发生崩溃，把这种崩溃表现为精神化。想象意味着建造一个模型——换句话说，建造一种自在地合理的语言、一个能指系统。在艺术再现的国度，幻想（例如霍夫曼的幻想）能够被视为——由现代社会的条件引发的——震惊所承担的最初形式。

另外，想象力就是震惊，它已经承担了自我表达的一个形式，并成为一个系统、一个结构：在合理化的诸过程内部，正是震惊的进一步的、决定性的成熟安置了艺术形式本身，而这些形式又以一种功能性的方式整合了震惊。当然，此时我们不再把想象力当作思想和存在之间、语词和事物之间的一个图式。幻想也是这种理论想象力的崩溃，后者在康德那里扮演了一个如此根本的角色。现在它不再是那个会想象的思想。相反，它是成为图像——

从而成为语言——的震惊：震惊不再像在此前的图式中那样找寻综合，找不到它，震惊便将自身消散在幻想与反讽中——然而震惊也成熟到了将自身建造为结构的地步，到了显明它本身的符号法则的地步，到了想象自身的地步。想象力并非一种漫游或一种无尽的义务，恰恰相反：它是分析，是预设，是震惊的抽象形式模型之建造。不可避免地，传说滑向了计算；叙事滑向了符号组合；矛盾与分裂滑向了方程求解。当黑格尔（Hegel）摧毁了艺术形式同含义之间的关系时，作为浪漫主义艺术过程的结果，他相信这样一来他已经把握到了事实，即艺术再现注定只能是反讽的消散或异想天开的个体性。相反，在这个世纪，正是由于黑格尔所预设的毁灭与断裂，现代艺术才挽回了自身的合理性。

通过将含义的缺席完全内化至黑格尔对它的判决中，现代艺术倾向于成为震惊的想象过程，成为——全部社会关系之精神化的——最广包的象征，正是由于它将否定的时刻本身转化成了语言。然而还需要补充的是，唯有否定性思想能抵达这个极限；唯有反对黑格尔，承担其判断中的全部否定性指控，艺术才能抵达这个极限；唯有摧毁了它本身对含义和超越的统治权之要求，也可以说，唯有理解了作为事物状态的自在存在是一种规则，思想才能抵达这个极限；唯有能够将自身建造为纯粹想象力，艺术再现才能抵达这个极限。而在霍夫曼之后，这恰恰是坡（Poe）那里的情形。

对于坡来说，语言已经是诸事物当中的一个事物。[1] 语言从其“特权”中的彻底异化，构成了必须加以解释和发展的那个直接断裂。坡的故事全部揭示了相同的结构：矛盾、震惊，以及疯狂本身，作为一个恒定的起点，缓慢地揭开了它们自身的语言。疯

1　福柯，《词与物》（*Le parole e le cose*），Milan: 1967。

狂的图像，在浪漫主义中往往意味着对主体性的单纯否定，在坡那里却是真正合理的，不是被合理化的，不是从外部被矫正的。以一种分析的方式，一段接一段，没有跳跃，没有发现，疯狂——通过恢复它的过去并使它协调于当下，以及规划一系列特定的解决——揭示了它自身的逻辑。

这个过程体现在对诸关系的最大程度形式化中。重要的并非被给予者、事物、故事或事件的转变。那只是外观罢了。重要的是关系、功能、法则，它们掌控了在故事中被构想的能量值的运动和利害关系。角色格外重要，格外游刃有余地引人注目，因为它表现了这一逻辑并接近——想象力所设定的——话语的彻底"数学化"模型[1]。故事因而必须是关于一个顺次连续的自然。利害关系在于问题的提出，在于其他变量的确定，在于方程式各项的丰富或复杂，还在于未知数量的本质；它绝不可能来自对故事根本法则的颠覆，来自"惊奇"。冒险被完全废除；过程的模式被颠倒了，表面上的不可解释被还原为对其符号的理解。所呈现的是一个必须被解码的能指。

在故事的开始，符号的结构被交代为有待解决的问题，为了理解它，人们必须始终坚守符号的内在性。人们必须留意符号与线索，穿越它们，并最终理解它们的构成。[2]在坡《金甲虫》(Gold Bug)的分析探索同史蒂文森(Stevenson)《金银岛》(*Treasure Island*)的探索之间，存在着巨大的差异。横亘在这两种探索之间的，是想象力与幻想之间的差异，正如我们所定义的那样。

或许没有什么比《莫格街谋杀案》(The Murders in the Rue

1　夏尔·波德莱尔(Charles Baudelaire),《再论埃德加·爱伦·坡》(Notes nouvelles sur Edgar Poe)，见《美学珍玩：浪漫派的艺术》(*Curiosités esthétiques: L'art romantique*)，Paris: 1962, 637。

2　这种"旅行者"形象的典型见于克洛德·列维-斯特劳斯(Claude Levi-Strauss)的《忧郁的热带》(*Tristes Tropiques*)一书开篇。

Morgue）更明确地表达了坡的话语模式：对被给予者的阐释、分析，过程方法的选择，以及解决方案，在此交互联结，以至于令“数学游戏”成了一种无所不包的规则。

“荒谬”本身建基于心智：这恰恰是波德莱尔从坡那里借鉴而来并以自己的方式发扬光大的东西。[1]这并非那种庸常的意义，即荒谬经由知性得到解释和理解——而是因为疯狂本身在道说。疯狂不是一个思想的客体，或者一个谈论疯狂的自我的客体；它是主体本身：犯罪、矛盾、例外，由此作为一种规则。职此之故，坡的全部作品是合理化过程的一个有力象征。这个过程不再显现为某种由外部强加的东西——它是一切元素的语音和语言。可以说，它不再是一个客观的范围，而是一个交互主体的结构——因而格外实际。在所有19世纪的小说和短篇故事当中，也许只有一部作品足以同坡的这个象征性方面相提并论，那就是梅尔维尔（Melville）的《书记员巴特尔比》（*Bartleby the Scrivener*）[2]，写于《莫格街谋杀案》十年之后；可是这个故事中的符号并没有被揭开，种种线索混杂在一起，没有提供任何单一的结果。语言和事物之间的异化即将内化在语言本身中，符号将自身封闭在同巴特尔比这个角色本人一样的沉默寡言中：它们宁可不被理解，不变成合理的，不展开它们的主体性。震惊的符号仿佛被固定于自身，从而保存了它的例外性、它的神秘。然而这实际上是一种完全徒劳的忠实，一份死刑判决。尽管无法被穿透或被合理化，它仍然能够从外部被操控与迷惑。（资产阶级叙述者的功能由此而

1　波德莱尔，《再论埃德加·爱伦·坡》，见《美学珍玩：浪漫派的艺术》，616。

2　在一篇重要的文章里，马克斯·本泽（Max Bense）将梅尔维尔的这篇小说同卡夫卡的“史诗形式”相联系，《巴特尔比与K.的形而上学评述》（Metaphysische Beobachtungen an Bartleby und K.），见《美学》（*Aesthetica*），Baden-Baden: 1965。关于本泽，他同本雅明的关系，以及这里所讨论的许多其他问题，请读者们参考吉安吉奥乔·帕斯夸洛托（Giangiorgio Pasqualotto），《先锋派与技术》（*Avanguardia e tecnologia*），Rome: 1972。

来！）这样一来，我们所面对的就不是一种令坡无从把捉的疯狂，反倒是从他的话语中能够得出的最为激进和绝望的结论：必须尽一切可能地尊重游戏的规则；在这个形式之外什么也不存在。

波德莱尔已经在这个坡身上看见了大都市的诗人。连续的元素与重复形成了抵挡恐惧与震惊的苦恼，并表现了浪荡子所属群体的普遍等价性。在抒情诗中，坡所尝试的话语形式化找到了一个可以扎根的有利地形。马拉美（Mallarmé）第一个明确地谈到诗歌作为一种“二十四个字母的游戏”。[1]诗歌不再是图像的花瓶，转型或提高某种被给予的质料——现在它是一个效果的集合体，同语言本身的可能性严格地且唯一地相关联。含义已经变得完全不相干；它是诸符号在形式上的交互关系，构成了作品。经验和体验的国度仅仅存在于对这样一种形式的发现和定义之中。

简单来说，梅尔维尔的《巴特尔比》，就像坡的故事，就像波德莱尔的过路女子（passante），就像马拉美的无法逃脱的符号游戏，没有为治疗或痊愈留下任何余地。符号无法被救赎。想要解码它，就得沉入其中，没有任何逃脱的手段——沉入那个密不透风地支配着大都市的符号之地位。否定在此的确具有效力，因为它否定了在这个过程之外还存在其他选项，而且因为它预设了这个不带任何慰藉的过程。

为这一预设所提供的任何正当理由或间接辩护都不存在。在同一个时刻，否定把握到了符号的绝对性，并内化了全部的精神化——换句话说，在同一个时刻，它既领会了怀旧乡愁的神秘化，又领会了希望的无效性——它完全遵循了支配着这个系统的异化。就像波德莱尔的浪荡子在商品普遍等价性的世界中一样，坡笔下的侦探迪潘，在符号的宇宙中，在作为符号的宇宙中，完

1　关于马拉美，参见 O. 马诺尼（O. Mannoni），《想象力的钥匙》（*Chiavi per l'immaginario*），Bari: 1971。

全地并且自觉地被异化。符号的普遍地位无异于普遍异化的地位——它是资本的生产和流通过程的前提与基础。因此，抵达符号不仅意味着定义一种新的合理性——它超出了思想与存在的超验关系——而且意味着定义异化所特有的合理性，异化的逻辑。这仅仅是因为否定能够觉察并表现这一点，即它是精神化的一个全面象征并且同精神化不可分离。只有在其自身苦难的镜像中，精神化才得到完全表现。否定越是假设精神化难以克服——恰恰因为否定绝望地意识到不可能反对它，因为它认为它从此同艺术的和意识形态的形式难解难分——精神化就越是在它一切根本的苦难中揭示自身，拆穿那些构成了它的异化关系。随着它的图像——作为无所不包的综合——之瓦解，精神化事实上变成了完全实际化的，却仅仅在它自身的矛盾内部，并以它本身的持久性这一悬而未决的疑难作为基础。这样一来，它的合理性就是一个无法调停的合理性，一个由暂时无法逾越的差异组成的合理性。但它是病态的：通过这种方式，对于它的去神秘化的理论强度来说，否定本身有关疾病的强调，就是最高的象征性显明。在波和波德莱尔那里便是如此，在悲剧的尼采式意义中也一样。

在 1938 年 6 月 12 日写给格哈德·肖勒姆（Gerhard Scholem）的信中，本雅明或许迈出了沿着这条脉络阐释否定的第一步。[1]这封信的主题是卡夫卡（Kafka），而在一些决定性的段落中，本雅明摧毁了马克斯·勃罗德（Max Brod）[2]对自己的朋友与同事所作的阐释。在卡夫卡身上，本雅明发现了现代大都市的经验；然而本雅明在这种经验同当代物理学的发现之间建立的联系，才是此处的根本见解，它具有最为持久的重要性。本雅明让我们读了

1 本雅明，《书信集》(*Briefe*)，第 2 卷，Frankfurt: 1966, 756-764。

2 马克斯·勃罗德(Max Brod，1884—1968)，出生于捷克的犹太裔作家，卡夫卡的生前好友及传记作者，整理并出版了卡夫卡的多部遗著。——译注

一段爱丁顿（Eddington）并记住这些："我站在门槛上正待进入一间屋子。这是一件复杂的事情。首先我必须推开大气，它正以每平方英寸十四磅的力量在压迫着我，我还得吃准是否踏着这块以每秒二十四英里围绕太阳运行的木板上……不错，骆驼穿过针眼要比科学家走过门洞容易得多。"[1] 卡夫卡话语中的不可思议之处正是对现代物理学困境的一个完美类比。

至此，合理性内部的异化达到完成。这个门槛——它的一切可能性都经过了合理计算——恰恰是那个无法逾越的门槛，那扇法律之门。作为异化的一项法则，合理性在其中发现了它最完整的象征化。正是最大程度的话语形式化，阻碍了全部行动，甚至在极端情形下阻碍了全部领会。在坡那里，分析依然找到了解决方案，线索依然解释了自身。在卡夫卡那里，线索最终公开了它的逻辑本质，将自身完全呈现为纯粹的形式，然而正是由于这个原因，任何关于它的分析都找不到解决方案。将符号的逻辑完善至它的根本内核，便意味着这个内核永远不可说明。

在坡那里，一个方程式接着一个方程式，方法被重复。另外，在卡夫卡那里，重复来自解决的不可能性。符号被完全地并自在地合理化了，它拒斥任何进一步的分析。关系是清晰的，话语是干脆的，功能是明确的——然而它们的宇宙及其内部的异化却是如此地完全，以至于它们在呈现自身和重复自身时没有任何进一步运动。判断只能是分析的。情势完全是同义反复。尽管如此，正如本雅明所指出的那样，人们能够瞥见意义和解决方案，但那个试图努力看清它的人却只能表明他没有看到。

对于卡夫卡来说，符号与事物之间的差异就此直接呈现于符

1　本雅明，《书信集》，761。（译按：中译参考《启迪：本雅明文选》，汉娜·阿伦特编，张旭东、王斑译，北京：生活·读书·新知三联书店，2014，151-152。）

号本身的内部。在坡看来，符号依然能将自身建造为一种消解在自身之中的完整在场，从而可以将它的异化当作一个前提：有了这个前提，符号便完成了。而在卡夫卡看来，差异完全内在于符号。在符号中，被表达的正是语言和存在之间的差异本身。

重点不再被置于符号逻辑的表达，而是被置于差异的表达。如果发展至其逻辑的极限，符号的合理性便将符号围困在自身内部——作为没有所指的能指，没有客体的事实，矛盾和差异。卡夫卡式小说是注定成为差异的剧情突变，但是一个可见的剧情突变，因为差异从一开始就是被给予者。小说的意义正是全面的差异，它将小说同全部含义分离开来。意义不再来自为了一个解决方案去分析一条线索，而是来自对一个被直接呈现为差异的解决方案进行分析。直接被给予的解决方案是差异判决：全部“在场”的崩溃。“故事”仅仅是对这个符号的描述，沉入已经被给予者。

正如本泽（Bense）曾明确解释过的那样[1]，抛开所有关于卡夫卡的愚蠢见解，卡夫卡式小说无非是对《城堡》（*Das Schloss*）最开始的那个既不 - 也不（weder-noch）的一份调查：“即使坐在餐桌前，K. 也能听到‘不’这个答案。可是这个答案在继续，而且更加明确，就像这样：‘明天不行，什么时候都不行。’……他只是硬着头皮匆匆再问了一句：‘什么时候我的主人可以到城堡来？’——‘什么时候都不行’就是回答。‘知道了，’K. 说着便挂上了听筒。”[2] 剩下的全都是同义反复的发展；它展示出和那个无法跨过门槛的物理学家的行为一模一样的“合理性”。被困于符号的顽固逻辑内部，K. 只能改动这个既不 - 也不的主题，

1 本泽，《巴特尔比与 K. 的形而上学评述》，见《美学》，80-95。

2 弗兰茨·卡夫卡（Franz Kafka），《城堡》（*The Castle*），薇拉·缪尔（Willa Muir）、埃德温·缪尔（Edwin Muir）译，Harmondsworth, England: 1957, 25, 27。（译按：中译参考《卡夫卡全集第 4 卷：城堡》，赵蓉恒译，石家庄：河北教育出版社，1996，23-24。）

纠缠于其中，并将它发展为一连串句法结构。所有的苦恼都在这里。这个苦恼无法通过对某物的再现得到表达（正如在有关决断和选择的文学及“新基督教”意识形态中通过各种交锋）——相反，它本身就是符号。苦恼来自那种无能，除了构想这个符号并从数学上转译它之外，什么也不能做，没有任何打破它的可能性，没有看穿它的可能性，没有含义的可能性。超验关系的瓦解——基于自我特权的那个意识的意向性结构的瓦解——因而也是乌托邦的瓦解，就这个词的所有不同意义而言。

卡夫卡式小说是对各种存在模态的一个分析，它们同对差异的解释相一致。根据本泽，所有这些模态通过司法的与客观的术语得以阐明[1]。在卡夫卡的语言中，从未有过片刻喘息、片刻开放的可能性。每句话都是一项司法宣判：一项判决。卡夫卡的语言统一性取决于它的绝对闭合。超出这些宣判之外的，人们只能瞥见的，并不存在。失落的时间，过去，已经不再；未来，尚且没有。可能性，在最终的分析中，是非实在的。

直到普鲁斯特，小说所特有的天体演化维度，事件的因果或想象串联，以及记忆的使用（例如在波德莱尔那里），所有这些在卡夫卡那里全都瓦解了。小说似乎纯然是一个“分析的断片”[2]，尽管如此，一个断片并不是坡那种已解决的分析或马拉美那种成功的游戏。卡夫卡式小说是一个始于别处，随后又中断了的方程。我们所看到的完美地合乎逻辑；他的语言是极其客观的——我们既不能知道它的前提，也不能知道它的解决方案。

本泽因此是正确的，当他将卡夫卡视为这样一个人：在先锋派的内部，为那种从客体到语言、到形式的还原，给出连贯的表

1 本泽，《巴特尔比与 K. 的形而上学评述》，见《美学》，85。

2 同上，115-120。

达——这个人完成了存在的数学化过程，从存在（Sein）到此在（Dasein），从自然到技艺王国（künstliche Sphäre）。[1]

然而本泽并没有看到那些源初条件，单凭它们就允许卡夫卡将这种“艺术”表现为“意指结构”，表现为话语形式（Form des Discours）。本泽用直接辩护的措辞呈现出了卡夫卡的否定性思想中的绝望与异化之物。本泽掩盖了根本的事实，即卡夫卡之所以有可能成为精神化的明确体现，恰恰是因为他表现了它的根本矛盾性并让它通过它的全部苦难公开地道说——因为他将无所不能的符号结构当作异化，并认为系统的广包逻辑（尽管它是显而易见的，因为幻象或乌托邦都不存在，而我们知道语言不可能超越它）植根于这个异化的使用。

因而，我们在卡夫卡身上发现的，并不是本泽的美学所提出的那种技术型艺术的中性符号，反倒是差异与矛盾的绝望符号。接受全新的物理技术合理性，便掩盖了卡夫卡式选择无能；它倾向于将一种选择与自由决断的角色指派给在卡夫卡那里处于优先地位的东西，先于被异化关系的全部意志或语词。本泽构想了一种综合，在否定的理论同系统所特有的分析实证性——分析在系统内部的实证功能性——之间。当然，对否定的这种使用被刻写在系统的逻辑中，在它的命运中。本雅明清楚地意识到了这一点，即使是间接地。[2] 而否定的绝望全都是对这个已知结果的绝望。这一立场使我们能觉察到整个精神化最终依赖于矛盾的必然性——不论它多么虚弱、无力，甚至沉默，这种认识依然揭示出了一个悬搁点，并且使对无论何种未来的肯定变得不可能（不管对 K. 还

1 本泽，《巴特尔比与 K. 的形而上学评述》，见《美学》，90ff。

2 本雅明，《机械复制时代的艺术作品》（*L'opera d'arte nell'epoca della sua riproducibilità tecnica*），Turin: 1966。这份重要的文本内在于否定的“实证化”过程，它应当被理解为“对立于”本泽的技术美学。这种批判的路径将会一劳永逸地解决阿多诺派相互间的争论，以及有关本雅明的论战（参见《另类》[*Alternative*]中的论辩交锋，佩尔里尼[Perlini]在意大利的文章，等等）。

是对城堡来说）——然而正是在这里，本泽却将矛盾呈现为已解决的，将悬搁呈现为单纯的方法论怀疑，并将解决方案呈现为隐含在这种机制中、隐含在“整个机器”的正确使用中。

5. 论说文与悲剧

在转译否定所暴露出来的差异时，齐美尔所使用的那些术语此后依然是“晚期欧洲”文化的典型特征。否定性思想的问题变成了生活领域同形式领域之间的关系问题。为了还原符号与事物之间的差异、还原符号的无效性与它的“理性”困境之间的差异而做出的努力，恰恰位于这一关系当中。实际上，形式和生活之间的矛盾只不过强调了那个事实，即当代生存回避了思想的一种先验结构：被给了的平衡皆遭中断，革新的现象，“跳跃的”范畴，这些都成了生活——作为一种动态——的建构性与本质性元素，超越任何可能的先天综合。而所有这一切发生在资产阶级思想再结构化的关键时刻，那时这个思想正试图跟上生产过程与社会过程所承担的新维度。它发现，不仅康德的诸形式范畴被证明是本质上静态的，因而不适用于这一层面，就连黑格尔的辩证法本身也不再能压倒具体的实体，压倒那些——构成了这个生活的——现实矛盾的产生。把形式与生活之间的关系当作成问题的，便意味着关于这一危机的认识，但它却来自那样一个视角，后者已经自在地尝试通过传统术语制定一种解决。假如问题取决于这个事实，即作为动态的生活粉碎了思想与实在之间原先的平衡，那么它就有必要发现并定义范畴化的全新形式，这些形式是这个动态所独有的，它们直接源于并内在于作为动态的生活。对于通过生活与形式的术语所提出的这个问题，只可能存在一项有待完成的任务或承诺：那就是重建这一生活的诸形式——作为文化的哲学（Philosophie als Kultur）所独有的一项任务。

然而，只有当一个人继续沿着传统的意义，把形式看作既被思想定义与统治，又被按照价值和义务的纯粹视角予以对待的某物，这一虚幻的视角才是可能的。可一旦事物自身内部的形式化过程，或者说主体性的普遍化过程，得到了预设——否定性思想正是如此——齐美尔式矛盾就只能要么在它尚未被制定以前便得到克服，要么把在思想的"特权"之上、在主体的范围之内重建形式当作意识形态方面的目标。

换句话说，恰恰是"生活"与"形式"这两个术语之间的矛盾预设，清楚地包含了——依照文化的传统说法——一种求综合的特定意志。这个矛盾即使可以凭借一种貌似"悲剧的"方式得到发展和解释，却无论如何依然被围困在这一立场与根本目标之内——尤其因为这个矛盾本身直接掩盖了否定的真实绝望之根源：形式和生活之间的矛盾不复存在，这个生活的多元性注定成为知性，震惊就是语言，疯狂是一种符号，爱是一种重复。因此，构想矛盾就是再一次设法解放形式，使它再一次相对于生活自主，因而至少潜在地优于生活，成为理解与行动的一种特权工具。这个矛盾实际上是从否定所构想的绝望重负中解放出来的——正如我们将要看到的那样，它是一种慰藉。

尽管如此，在这个一般的讨论中，应当给出一个关于齐美尔的基本区分：在其思想的早期阶段，他在形式和生活之间明确采取了矛盾的综合视角；无论在历史探究中，还是在理论工作中，他总是坚持克服问题的可能性。在随后一个短暂得多的阶段，仅有的成果或许是《现代文化的冲突》（*Der Konflikt der modernen Kultur*, 1918），尽管没有放弃此前分析所用的术语，因而依然始终远离否定性思想，齐美尔却将先前综合的不可能性当作一种“去神秘化”，从而也间接地看到那个——构想了这一综合的——“怀旧乡愁”具有反动意识形态的本质。本应在综合中发挥作用的术语，此刻却被围困于自身内部，并在其完全的无效性中得到分析。事实上它们依然“在语源学上”被指控为渴望（Sehnsucht）、希望和慰藉，尽管它们已经被插入了完全去神秘化、完全祛魅的语境中。

把齐美尔同各种价值哲学家区分开来的深刻差异，恰恰取决于这种批判意识，它阻止他从形式与生活之间的矛盾意识形态中得出任何一种综合的、先验的结论。在20世纪头二十年的德国哲学环境中，齐美尔的真正声望悖论性地来自其结论的不合逻辑：毫无疑问，根据形式和生活之间的矛盾，人们所能得出的结论仅仅是综合了新的先验形式和新的先验逻辑——然而齐美尔的无能力或无意愿这样做，客观上只能表明他直觉到了源初的矛盾通过完全不同的术语呈现出自身，而且它同——迄今一直决定了主体与客体、思想与实在之关系的——那些规则彻底格格不入。

齐美尔第一个时期的伟大神话是歌德。齐美尔最先提出了一幅统一的歌德肖像，其根本特征至少一直持续到梅内克（Meinecke）的《历史主义的兴起》（*Die Entstehung des Historismus*）[1]。而卢卡奇本人也未能幸免于这一幻象。[2]威廉·狄尔泰早已提供了这

---

1 弗里德里希·梅内克（Friedrich Meinecke）的这部著作出版于1936年。齐美尔早在1913年便出版了关于歌德的专著；格奥尔格·布兰德斯（Georg Brandes，译按：丹麦文学理论家，19世纪末北欧文学“现代突破”运动的发起人）的《歌德传》（*Wolfgang Goethe*）德文版则出版于1922年。

2 《歌德和他的时代》（*Goethe und sein Zeit*, 1947），即使在卢卡奇看来，歌德也提供了全部答案，包括对古典主义的典型阐释——在历史主义反动阐释看来，就是秩序与均衡，等（转下页注）

一造神过程的各项前提，一方面通过他对 18 世纪的一般阐释，另一方面通过他关于歌德的专著。[1] 他将整个 18 世纪视为个体性（Individualität）——内在并超越启蒙分析——的形成期。歌德是一个终将成为其自身法则的个体，一种完美而独立的自主性——体验成为诗（Dichtung），存在的多元性受到尺度、受到主体性的“节奏”统治。

歌德是有机体（organism），最终使文化变得现代——它不再只是无形的义务，还是部分与整体、情感与理性、存在与义务的一种综合。[2] 歌德的一切都体现出这种象征价值：其作品的每一处实例中都“居住着上帝”，每一个时刻“人都在家”。歌德在理论上压倒了启蒙思想的矛盾，对于资产阶级与资本主义增长的矛盾和否定特征，以及这个特征为文化形式创造的一般问题，他的认识头脚倒置地处于观念——一个实现了的综合、一个解决了的矛盾、一个已经被克服的否定——之中。仿佛《亲和力》（*Die Wahlverwandtschaften*）的导引性对话真实地描述了一个在精神上得到解决的情势，其中的行动与反动、集结与分解，都服从于被合理规划并控制的诸法则。在狄尔泰、齐美尔和梅内克对歌德的阐释中，综合的失败被完全弃置一旁。在他们看来，歌德同时发现了疑难与解决、追问与答案、匮乏与完成。

这位歌德是形式同生活之矛盾本身的基础，是此前所描述过

（接上页注 2）等——但是，还有同等程度的批判意识、对危机的充分觉察。总之，在卢卡奇看来，这是一种对现实的充分领会。巴尤尼（Baioni）明确批评了这两种倾向，见《古典主义与革命：歌德与法国大革命》（*Classicismo e Rivoluzione: Goethe e la Rivoluzione Francese*），Naples: 1969。有关对巴尤尼著作的讨论及密特那（Mittner）对这一主题的重要贡献，见拙文《弃绝》（Entsagung），《对立面》，1971（2）。

1　威廉·狄尔泰（Wilhelm Dilthey），《德国精神史研究》（Studien zur Geschichte des deutschen Geistes），见《著作全集》（*Gesammelte Schriften*），第 3 卷，Stuttgart-Göttingen: 1962；《体验与诗》（*Esperienza vissuta e poesia*），Milan: 1947。

2　恩斯特·卡西尔（Ernst Cassirer），《自由与形式》（*Freiheit und Form*, 1916），Darmstadt: 1961。

的一般意义。他是那种生活，在其渴望中摧毁了精神原先的静止，同时又发现了新的诸形式——通过它们，生活得以充分地再现自身；他是矛盾本身所需要、所探求的——形式和生活的——新综合，这个综合实际上由矛盾本身所预先假定。按照这一逻辑，歌德所做的是避免否定的悲剧，而不是像卡夫卡日记中的某些段落所说的那样，拣选出它的原因与矛盾。[1] 然而此处令我们感兴趣的，则是对歌德所表现的历史时刻给出这样一种阐释所带来的后果。

尽管歌德象征着那个容纳了环境与普遍法则的个体性，这个综合也不再和以前一样是先天的、纯粹合理的静止，而是一种为体验的可感具体性所决定和显明的综合，一种如其被经验和被观看那样发生在生活中的综合：*体验与生活视角*（Erlebnis und Lebensanschauung）。于是歌德不仅充当着历史神话，而且为当下的困境提供了解决方案：他准确地再现了那个动态的形式，再现了生成与生活的那个超越性的前提，形式和生活之间的同一个矛盾所构想的前提。而这既是上述歌德阐释的功能性、有效性之所在，也是这种阐释的神秘化特征背后的理性之所在。它透过席勒式乌托邦的视角——也就是透过一个在18世纪末曾被歌德本人投入危机并加以摧毁的视角——理解歌德。

这位生活哲学的歌德不仅“实证了”渴望——否则它将陷入一种律令的抽象形式——而且克服了放荡不羁的浪漫主义反讽，通过一个*我思*，它不再属于纯粹的思想，而是属于和情感相统一的知性——这个知性的我思是活生生的，并在存活中成形，变化，转换它的语境——*一个有效的我思*。因此这位歌德也是开始重建——否定早已从根本上拒绝了的——那个义务的基础。既然

1　在1912年1月31日，卡夫卡写过他计划创作一篇题为“歌德的惊人本质！”（The Frightening Nature of Goethe!）的论说文。见《日记》（*Diarios*），第1卷，Milan: 1959, 226。

恢复了形式——形式连同生活一起，不再作为我思的纯粹工具——我们就能拥有那些手段，借以构想可实现的目的与价值；我们还能再次拥有借以发展我们生存的手段，基于我们的存在作为主体之优越性。然而歌德在发问处构想了苦恼：生活与形式之间、实存与法则之间、探究与解决之间的这个综合，究竟在哪里？——这个阐释声称存在着一种解决矛盾的方案；在歌德断定过去的综合（从启蒙运动的综合到康德的综合，甚至再到早期浪漫主义的综合）陷入危机之处，这个阐释提供了新的答案：歌德的实证化，他的慰藉，他的“安息”。只有通过建立一幅公共的肖像，歌德才能发现安息；而在这里，安息却被当成了理论，当成了批判，当成了全新生活视角的基石。

歌德以这样的方式“发挥作用”，即“思维主体”的复苏，在那些与作为动态的生活同一时期的历史条件内部。与其说再现了——第一个令人无法面对的——文化的问题意识化（事实上就是这样），不如说歌德在此成为了文化的模范与基础。他充分回应了——从狄尔泰和齐美尔开始的——哲学所设置的诸矛盾：没有了歌德，连接形式与生活的那条线就会断开。

歌德是这一联系的桥、门与窗。他既是矛盾直接造成的综合之义务，同时又是这个义务的目标。应然（Sollen）最终具有一个目标，如同被刻写在体验中一样明确。它的客体不再是“从未被给予的”，而是一个被给予者、一个历史经验的再实际化。尽管歌德被如此地神秘化——因为对于他所体现的问题意识，此处所呈现的肖像再现了一种意识形态的解决——这种阐释所充当的功能却根本不是神话的：相反，它是一个将应然刻写入历史的问题，是一个将思想的综合目的论渗透进现实可能性之范围的问题。齐美尔甚至还企图强迫这个图式接受否定性思想，通过把它的差异再一次阐释为形式与生活之间的差异，从而把它完全当作渴望，当作对重建形式、义务和价值的渴望。[1] 根据这种视角，否定之所以是这样，只是因为它无力获得齐美尔基于歌德的生活这一“象征主义”所构想的那种综合——而非因为它在事实上是对这样一个综合方案的否定。

不过，齐美尔为阐明自己的探究而凭借的矛盾圈套，却自在地展示了歌德的同化作用以及他对综合的找寻，如何在他本人的心灵中表现为独一无二的现象。尽管停留在形式和生活的矛盾范围之内，毫无疑问，他依然从最激进的意义上理解了矛盾。

假如义务是要重新发现生活与生活动态的形式，那么这个生活就必须从其最根本的意义上——换句话说，从它的全部首要显明方式中——得到准确理解。生存的多元性，它的各种存在模态，甚至还有它的矛盾性，必须从形式上被系统化。依据直接体验在其当前特征中的预估贫困，无法理解形式还原。假如存在一种朝向生活的形式，就必然也存在那样一种形式，它朝向神经生活并且朝向那些组成了日常生活的鸡毛蒜皮。为了让生活与形式的最后综合具有一个有效的意义，这两个术语必须从一开始就被置于彼此间可能的最大距离。这个图式令分析的任何延续都变得成问题。为了让一般的综合能具体地而非神话地实现，就要彻底穷尽多元性的意义并掌握其特殊价值——这项任务必然要求一个永久的延迟。综合被转化为一种范导性目的，它为具体分析的方法奠定基础；然而它从来就不是这个分析的一个具体部分，也永远不可能被具体地验证。不仅如此，对这样一种目的或这样一种方法的直接断言几乎总是承担了一种循环论证（petitio principii）的形式。这个矛盾也不可能被消解：假如生活被理解为这个实际的生

1 齐美尔，《叔本华与尼采》（*Schopenhauer und Nietzsche*），Leipzig: 1907。

活、这个大都市的神经生活，那么能够从中得出的根本结论就是那些否定的结论；那么生活与形式的矛盾就应当被抛弃掉，价值哲学的整个结构也应当被推翻。

假如没有自相矛盾，就不可能——哪怕只是短暂的一会儿——跟随否定，然后用它重建主体性的一种先验形式。只有当这个生活被还原至它的范畴与文化元素时，这个形式才可能适用。换句话说，晚期齐美尔——《冲突》时期的齐美尔——的绝望，已经隐含在他处理形式与生活这一矛盾的方式中，以及随后与同时期的德国哲学相关联的方式中。而他的例外性恰恰来自这里，来自想要凭借从一开始就没有被图式化、没有被想象过的那些术语定义综合。因而，在对综合义务的单纯断言，和贯穿了“被给予者的森林”却看不到任何问题的来回漫步、徒劳分析之间，他的调查在事实上被不断地分割。这个森林仅仅提供了延迟，而且还是那些几乎无法被领会的延迟。人们期待已久的综合有时会出现在那儿，却从不露声色。这些时刻是最先被发现的林中路（Holzwege），然而那附近却没有护林人，没有人知道要走哪条路。

在一篇论齐美尔的重要文章里，卢卡奇似乎把握到了这个疑难。在卢卡奇看来，齐美尔的局限在于“缺乏一个中心，在于无能去实现最终的、确定的裁决”。[1] 齐美尔的确最先令诸事物同日常生活诸事实之间的关系变得透明——可是他从未成功地将这个过程延伸至它们的本质形式。因此他始终是一位过渡哲学家（Übergangsphilosoph）。卢卡奇概述了齐美尔思想的实际历史情势（毫无疑问，即便在当时，那些术语也应当成为他的研究焦点：定义那些能够领会生活的范畴——事实上，关于齐美尔哲学中更伟大的批判与自我批判之优点，卢卡奇竟然谈到了不足），并尝

1 卢卡奇，《格奥尔格・齐美尔》，172。接下来的引文也出自这一短篇。

试为它给出一个一般定义：在卢卡奇看来，齐美尔是印象主义的哲学家。“印象主义感到并断定伟大的、坚固的、永恒的形式是一种暴力的威胁，对生活，对它的领地，对语调的多元性，对它的完满性，对它的复调”；但随之而来的是，“形式所特有的本质变得成问题”。的确，形式在今天应当不再是“独立自足的、自我控制的或绝对完整的”。但如果发生了这种事情，那么形式所特有的理念能否停止存在？“一个服务于生活、向生活开放的形式，不能是被给予的。”假如有价值的是生活的复调，那么形式的概念又如何能得到复苏？假如坚持认为生活是一种有效的价值，那么形式又如何能具有任何效果？印象主义仿佛注定是一种尚未成为诗的体验，抑或一种尚未成为知性的大都市神经生活。齐美尔依然处在这个矛盾内部，卢卡奇则继续廓清了它的更广阔视角。尽管他们的“问题意识不断重复，新的、永恒的并且不可磨灭的价值却在伟大的印象主义作品中得以发展”。印象主义反对那些形式，它们想要固定住本身丰富多彩的生活之流，它们令生活的统觉（apperception）变得麻木，它们纯粹又单纯地“还原”生活。印象主义粉碎了静态形式，然而它这样做只是为了将形式复苏为构型，复苏为生活统觉中的形式、体验中的形式。

毫无疑问，齐美尔也分享了这种倾向：“为一种新古典主义作准备，通过把生活置入新的、坚固的、严格的却无所不包的诸形式中，它将会令生活的丰富性永恒不灭。”然而同样肯定的是，从齐美尔设置最初矛盾的方式中无法前后一致地推断出这种倾向。构想了生活，却不带任何图式、不将它转译为“图像”，齐美尔事实上只能是这个过渡的一部分——理所当然地不断趋向新古典，却又不断被这个义务的一切可能的实现所推回，恰恰进入到应然的纯粹形式当中。也就是说，齐美尔是一位莫奈（Monet），可这位莫奈身后从未出现过一个塞尚，而且期待一个塞尚的出现对于他来说毫无意义。[1]不过，以一种全然无效的方式“准备”古典，这不是一项弱点，而是其批判的极致：这意味着他已经检验了综合历史主义的价值意识形态，以至他自己陷入了危机；这意味着他在那个无从给出回答的领域中进行追问。所有这一切背后都隐含着对他自己的综合的去神秘化——尽管是间接的却仍然是客观的、坚决的。因而也许可以说，在他论齐美尔的文章里，卢卡奇才是“不足的”。他非常清楚齐美尔是形式的哲学家，形式已经是彻底成问题的，然而他又将这个情势当作一个可解决的情势，可恰恰是齐美尔处理它的具体方法反过来证明了它本身无法解决。并且这位齐美尔，甚至在事态变得明朗之前，就已经在《现代文化的冲突》中展现了这一点——义务相对于形式的无效性，以及形式的最大程度形式化（尽管它所处的语境依然是伦理的），阻止了它同生活发生任何关系。

某种意义上的悲剧始终构成了齐美尔式印象主义的这一情势——一种激进的印象主义，因为它仅限于过渡，它以形式经由生命活力（Lebendigkeit）的发展与综合为目标，并且由于它强加给该过程的那些前提和条件而无法实现这一点。义务的无效性和目标的不可能性使得疑难的重复成为必然，疑难本身则显明为这样一种悲剧情势。

然而这种悲剧情势是对悲剧之理念的猛烈还原，这一理念在尼采与歌德那里占据了主导地位。歌德认为，悲剧是不可能的乌托邦，即艺术再现相对于现代社会关系的完全优势。教化的内在性不可救赎，它成了资产阶级小说的主要结构，只有通过作为悲

1　不过卢卡奇说的却是作为莫奈的齐美尔身后尚未拥有一个塞尚。务必记得舍夫勒关于凡·德·维尔德的文章。

剧的命运意识才能被克服。既然如此，将要被克服的就是构成了教化的全部内容和元素：道德律令直接或间接地扮演着它的原动力；伦理与审美判断度量并联结起它的各个层次，又证明了其价值的合法性；主体性与思维主体的支配性方面一直是作品的真正主角。通过小说的形式发展出一个悲剧主体，其代价是永远地混淆了这两个领域并且永远地出让了——即使在乌托邦中——解放悲剧的可能性，也许这才是歌德全部作品中最高的、最成问题的以及最复杂的成就。荷尔德林(Hölderlin)也被同样的困境所欺骗。只有通过尼采，悲剧的乌托邦才能依照同当时的文化与艺术形式根本相异的本质被充分定义。在尼采那里，悲剧作为乌托邦的理论,作为——矛盾与悬而未决的生活问题意识的——一个直接的、绝对完整的视野，被置于教化和主体性的艺术之对立面，被置于冲突与同化在世界中的“辩证”艺术之对立面。也许甚至更为激进的是，悲剧同——作为这种艺术之基础的——形式与生活的矛盾这一论点相对立。

经验与悲剧诗彻底外在于这一矛盾。正如我们所看到的那样，这个矛盾在可解决的基础上被构想——假如它碰巧无法在事实上被解决，那么义务的伦理形式就会被假定为过程的结果与价值。然而这还不是全部：这个矛盾所特有的运动是从生活朝向形式。它所筹划或决定的真理依然是思想对存在握有统治权的真理。真理——尼采称之为悲剧的基础——升起并展开为一种针对此类条件的明确斗争。真理否定了作为主体的实体。真理是实体如其所是的发生和道说。但这个实体无论如何也不是形式，即那个为了支配存在而运作的思想之产物；它不是一个范畴，而是生活本身，如同在——它的矛盾、它的斗争、它的矛盾与毁灭的相同性——这一切之中被给予的那样。在其内部，不存在诸如显象和实体、偶然性和必然性这些不同的层次。在实存与本质之间没有任何范畴分离。悲剧让生活道说，作为一个不可分割的统一性；它否定了将生活还原至形式，因而否定了被认为存在于这两者之间的那个差异；它再现了必然性——作为一切、在世界的文本中被给予。这个悲剧中不存在渴望——因此，也不存在教化，找寻，以及生成——一切关系都被直接给予。但并非通过一种计算或一个范畴被给予，而是作为生活，作为自然——作为命运。[1]

在 1910 年的文章《悲剧的形而上学》（*The Metaphysics of Tragedy*）[2] 中，卢卡奇尝试从齐美尔的前提中得出激进的结论，却远未能达到这一点，甚至未能接近尼采的否定。当卢卡奇将一切实存关系的消失、一切“气氛元素”的清除、“锐利的山风”称为悲剧的实体时，他实际上激进化了悲悼剧（Trauerspiel）[3] 的形式，而且他甚至未曾触及尼采式悲剧的真正否定性乌托邦。他将悲剧理解为本质的纯粹形式、理解为本质的生活，这构成了对那个历史主义的齐美尔式疑难——形式与生活之间的综合作为义务的目标、渴望的完成——的直接回应，也就暗示了作为这种综合之结构的悲剧概念；然而它背叛了尼采的视角，放弃了悲剧的真实疑难，那个疑难最早出现在席勒（Schiller）与歌德那里，随后经荷

1　安托南·阿尔托（Antonin Artaud）独自把握到了尼采式悲剧的真正意义，即便只是在戏剧再现的层面上。雅克·德里达（Jacques Derrida）就尼采与阿尔托的联系撰写过一篇重要的论说文，《残酷戏剧与再现的关闭》（Le théâtre de la cruauté et la clôture de la représentation），见《书写与差异》（*L'écriture et la différence*），Paris: 1966。

2　卢卡奇，《悲剧的形而上学》（The Metaphysics of Tragedy, 1910），见《心灵与形式》（*L'anima e le forme*），Milan: 1963。

3　关于悲悼剧，尤其是有关青年卢卡奇，参见劳拉·博埃拉（Laura Boella），《青年卢卡奇》（*Il giovane Lukacs*），Bari: 1976；埃里奥·马塔西（Elio Matassi），《青年卢卡奇》（*Il giovane Lukacs*），Naples: 1979；拙文《无法通过的乌托邦》（Intransitabili utopie），见 H. 冯·霍夫曼斯塔尔（H. von Hofmannsthal），《塔》（*La Torre*），Milan: 1978；费赫尔（Feher）、赫勒（Heller）、马尔库什（Markos）、瓦伊达（Vajda），《青年卢卡奇研究》（Studies on the Young Lukacs），见《非此即彼》（*Aut-Aut*），1977（157-158）。

尔德林发展，并且由尼采呈现出它的全部否定性。疑难——实际上是目的——不是要想象本质，而是要摧毁它的全部历史与传统。卢卡奇没有冒险超越悲剧性的还原概念。尼采使悲剧成为否定的工具，它否定了作为西方思想基本方法的还原。目的在于摧毁生活的全部存在论层级，并重新发现它作为实体的整体，让它道说，不再谋求它与主体、思想或者渴望的和解。悲剧的疑难，就是相同性的神圣不可侵犯这一事实的再现之疑难。

从这个角度来说，并不存在本质的或形式的悲剧，相反，存在着作为命运的生活之悲剧——这个命运并非代表着一种对生活的范畴还原，而是生活本身如其被给予的那样，在它的全部完满性中，在它的全部活力中。仿照齐美尔的方式，卢卡奇预设了一种形式的悲悼剧，对立于感伤的或历史的悲悼剧、资产阶级启蒙的悲悼剧。无论其作品的艺术价值如何，保罗·恩斯特（Paul Ernst）都完美地表达了这个对立。卢卡奇选择他作为例子绝非偶然。恩斯特的一切都能被视为对那句卢卡奇式格言的注解：“赤裸的灵魂独自同赤裸的命运对话。”[1]这里的悲剧完全由全部生活的灵晕、剥夺与还原组成，生活被当作“残渣”。另外，带有尼采式背景的“最高点”与“无情和冷漠”则表明我们已经到达了这样的阶段，生活不再容许综合或逃避；我们已经到达了生活的毁灭性力量——从而到达了灵晕的否定，到达了对生活中无法逾越的否定性的预设。

当然，在这种情况下，这个形式，还有这个本质的生活，同体验的激进角色——正如它在齐美尔（还有卢卡奇）那里所呈现的那样——显然不再有任何关系。而形式和生活之间的矛盾依旧。不过，正是这项探究的焦点与方向将这种悲剧观同尼采的悲剧

1　卢卡奇，《悲剧的形而上学》，见《心灵与形式》，311。有关卢卡奇、恩斯特、齐美尔三者的联系，参见此文献注释 129 所列著作。

观彻底区分开来，并使它仅仅成为悲悼剧。因而在这项探究的最后，留给人们的矛盾就是一种文化矛盾及其“生存意志”，绝非针对其前提、传统及目标的攻击或毁灭。齐美尔式悲剧以同样的失败告终——尼采式悲剧则由之开始。无论卢卡奇如何间接地证明，恩斯特本人抑或其理念的不可能性同否定的理论都没有任何关系。

然而，在齐美尔和卢卡奇之间存在着一个重要的——即使并非总是明确的——差异。虽然卢卡奇将悲剧定义为形式与生活之矛盾、定义为本质的生活之达成，他却与这一立场所造成的问题意识保持着密切关联，并且没有使它迁就那种开导人心的伦理思考。假如关系依然是成问题的，那么这并不意味着人类心灵始终且幸福地是生产性的，而是意味着它的“生产性”不足，准确地说，人被迫去生产。假如综合是完全成问题的，那么这也并未证实我们的深刻性与丰富性，而是证实了我们永无止境的苦难与穷困。[1]尽管卢卡奇的术语依然是价值哲学的术语，他依然认为悲剧是对价值困境的一种可能的克服，但他的意图却是要检验这一视角在极限处的有效性，要覆盖全部经验，不带任何折中方案或图式。从整体上看，齐美尔的论点似乎更具可塑性。慰藉的观念扮演了一个重要角色，尤其在他的晚期作品中，形式与生活之间的矛盾重负更强烈地表现了自身，凭借其根本的不可解决性。但是他的全部哲学都能被当作属于“慰藉的悲剧”这一视角。用我们刚刚分析过的术语构想悲剧，这本身就已经是一种渴求慰藉的欲望。客观上讲，卢卡奇本人在寻求它，即使最终他努力想要摒除它（由此产生了严重错误的结论，关于他和尼采之间的联系）。显而易见的事实就在于，当义务的形式、主体间关系的形式以及渴望的

1　A. 阿索·罗萨（A. Asor Rosa），《青年卢卡奇》（Il giovane Lukacs），见《对立面》，1968（1）。

形式——作为内容——被抛入两个矛盾项之间的虚空时，这种慰藉便出现。填补这一虚空就是为悲剧寻求慰藉，即便我们在这里真正面对的是悲悼剧。不仅如此，只有悲悼剧才是可慰藉的。悲剧不需要摒除慰藉，它的世界不是慰藉（Trost）的世界：它不知道任何有待解决的矛盾、任何有待填补的虚空——它的生活就是全部。哪里有生成，哪里有做决断的主体，哪里存在替代选项，必然性在哪里同思想相结合——更确切地说，思想在哪里统治存在或者具有统治存在的可能性，慰藉便会在那里出现。哪里可能有犹豫不决、缺陷、过失，慰藉便会在那里出现。因而，它必定是一个伦理的角色。在发现了矛盾之后，人又发现了它的普遍性，并感到“同情”。主体间性的伦理来自分担共同的矛盾重负。“人是一种寻求慰藉的造物。”（Der Mensch ist ein trostsuchendes Wesen.）[1]请注意，慰藉不是帮助（Hilfe）——而是伦理的同情，是人类的团结。“人不可能帮助他自己”，因为任何人都不能使他的同伴克服掉那个属于一切人的矛盾。[2]因此悲剧不是可解决的，而是可慰藉的。然而在所有这一切之中，我们能看到一种古代基督教的悲观主义，混杂了些许叔本华的想法：整体共同导向了对尼采论点基础的一个明确否定。这种悲悼剧是对尼采的替代，因为它有效地实施了它的部分主题，并且同否定保持一致——正如我们此前所看到的那样，这仅仅是暂时的。通过这种方式，慰藉将悲剧经验带回了伦理义务，将悲剧英雄的孤独带回了共同体，并且将完全去神秘化的否定理论带回了大都市的意识形态灵晕。

然而“慰藉的悲剧”这一形式又是什么？在慰藉的伦理视角内部，在一种无效的渴望之中，这个矛盾不断地重复并超出自身，

1 齐美尔，《身后出版日记》（Aus dem nachgelassenen Tagebuch），见《断片与论说文集》（*Fragmente und Aufsätze*），Hildesheim: 1967, 17。

2 同上。

它的形式又是什么？生活与形式的关系问题如何有可能通过本真的、源初的术语被表达（换句话说，通过这样一种方式，甚至可以反思我们的批判所指派给它的困境与意识形态指控）？为此我们应当指出，卢卡奇的论说文理念——在向列奥·波普尔（Leo Popper）介绍《心灵与形式》(*Die Seele und die Formen*)的一封信中，我们发现它已经得到了发展——来自齐美尔。[1] 齐美尔并未遭遇现代论说文的本质与形式之疑难这一特定主题，但是他在《桥与门》（*Brücke und Tür*）中为其提供了第一个基本模型，比卢卡奇的信早七年。[2] 在分离（Trennung）与联结（Verbindung）之间、在释放（Lösen）与限制（Binden）之间，无法分离的联系正是论说文的主题。统一性的崩解与对立面的再统一，统一或分裂的诸要素连续不断的自我声明：论说文给出了它们的形式。桥与门仅仅象征了形式和生活之间的这一矛盾动态，因为这归根结底是成败的关键所在。生活的直接性提供了这样一个位置，它是两个位置之间的一片“森林”——求联结的意志在这个虚空上、在居间的道路上留下了它的印记。求联结的意志成了道路中的形式，它将生活转换为形式；但它也令简单运动——对于完成这段距离而言，它从一开始就是必不可少的——变成形式。这个运动变成了坚固的形式，变成了价值。这样，论说文便统一了直接经验的种种震惊，把它们的语调、它们的复调带回到一个框架内部，并且发现了或规定了那条带它们回去的路：“运动的单纯动态……已经变成了可见的持久之物。”[3] “自然的”矛盾、“元素之间的分离性在空间中被动对立”[4]，都被我们的桥这一形式所调和与克服。因而论

1　卢卡奇，《论说文的本质和形式》(On the Nature and Form of the Essay)，见《心灵与形式》。

2　齐美尔，《桥与门》(Brücke und Tür)，见《桥与门》(*Brücke und Tür*)，stuttgat：1957。

3　齐美尔，《桥与门》，见《桥与门》，2-3。

4　同上，2。

说文不仅“在坚固的物质之上”开启了道路，而且统一了被虚空真正分隔的东西。它旨在证明分离与联结“不过是同一行动的两个面向”[1]。测量一小段空间，描画它，将它设置为一处边界，就是为存在的连续统一性赋予形式，是根据一种意义、根据一种价值阐明它。

论说文还依照下述方式运作：在部分中，在“分离”中，它发现了独立自足的统一性，借助后者，它也许能洞穿整体并获得一种对全体的概览。总而言之，论说文的本质与形式就是：为运动赋予形式，“想象”生活的动态，借助精确的目的论结构把在我们自己的目的内部被分裂的东西统一起来，并区分那些作为连续统一性被直接给予的，例如空间、时间与自然存在。

论说文的形式在综合规划的重新构想中发挥作用。但现在的疑难在于定义生活本身的综合，这不是纯粹的先验综合，而是在诸生活元素的实际动态内部所寻求的一种综合。论说文似乎给那个令人痛苦的问题带来了答案：是否存在一个朝向生活的形式，是否存在这样一个形式——生活作为坚实的创造、作为真实的诗，在其可感的视觉性之中被整合进这个形式？论说文是综合意识形态的最后出场，是驳斥否定、驳斥作为否定性的矛盾的最后尝试。当然，综合之后依然存在着渴望：统一性分裂了，并且这个断裂只能找到不确定的解决。

因此，渴望没有被否定。论说文所制定的神秘化并非来自这种否定，而是来自那样一个事实，即它把那个最初将其自身呈现为一个根本问题的东西——形式和生活之间特有的矛盾——转换为一种综合原则、一种价值。这样一来，矛盾就被还原为释放与限制的永久序列，它发现自己完全受思想的目的论及其远征所支

1　齐美尔，《桥与门》，见《桥与门》，3。

配。为了定义它的家的边界，思想总是能建造一扇门，同时也就建造了一个借以测量存在的视角，并遵循它建立起自己的路与桥。这时，凭借这个成问题的现状——一项无法完成的远征——渴望本身被还原为一种意志，它根据自己的形式与权力去制作和建造。论说文通过这种方式一跃成为悲剧的最根本慰藉。

如果说齐美尔的《桥与门》以那些奔向自由之人——他们创造了自己的门——的图像作为结论，从而再一次内化了全部矛盾和全部边界（他关于大都市的文章，正如我们所看到的那样，以几乎相同的方式结束：颠覆知性的抽象统治，通往个体性、自由与平等的发展），那么这个框架在卢卡奇的《论说文的本质和形式：致列奥·波普尔的一封信》（On the Nature and Form of the Essay: A Letter to Leo Popper）一文中也没有什么区别。

卢卡奇的出发点初看上去似乎同齐美尔的大相径庭。在卢卡奇看来，论说文面对诸形式的多元性并通向生活。“的确，论说文是要追求真理的，但是，如同扫罗出来寻找他父亲的母驴，却发现了一个王国，所以，真正有能力寻找真理的论说文作家是会在他的路的尽头发现他所搜寻的目标即生活的。”[1]论说文作家不能将诸形式的多元性——由其他人的作品和他自己的知识所提供——还原为“事物的本质”，还原为真理；只有经过穿越多元性的旅行，他才能描画出生活。在卢卡奇那里，论说文的每一项元素都被当作这次旅途的线索，因而似乎论说文形式本身必须体现一个一般的问题。论说文理应构想实体的不可再现性。这样，它对生活的把握就表明不可能通过任何先验的方式或者为了存在之领会而使用诸形式。“一旦某物变得成问题——我们这里所说

1　卢卡奇，《论说文的本质和形式》，见《心灵与形式》，12。（译按：本书所涉《论说文的本质和形式》中译，均参考卢卡奇，《卢卡奇早期文选》，张亮、吴勇立译，南京：南京大学出版社，2004。）

的思考方法和它的表达方法，还没有问题，但是并非始终如此——这样，拯救就只能从最大化地强调问题中得到，从它激进地走向其根基中得来。”[1]无疑，卢卡奇关于齐美尔式论说文形式的再思考是成问题的，下述事实足以证明这一点：通过将诸形式构想为多元的，构想为同生活的多元性完全同质的——从而消解了它们的先验功能——卢卡奇开始了他的探究。可是这并没有构成根本的视角转变。

一种齐美尔式渴望也支配了卢卡奇的论说文。探究所采用的术语并未改变。总之，对齐美尔原本的问题意识予以激进化，这要求一种综合，它甚至采用更明确、更确定的术语。对于卢卡奇而言，论说文之所以会陷入诸形式的多元性从而陷入生活，同这种活动本身所唤醒的渴望是分不开的：逃离“相对的和非本质的”[2]。因而，就像齐美尔所认为的那样，直接的生活依旧是相对的和非本质的——显然，哪里有相对的，那里就还有实质的；哪里有非本质，那里也一定有本质。在此，生活依然借助同否定的悲剧相对立的术语得到表达。

生活在这里依然是形式的对应物，找寻着慰藉。当然，综合无法像齐美尔所认为的那样，继续存在于论说文的形式本身内部；论说文本身无法继续充当被寻求的综合。对于卢卡奇来说，它“漫步”穿过多元性，绝非一种统一与分隔的工具、一种“想象”多元性并防范非本质性的工具。可正是由于这一事实，它并未偏离齐美尔的视角；它或许拒绝了齐美尔的解决方案，但肯定没有拒绝问题本身，也没有拒绝渴望。在卢卡奇看来，论说文成了综合的纯然理念，成了它的绝对律令。围绕着多元性却没有解决方案，

1 卢卡奇，《论说文的本质和形式》，见《心灵与形式》，15。

2 同上，44。

它不断提及形式，形式也许能领会它。在它特有的苦难中，它始终描述了即将到来的幸福时光。

然而不只如此：为了这个综合、朝向这个目的，论说文聚集起质料。在某种程度上，它起到了一种图式的作用，作为诸现象的一个初步组织，它依然在时间中，而形式随后将完全领会这些现象。这个目的是否被当作多多少少可以达成的，这并不重要。无论如何，这个目的显然具有一种范导性理念的作用。如果没有从这个理念流射而来又朝向这个理念的渴望，论说文本身显然也无法持立。“论说文作家就像是叔本华那样的人，他一边写作他的《附录》（*Parerga*），一边等待他自己的（或者别人的）《作为意志和表象的世界》（*Die Welt als Wille und Vorstellung*）到来，他是一位施洗约翰。”[1]论说文由此完全沿着综合的方向、朝着一个体系运动。它的内部问题性完全趋向于并起到了超出自身的作用。这样，假如论说文发现自身是无力的，那它一定不会觉得它的综合理念是无效的；换句话说，它不会批判——更不会消解——综合的理念或者形式同生活的矛盾，它们旨在肯定形式。

论说文的死亡——或者更确切地讲，它的无力——当然不是价值的死亡。在此，非本质和显象的死亡并未像尼采所认为的那样，将本质和实质也一并清除掉；恰恰相反，“当它消失并成为一种自命不凡的同义反复之后，这种对价值与形式、秩序与目的的渴望，并没有像其他一切事物那样终结”[2]。论说文的终结，随之而来的还有它曾宣告和预见的那个价值的实现。此外，假如最

1 卢卡奇，《论说文的本质和形式》，见《心灵与形式》，16。同样明显的还有此处暗指尼采，在“格言”之后，他理应尝试制定一个体系，即《权力意志》（*Der Wille zur Macht*）。这种绝对谬误的阐释可以被直接追溯至彼得·加斯特（Peter Gast，译按：本名海因里希·科泽利茨［Heinrich Köselitz］，德国作曲家，尼采的好友，彼得·加斯特这一笔名系尼采所取）与伊丽莎白·福斯特-尼采。

2 同上，46。

终会有这样一种实现，那么论说文所穿过的这条道路也将被拯救。这条道路不再只是非本质性和无力。论说文本身什么也不是，它在综合中发现了它的全部实在性；如果没有论说文和它的图式，综合也将无法存在："假如过程并非通过一种新的方式得到开展，那么目的就是既不可想象又无法达成的"。"因而论说文证明自己是为达成终极目标必不可少的手段"[1]：这个目标就是体系，是《附录》之后的《作为意志和表象的世界》，是伴随"印象主义的新鲜感"到来的"伟大美学"[2]。

因此，最初似乎是将齐美尔的论点当作问题来处理，此刻却被证明在一场甚至更加彻底的综合文化之复苏中发挥作用。为了专门地在论说文的形式中寻求这种文化，齐美尔"困住"综合的疑难，否定了一个体系之理念所特有的可能性。另外，卢卡奇认为这个理念掌控着渴望本身。当齐美尔的义务被迫绝望地听命于对非本质的形式化，卢卡奇却依然提议一种实质的义务、对有效律令的趋向。由此看来，义务和价值的视角不仅被全面地重新引入，而且是通过实证的术语被完成的。论说文不是宣判本身，而是审判过程的实施；它不是体系本身，而是必然地预见到它（并且以这种方式避免了昙花一现）；[3]它没有包含体系，而是从它本身的渴望中得出体系。此外，论说文之所以具有效力，恰恰是因为它并未在体系内部否定它本身"获得的"多元性，相反，它按部就班地预示了体系，并通过诸形式的多元性将它带向生活，使

1　卢卡奇，《论说文的本质和形式》，见《心灵与形式》，46。

2　同上。

3　连同释放新能量的主题一起得到处理的，还有短暂性这一主题——转瞬即逝（Vergänglichkeit）的慰藉与克服这一主题——它出现在弗洛伊德最"深奥的"草稿中，题为"论无常"（On Transience），写于1915年，现收入《艺术、文学与语言论文集》（*Saggi sull'arte*，*la letteratura e il linguaggio*），第1卷，Turin: 1969。

它“与生活的脉搏同步”[1]生长——结果论说文和体系之间的这一根本伦理关系又趋向于完成齐美尔的要求，即形式成为生活的具体形式。总而言之，卢卡奇式论说文是预示和预见，是综合的渴望，是垂死的义务为了在那个已经被带向生活的体系中获得救赎——从理念的知性角度来看，即是在体系对诸生活形式的非本质性所握有的统治权缓慢成熟的过程中获得救赎。论说文并不是这个统治权本身，就好比康德的义务不是神圣，而是表达了它的理念，触发了它的义务，并开始了从生活到实体的还原。

就其实体而言，这个论说文的观念不曾将自身从齐美尔观点的形式和内容之中解放出来，它甚至不曾接近过否定。没有什么能比将它与尼采式格言混为一谈更加错误。[2]格言是一出悲剧里的一句台词，论说文则是一项分析中的一个片段。格言发生在体系之后，发生在理念同事物之间的秩序和联系（ordo-connexio）的瓦解中；论说文则是对这一秩序的渴望。尼采式格言由宣告了上帝之死的人道出；论说文则出自通报了上帝归来的施洗约翰之手。此外，作为悲剧的谐语，格言也是本真的悲剧乌托邦无法达成的有力见证，因为在两句谐语之间、在两条格言之间，歌队是缺席的。格言是堕落的悲剧——没有被还原，没有被慰藉——但却落入了无能为力之中：无能从整体上解释自己，无能将生活和命运把握为密不可分的，无能肯定对其自身的绝望之确信。它的方向同论说文的方向恰好相反。作为对歌队之缺席的肯定，格言探索了矛盾与差异，然而论说文本质上却是通往综合的分析、通往统一的差异，是需要一座桥的深渊。格言消解并否定，否则它便凭意志

1　卢卡奇，《论说文的本质和形式》，见《心灵与形式》，47。

2　关于格言同论说文的差异，见拙文《格言，抒情诗，悲剧》（Aforisma, Lirica, Tragedia），见《新潮》（*Nuova Corrente*），1975—1976（68-69）。

和权力去跳跃；论说文联结起事物并进行辩证化，否则它便通过思想的诸形式转换或开启一种过渡。在论说文中，分析为思想所欲求和实施——并且不断被它的目的所决定，从而依照目的论得到处理。格言是一句孤立的谐语，在形式和生活之间的差异被消解之后，从而也是在对应然的渴望之后。当然，格言也是一种启蒙；没有谁比尼采本人更深刻地感受到这一矛盾。无法达成悲剧的地位，却拒绝了任何一种悲悼剧，格言不可避免地被贬低为孤立的差异化，被贬低为激进的分析。

然而这正是否定的启蒙特征：消解传统，消解基于主体的综合之意识形态历史。另外，论说文的启蒙则是一种恢复义务和价值的启蒙。在这两种情形中，知性的结构同样是无法逾越的：但是在第一种情形中它被经验为不可避免的宿命，在第二种情形中则被经验为潜在的解放工具。齐美尔的重要性在于建立了矛盾的定义，使它既能克服矛盾又不会在这个过程中放弃生活。卢卡奇沿着同样的方向前进，指出了齐美尔在形式上的解决方案存在缺陷，殊不知这样做便重建了它的价值——象征着知性的自由潜质。在这两种情形中，都有一种更改、同化尼采式悲剧意义的企图——而这样一来，就会企图迈向一种新的批评，一种新的美学，一种新的文化：迈向理性的终极冒险之旅。

6.作为论说文的城市

同样，城市只有在论说文的形式中才能被领会。因为大都市生活的目标本身成了个体性和自由的综合——社交圈的断裂以及精神的出现——它的表象完全属于论说文的形式法则范围，正如我们此前所定义的那样。城市所必须体现的价值——自由的达成，个体性的有效形成——和论说文的价值一样：它是《桥与门》的联结，是卢卡奇式天使。带着一种不同的“笨重感”，舍夫勒也在努力地追求着同一个理念，为了在大都市的精神中保存共同体的情感。论说文的形式“围绕”着同样的症结：为大都市的悲剧——尼采早已将它强行当作一项前提——寻求慰藉，以纪念城市生活的综合形式特征。因而论说文是必要的。找寻综合的诸关系、找寻连续与绵延的诸形式、找寻跨增长的诸时刻——个体在社会的内部得到复苏，理念与义务作为当代生活的意义视域得到断言——这一切只能属于论说文。于是，对城市的分析成了论说文形式本身的象征。这一形式在分析中获得了它的充分表达，并以这种方式完成了它的现实功能。

在齐美尔那里，也能发现这一联系——在论说文与城市之间——的最早陈述。在写于 1898 年的一篇关于罗马的论说文[1]中，

1　齐美尔，《罗马》(Rom, 1898)，见《通往艺术哲学》(*Zur Philosophie der Kunst*)，Potsdam: 1922, 17-28。

城市本身被当作审美哲学原理的一次展现与具体化，《桥与门》和随后的论说文进一步阐明了这些原理。从一项审美哲学原理中能推断出这里的城市所特有的观念。在构型的可感实现中可以发现城市的价值。但是确认整体相对于各个局部的优势——总体性视角的优先地位——却随着各种城市功能的综合而到来。各独立部分的和谐意味着理解整体的各种方法的和谐。更进一步的过渡对于理解接下来的讨论（及其在时间序列中的情势）是必不可少的——我们在第 2 章曾概述过。

先天综合——齐美尔凭借它理解城市——是形式与功能的综合。实践的目的被理解为形式，反之亦然。“统觉的源初统一性”就是价值的源初统一性。[1] 因为城市的图像成功地实现了这些综合——体现了整体相对于部分的优势，调和了功能同形式之间的知性对立，并证明了自己是一项神圣规划——所以它是价值。

对于齐美尔来说，城市是为了将康德式目的论判断具体化而被召唤的。在此，新康德主义哲学的主题与关键问题全都重新出现了。理性同自然之间的和谐，这个范导性理念成了判断的一个有效尺度、城市实存结构的一项准则。然而这完全倒转了康德的悲剧观念：康德的理念被颠倒为判断的价值、有效的理想，它们应当在作品本身的结构中、在历史的生活中切实地显明自身。而在齐美尔看来，首先是在城市中。在齐美尔之后，对于恩德尔、舍夫勒，以及所有“都市化浪漫主义”来说，这些原理没有改变。

历史的过程被还原为绵延（durée），这决定了齐美尔将城市当作论说文的分析。这正是新康德主义问题意识——寻求生成之

1　在那个年代，关于康德的全部争论都涉及有关思维的“我”与先验图式说之问题——问题意识消解在了目的论判断的一般再假设所采用的术语中。目的论形式也支配着历史过程分析的领域：想想胡塞尔的立场。正是海德格尔，在 1929 年关于康德的著作中，彻底清洗了这个传统（尽管也接受了《历史与阶级意识》中的一些基本指示）。

形式——的特殊核心。只要城市的价值在其总体性的源初统觉中纯然是形式与功能的综合，那么时间的维度就依然缺席——它在任何时候都不容许卢卡奇所说的那种对真理的散文式找寻。时间也必须被调和。对于时间，也必须有一种形式。这不是指康德的时间，似乎只有荷尔德林才理解他的悲剧特征；而是指体验的时间，实际历史产物的时间。这个时间的形式必须是城市。

城市克服了否定，后者隐含在真正的康德式时间形式的缺席特征之结构中，因为城市是实际时间的综合，既是这一综合的形式又是它的实在性。空间的先天形式——最初通过形式和功能的统一及各个局部的统一而获得——与时间的先天形式相统一：不同纪元的多样性成了绵延——诸关系的否定性被抹消——全部跳跃也皆遭否定。[1]时间的形式在城市的地形上被实现——这就是绵延：整体无处不在，共时性面对着个体性的体验。这一切充当了目的、价值、理念。这个绵延的实现（随后将整个辩证关系还原为绵延，使其连同康德的知识论中更具体的问题意识一起发挥作用）确保城市的价值作为目的论判断的实现。

除了各部分的综合、形式与功能的综合、时间在绵延中的综合，齐美尔关于佛罗伦萨的论说文又添加了自然与艺术的综合。[2]现代文化的冲突在此仿佛最终消解。城市必须如此：一种对浪漫主义渴望的克服。因而关于城市的论说文就是卢卡奇式论说文本身；它是同一个理念。追求城市就是寻求那些价值，它们致使渴

1 对于 20 世纪头二十年的德国文化来说，柏格森（Bergson）与齐美尔的联系非常重要。在齐美尔的城市图像中，柏格森始终在场。此外，《物质与记忆》（*Matière et mémoire*）出版于 1896 年，而《论意识的直接资料》（*Essai sur les données immédiates de la conscience*）则在 1889 年就已经出版。同这个齐美尔的视角保持着密切联系，而且同样为柏格森的影响所塑造的，还有胡塞尔当时的立场，尤其是在《内时间意识讲座》（*Lessons on the intimate conscience of time*, 1905）中。齐美尔在 1914 年为柏格森撰写了一篇论说文，现收入《通往艺术哲学》，126-145。

2 齐美尔，《佛罗伦萨》（Florenz, 1906），见《通往艺术哲学》，61-66。

望被超越。论说文始于城市，以便超越它。它围绕着客体，以便察知它有哪些可能的倾向和角度针对着形式、针对着新古典风格。按照这种方式，齐美尔的论说文围绕着佛罗伦萨。它首先介绍了分裂的文化，以便利用综合——一种极端的综合——的可能性和理念，这个综合将使那些在他关于罗马的论说文中已经遭遇过的形式得以圆满完成：一种对自然的理解，仿佛它的目的就是同精神相调和——以及一种对精神的理解，仿佛它的工作是必然的、命定的，如同自然的产物一般。

城市倚赖这些有机关系而存活：倚赖自然与精神之间——在个体及其体验的时间，同城市本身的结构与作品的时间之间——的有机交换。城市就是这样，因为它是一个有机体。这是齐美尔式分析的真正中心，它最终在《佛罗伦萨》（Florenz）里变得明确起来。城市之所以能按照论说文的方式被描述，仅仅是因为它能生长，通过“跨增长”——从自然和精神之间的分裂、康德式诸形式的缺席、不同时期之间的不协调，到我们此前通过它的各个环节加以追溯的综合。城市可以这样做并且必须这样做。在罗马和佛罗伦萨的现实中，理念的纯粹形式表明它本身就是一个可能的乌托邦。假如没有论说文本身借以立足的事实这一最初的慰藉，那么论说文形式连片刻也无法成立。没有一个赖以开始的奇迹，就不会有论说文。

这样一来，有机城市的图像似乎成了现代文化冲突本身的解决方案。没有什么作品能更彻底地成为一个构型；没有什么能更充分地使人既感觉到不同时期的多元性又感觉到它们的共时性；没有什么能与个体的体验更紧密地联系在一起；而且没有什么能更全面地同自然相调和。就随后由新康德主义所衍生的美学而言，城市分析的重要性取决于上述这些结论——它们还将充当随后的反韦伯式城市社会学的审美哲学基础。

在这类情形中，存在着一种决定性的倒转，那就是大都市对城市理念的影响。再一次，讨论的对象以城市告终。齐美尔用大都市作为他的出发点：它构成了最初的情势。然而它的矛盾、它的冲突、它的否定性，都必须被克服。论说文只不过恰好表现了这一运动：从大都市，到一个被给予的城市之图像，后者克服了大都市的种种冲突，换句话说，它体现了综合的形式；到作为有机体的城市之理念，这个理念被当作一个客观的希望；或者到城市本身的复苏之理念，重温昔日时光之理念。城市和大都市作为两种形式，它们之间的跨增长是可能的——换句话说，这项探索是为了在大都市自身的内部，提升城市体验所特有的诸价值——这种理解将会在城市规划（Stadtplanung）更深刻的种种退步表现中，成为其全部乌托邦主义之基础。[1]

再一次，我们必须指出齐美尔和本雅明之间的桥梁。假如我们仅仅从字面意思理解本雅明的《城市肖像》（*Images of the City*）——这些文章出版于齐美尔论罗马的文章三十年之后——我们就只能得出这样一个结论，即他们各自的立场最终彻底会合。[2]本雅明的研究（Recherche）完全是为了断言体验同礼俗社会的综合所带来的价值——为了证实只有当共同体的价值在作为有机体的城市中断言自身时，真正的体验才是可能的。这部作品中的一些段落似乎直接参考了齐美尔，甚至还有舍夫勒与恩德尔。人们

1 布洛赫总结了这些年里激进的、主要是欧洲的建筑学与城市规划的各种立场，见《希望的原理》（*Das Prinzip Hoffnung*），第 2 卷，Frankfurt: 1959, 847ff.，863ff.。凭借同舍夫勒和恩德尔一模一样的术语，布洛赫提升了哥特精神的永恒生成（ewiges Werden），对立于教士和官僚的层级（Ordnung），此后他又勾画出了城市规划（Stadtplanung）的任务，形成一个为人类的家（Heimat）——马克思主义则是夺回这个故乡的手段。对故乡的同样找寻也渗透在齐美尔关于城市的论说文中。

2 本雅明，《城市肖像》（*Immagini di città*），Turin: 1971。

只需要考虑一下尚未清空的街道在这里所承担的象征价值：它是各种体验的会集地点，它是共同体的生活，既是个体性，又是人类性（Humanität）。甚至还有城市里的声音之美这一主题，一个对于恩德尔来说如此宝贵的主题，重新出现在这个语境中[1]。北欧人的渴望所扮演的象征角色与地中海城市富于活力的有机性，这两者间的反差不仅是城市分析的典型，而且是齐美尔全部美学的典型，它从本雅明那里得到了全面复兴。北海同莫斯科的“那不勒斯式”图景形成鲜明对比；街道的繁荣、商业的喧嚣、玩闹的天性，同卑尔根的住宅整齐显著的边界形成鲜明对比。[2]

然而就像齐美尔一样，在本雅明看来，首先正是时间所承担的特定形式决定了城市共同体的体验特征。在莫斯科所呈现的那幅肖像中，客观时间的缺席不断被突出：体验填充并转换了每一时每一日，阻止了重复。通过阻止时间的消耗，它令时间成为绵延：“所有的生活一闪而过”[3]。街道和商业的游戏，程序中的误差，将时间主观化。个体性重新居有了时间。这实质上正是一切新康德主义研究的目标：将时间的先天形式与主体的体验相调和。莫斯科、那不勒斯还有马赛，似乎全都成了这种“奇迹”的实例，而这恰恰是同大都市的厌倦相对立的经验。城市在此充当了对货币经济及其形式的否定，本雅明随后在他关于巴黎的论说文中将这一点当作支配性的。

莫斯科、那不勒斯与马赛没有觉察到波德莱尔，正如齐美尔的罗马与佛罗伦萨没有觉察到大都市的精神。和齐美尔一样，本雅明在托斯卡纳的肖像中发现了礼俗社会的缩影。它同北欧象征主义的反差是最彻底的。圣吉米尼亚诺的一切都是故乡；每个人

1 本雅明，《城市肖像》，9, 28。

2 同上，69。

3 同上，27。

都“和土地紧密相连，它的传统也许还有它的神性”[1]。不同时期之间的不协调，以及个体性和城市结构之间的冲突，是缺席的。所有一切都不可避免地生活在“这个过载的现实”[2]之中。历史时间与主观时间的统一是礼俗社会的根本特征。

本雅明的研究在此指向了城市——而城市的诸形式作为一种有机共同体，已经由齐美尔所定义，它们构成了支配性的语调——这是毫无疑问的。此外，这些形式同那些始于第一次世界大战之前的德国社会学与反城市文学的主题混合在一起。这在关于莫斯科的论说文中尤为明显。礼俗社会的价值——通过莫斯科所呈现的肖像得到了表达——是就“英雄般的”苏维埃实验给出的判断，从革命到战时共产主义，再到新经济政策。而它和激进的德国知识界所给出的“书面”判断完全一样：街道的繁荣、商业的喧嚣多样、那不勒斯的夏天——总之，玩闹的感觉渗透了莫斯科的时间——这就是社会主义，这就是革命。

革命将礼俗社会具体化，因为它体现了一种反官僚的，反重复的——而且最重要的是——反大都市的精神。[3]在本雅明的莫斯科肖像中，每一根线条都清晰地揭示出卢卡奇与柯尔施（Korsch）的批判之在场，连同这一批判的全部文化传统之在场：从新康德主义的文化到齐美尔，从滕尼斯到罗伯特·米歇尔斯（Robert Michels）[4]。然而恰恰是在这一点上，当本雅明论点中的文化与

1 本雅明，《城市肖像》，66。

2 同上。

3 关于反官僚的文化，参见拙文《论组织问题：德国，1917—1921》（Sui problema della organizzazione: Germania, 1917-1921），见《否定性思想与合理化》，Venice: 1977。对这样一种文化同建筑学与城市规划经验之间具体关联的分析，参见塔夫里的重要文章，《奥地利马克思主义与城市：“红色维也纳”》（Austromarxismo e citta: “Das rote Wien”），见《对立面》，1971（2）。

4 罗伯特·米歇尔斯（Robert Michels，1876—1936），德裔意大利社会学家。通过近距离观察19世纪末的社会主义运动，他指出了著名的“寡头统治铁律”，即任何标榜社会主义与民主的激进团体最终都会不可避免地走向官僚寡头政治。——译注

政治参量——换句话说，当他对齐美尔的复苏所具有的意义和功能——为人所知时，本雅明倒转了其分析的整个视角。莫斯科之夏是一个童年：它是一种缺席，就像他在自传体论说文中所呈现的柏林，那篇文章写于1930年之后，终止了《城市肖像》的寓言并为《巴黎，19世纪的首都》一书创造了条件。这个夏天、这个幼年，结束于新经济政策的确立。革命的游戏已经完成。裱糊上了革命海报的俄国，酒馆、剧场与教堂的俄国，曾象征着德国激进知识界的玩闹乌托邦（spielerische Utopie）的俄国，如今它只是研究——一个研究对象。奇迹结束了——因为它现在已经被解释了。关于这种解释，本雅明无话可说。本雅明的文化只能谈论童年以及它的游戏。德国的激进文化只知道完善的共同体。

然而这恰恰是本雅明所肯定的，通过其论说文的真正焦点：将礼俗社会的诸形式还原至记忆的地位。礼俗社会因而遭受了全面废除。它退隐到语词中，只能被谈论。人们相信它存在，尽管它耗尽了自身。最终，研究并未通往有效准则的发现——而是通往过去的时间。对这一境况的任何神秘化都不再能经得住半点考验。从论说文，到《心灵与形式》的作者卢卡奇所采取的真理，齐美尔式个体性的体验、哲学与美学综合的基础强行规定了这一方向——这个体验不再判断，它仅仅在历史中找寻。它本身就是过去的力量：它居留于社会主义英雄年代的城市、托斯卡纳开阔的天空、地中海的共同体——只是为了呈现出它本身在波德莱尔的巴黎、在大都市的起源处被彻底转型。本雅明废除、取消了各种新康德主义先天形式的——齐美尔在他的城市图像中曾应用并检验过的——结构化能力与有效性。事实上他呈现出了关于城市的相同论点，即同样不可逆转的倾向，朝向个体性及其游戏的价值，它决定了齐美尔式过渡时间（Übergangszeit）的特征，却没有绵延：他并非通过柏格森式的绵延形式，而是通过普鲁斯特的时间消耗形式呈现它。普鲁斯特是这些肖像的真正作者。在这些论说文中，城市的乌托邦完全采用过去式。本雅明论巴黎的文章展示出了对《大都市与精神生活》的批判意识，以及从中得出结论的能力，而他论柏林的文章又展示出了与齐美尔的托斯卡纳图景同一的关系。它同本雅明在柏格森（Bergson）与普鲁斯特之间所阐明的那种关系是一样的。当然，对象总是城市，但却是一座人们无法再构想的城市——它的形式已经不可逆转地走到了尽头。由于他依然未能承认任何其他价值，除了同个体性相综合的城市结构所具有的价值——由于分析的对象依然是礼俗社会的价值——本雅明也写了论说文，写了城市的散文式肖像。然而论说文在此所围绕的真正中心并非可能的乌托邦，并非齐美尔与后来的布洛赫（Bloch）所说的客观希望。无论莫斯科的记忆多么动人，它依然是记忆。城市有机体的废墟之上，容不下任何一种筹划。“我们曾经认识的地方现在只处于这样一个小小的空间世界，我们只是为了方便起见，才给它们标出一个位置。它们只是构成我们当年生活的相邻的诸印象中间的一个小薄片；对某个形象的回忆只不过是对某一片刻的遗憾之情；而房屋、道路、大街，唉！都跟岁月一样易逝！”[1]

然而，齐美尔曾有过那样一个时刻，城市结构的诸形式未能经受住检验，城市的图像几乎就是本雅明与普鲁斯特的风格。论说文形式假定了绝对成问题的语调，只有为《亲和力》写评论的本雅明才能将这样一种语调成功地授予它。面对威尼斯，

1　马塞尔・普鲁斯特（Marcel Proust），《在斯万家那边》（*Dalla parte di Swann*），见《追忆似水年华》（*Alla ricerca del tempo perduto*），第1卷，Turin: 1961，413。（译按：中译参考马塞尔・普鲁斯特，《追忆似水年华［1］：在斯万家那边》，李恒基、徐继曾译，南京：译林出版社，1989，422。）

城市的一切价值——作为通往真理之路的论说文形式，自然与精神、室内与室外的综合，整体和谐的可感实现——变得无用，茫然，沉默。[1]

在威尼斯，哲学与美学的诸范畴——仿佛再现了罗马、佛罗伦萨以及整个地中海地区，对立于北欧象征主义——不再成立。在威尼斯，也没有任何影射、任何象征、任何浪漫主义的渴望。在这里发挥作用的是其他一些形式，它们最终使礼俗社会的乌托邦陷入了混乱。而这些形式正是悲剧的形式，是论说文曾试图予以系统性根除的那些形式：室外同室内之间的分裂，存在之根基的丧失，凭借外观所获得的自主性。威尼斯不具有任何含义。它的存在 - 之为 - 游戏（being-as-game）表明它仅仅是语言而已。它所呈现的图像体现了文化的危机与冲突——而非它的乌托邦或形式。威尼斯象征着那种倾向，它在波德莱尔的巴黎挣脱了束缚，我们已经通过本雅明追溯了它的历史：无所指的语言——一个能指——一种能指结构。此间之外一无所有——在《杜伊诺哀歌》（*Duineser Elegien*）中也同时宣告了这一点。

本雅明批判性地将一切城市体验交付给过去，而在此二十年以前，齐美尔已经遭遇了城市的总体悖论。在托马斯·曼（Thomas Mann）、里尔克、霍夫曼斯塔尔（Hofmannsthal）尤其还有尼采——以及普鲁斯特对位置的使用中，齐美尔发现了它。我们的讨论在这里又回到了起点。生活的双重意义在威尼斯成了一种命运。在不协调之间不再有综合。全部外观都自在自为地实存——这个完美的面具遮蔽了存在，或者说，揭示了存在的丧失与缺席。在这里，每一项熟悉性的实例、每一处礼俗社会的外观都是一个谎言——

1　齐美尔，《威尼斯》（Venedig），见《通往艺术哲学》，67-73。参见塞尔吉奥·贝蒂尼（Sergio Bettini），《威尼斯的形式》（*Forma di Venezia*），Padua: 1960。

因为一切都没有根基或方向。威尼斯象征着故乡的丧失——里尔克的全部抒情诗也都包含在同一个激进的反城市象征里。齐美尔与本雅明在这里又一次相遇，并且是在霍夫曼斯塔尔的作品中。实际上，齐美尔的威尼斯图像同《安德烈亚斯或灵肉合一》（*Andreas oder die Vereinigten*）中的完全一样[1]。它们在字面上呈现出相同的印象。城市戴上了面具——含义的任何交错穿插、任何相互关系都不可能存在。成长小说（Bildungsroman）的形式被不断地提出又撤回，以至于它成了方向本身之缺席的一种表现。只存在各种运动与时刻，它们无法被还原为一个意义或方向。所以威尼斯是一座冒险之城。安德烈亚斯的经验将会是一场冒险，同教化完全对立，正如悲剧形式是成长小说的失败一样。相同的冒险角色将会在普鲁斯特那里回归。而阿申巴赫[2]的“冒险”在齐美尔“发现”威尼斯仅四年之后便到来。

在他的《游记》（*Voyages*）[3]中，霍夫曼斯塔尔反复地努力去实现一种齐美尔式综合，自然和精神、不同客观历史时期的多样性，在个体性之中的综合。在希腊，面对“不可能的古迹”与“徒劳无功的探索”[4]，他的绝望仿佛依然可以被消解——通过重现的奇迹、通过对过去的复活。这个绵延，这种连续，这些奇迹，全部消亡于《安德烈亚斯或灵肉合一》，正如齐美尔的罗马与佛罗伦萨湮灭在了他的《威尼斯》（Venedig）。旅行停止了再实现——它分裂了，它揭示了缺席。大都市的经验诞生自这一源初的、根本的差异。[5]论说文形式完全无法解释它。只有此间的语言、它的

1 霍夫曼斯塔尔，《安德烈亚斯或灵肉合一》（*Andrea o I ricongiunti*），Milan: 1971。

2 阿申巴赫是托马斯·曼的小说《死于威尼斯》（*Der Tod in Venedig*）的主人公。——译注

3 霍夫曼斯塔尔，《游记与散文》（*Viaggi e saggi*），Florence: 1958。

4 同上，279-280。

5 以一种同等激进的方式，卡尔·克劳斯（Karl Kraus）也粉碎了对城市礼俗社会（转下页注）

冒险的语言（就像本雅明在他关于波德莱尔的讨论中所解释的那样，这涉及重复），只有隐含在尼采式格言形式中的理论方向，才能领会到这种经验的悲剧。

（接上页注5）的全部怀旧乡愁，在他看来这实际上正是维也纳人的颓废所象征的东西。参见克劳斯出版于1909年的著作《言说与反驳》(*Detti e contraddetti*)，Milan: 1972，233-235，311-313。“在维也纳，安全已经是一种让步：马车夫并不会撞倒过路人，因为他们互相都认识。”

第二部分

路斯和他的同代人

7. 路斯式辩证法

路斯（Loos）的维也纳，路斯与维也纳（Loos-Wien），因其拆毁了德意志制造联盟和维也纳制造工场（Werkstätte）的一般意识形态基础而尤为重要。关于这个目的，路斯最重要的论说文——连同他最初的关键作品——全部出现在维也纳文化危机的主要时期。[1] 而就是在这同一个区域里，他的作品同否定性思想的更本真趋势相一致：那就是，对历史主义综合文化与魏玛德国古典图像的批判。[2]

---

1 和《装饰与罪恶》(Ornament and Crime)一同写于 1908 年的，有《画蛇添足(德意志制造联盟)》(The Superfluous Ones [Deutscher Werkbund])、《文化》(Culture)及《文化的退化》(Cultural Degeneration)，《建筑》(Architecture)写于 1910 年，意大利文版见阿道夫·路斯(Adolf Loos)，《言入虚空》(*Parole nel vuoto*)，Milan: 1972。见《阿道夫·路斯的建筑》(*The Architecture of Adolf Loos*)，Y. 萨夫兰(Y. Safran)、W. 王(W. Wang)编，London: 1985。凯恩特纳酒吧(Kärntner Bar，又名路斯酒吧[Loos Bar])建于 1907 年，米歇尔广场的商住楼和施泰纳住宅(Haus Steiner)建于 1910 年。阿诺德·勋伯格(Arnold Schönberg)的《空中花园篇》(Opus 15)创作于 1908 年。1907—1908 年，古斯塔夫·马勒(Gustav Mahler)创作了《大地之歌》(*Das Lied von der Erde*)。克劳斯的格言集《言说与反驳》出版于 1909 年。1911 年，埃贡·席勒(Egon Schiele)创办了新艺术小组(Neukunstgruppe)。除上述作品外，见《1900 年的维也纳》(*Wien um 1900*)，1964 年在维也纳举办的展览的图录；《阿诺德·勋伯格纪念展》(*Arnold Schönberg Gedenkausstellung*)，Vienna: 1974；L. 布里昂 - 格雷(L. Brion-Guerry)编，《1913 年，第一次世界大战前夕的艺术作品审美形式》(*L'année 1913. Les formes esthétiques de l'oeuvre d'art à la veille de la première guerre mondiale*)，3 卷本，Paris: 1971-1973；阿伦·詹尼克(Allan Janik)、斯蒂芬·图尔明(Stephen Toulmin)，《维特根斯坦的维也纳》(*Wittgenstein's Vienna*)，New York: 1973；威廉·M. 约翰斯顿(William M. Johnston)，《奥地利的心灵》(*The Austrian Mind*)，Berkeley: 1972；以及拙著《来自斯坦因霍夫：20 世纪初的维也纳风景》(*Dallo Steinhof: Prospettive viennesi dell'inizio del secolo*)，Milan: 1980。

2 尼采始终存在于上述几位作者当中。他们甚至分享了尼采对“颓废派”的蔑视，他们是维也纳的反莫扎特派。

这种批判在很多方面预见到了制造联盟后来的内部分裂——尤其是瑙曼对其意识形态的攻击。[1]正如我们所看到的那样，瑙曼要求制造联盟生产的“质量”，其实完全无异于充分强化商品的使用价值方面。[2]除使用价值外不能有任何质量。因此，如果这个质量没有被完全整合进商品流通的全部需求当中，如果它没有成为流通的有效代理，那么它将不仅不再有任何可用之处，反倒会成为资本市场与生产关系社会化的障碍。存在能“丰富”商品使用价值的质量——一种“生产性的”质量——同样也存在会限制或抹消使用价值的质量。后者是一个不可避免的结果，只要工作的质量方面取决于先天精神关注、取决于形式——不论它们表达了“旧的好的”社会生产关系（手工艺等），还是无法感知的未来（质量作为乌托邦形式）。依瑙曼看来，制造联盟的任务反过来是要把自身同布莱希特（Brecht）所说的“新的坏的”结成紧密同盟。[3]

这种批判立场的本质特征早已出现在路斯身上。它采取了逻辑哲学的攻击形式——对立于贵族的审美批判。制造联盟的意识形态在两个基本方向上进行操作：一方面，就价值而言，它在商品生产中区分了质量——使用价值——和交换价值；另一方面，借助进步主义和历史主义的术语，它将早先的生产关系形式移置入当代的社会经济语境。最初的区分清楚地指向了后一种移置。假如产品的质量被视为内含于——以资本主义方式生产的——商品总体的一种自在特征，那么就始终有可能断言前资本主义和资

1　见本书第一部分。

2　瑙曼，《制造联盟与贸易》（Werkbund und Handel），见《工业与贸易中的艺术》（*Die Kunst in Industrie und Handel*），《德意志制造联盟年鉴 1913》，Jena: 1913。

3　“布莱希特的一句箴言：不要让自己同好的旧东西结盟，要同坏的新东西结盟。”本雅明，《与布莱希特谈话》（Conversations with Brecht），见《先锋派与革命》（*Avanguardia e rivoluzione*），Turin: 1973。

本主义的生产形式之间存在着连续性，至少，原则上如此，或者，作为一个“真实的乌托邦”如此。制造联盟的种种工具和概念在这个乌托邦式跨增长的区域中发现了它们的功能：它们将穆特修斯有关“栖居”的观点移置到拉特瑙的德国[1]，将威廉·莫里斯（William Morris）[2]的“社会主义”移置到1905年或1907年的情势，将手工艺劳动的质量移置到使用价值所特有的并体现在——以资本主义方式生产的商品——使用价值中的质量。后一种移置可以被视为具有两个不同的方面，更确切地说，两个不同的阶段：首先涉及直接使用商品的可能性；然后涉及直接使用的价值被转型为纯粹价值，纯粹价值对应于那些精确的先天形式，它们构成了艺术的创造性。如此一来——在制造联盟还有奥尔布里希（Olbrich）和霍夫曼（Hoffmann）那里[3]——我们便发现了一种对艺术家功能的重申，即从支配着大都市的纯粹交换关系中取得有效的解脱和解放；艺术被认为是表现了去异化的工作时间，从而被认为是充分表现了自由本身。通过使用价值和交换价值之间的“绝对”区分，以及艺术创造性随后带来的使用价值转型，这

1 赫尔曼·穆特修斯于1896年被普鲁士政府派往英国，考察那里的建筑与工艺美术。回国后，他举办了大量巡回讲座，并在此期间接触了维也纳的圈子。关于穆特修斯，见三卷本《英国住宅》（*Das englische Haus*, 1904），第2版，1908—1911。穆特修斯用原版的英国绅士反对青年风格派的神经生活，在前者的栖居模式中，“一切都暗示了单纯性、市民性、乡土性”，家庭的圈子里有个体性的避难所，有一种*自然的生活观*（natürliche Lebensauffassung）。这部书的语调甚至欺骗了路斯，路斯赞赏过它，尽管他对绅士的看法同穆特修斯的*乡土性*（Ländlichkeit）毫不相干。

2 关于莫里斯，参见M. 马尼埃里·埃利亚（M. Manieri Elia），《威廉·莫里斯与现代建筑的意识形态》（*William Morris e l'ideologia dell'archtettura moderna*），Bari: 1975。约翰·罗斯金（John Ruskin）的文章《艺术的政治经济学》（*The Political Economy of Art*）很少被分析，然而它对莫里斯的理念发展及受其影响的运动具有重要意义，这篇文章讨论了1857年7月在曼彻斯特举办的两次会议的主旨。

3 约瑟夫·马利亚·奥尔布里希（Joseph Maria Olbrich，1867—1908）与约瑟夫·霍夫曼（Josef Hoffmann，1870—1956）都是奥地利建筑师，维也纳分离派的代表人物，霍夫曼同时还是德意志制造联盟与维也纳制造工场的联合创办人。——译注

幅去异化劳动与自由的图像被固定在了产品中。以这种或那种方式，手工艺劳动再现了这种创造性的语言、它的必不可少的应用技艺。内含于使用价值的质量不再反映整个资本主义生产方式的条件，而是变成了记忆和绵延，仿佛某种业已消失的劳动形式的残余，企图在怀旧乡愁中再度实现。

这种立场能够而且必须被批判，尤其从一种经济的观点。这是路斯在《装饰与罪恶》（Ornament and Crime）中的本质目的。推理功能的这条经济线索就像奥卡姆的剃刀一样，也就是说，作为一般的准则：它的操作方法同维特根斯坦“未来”的著作《逻辑哲学论》（*Tractatus*）一模一样。[1] 任何质量都不能同生产方式和商品分配的实际总体相分离。一切质量都必须服从于这些生产方式的全部要求和功能。一切历史主义主张都仅仅基于外观，因而都是虚妄的，它们声称在手工艺劳动的质量特征和以资本主义方式生产的商品使用价值的质量之间存在着连续性。在这两个术语（质量和使用价值）之间坚持类比，就掩盖了一种暴力的断裂，一种飞跃，一种根本的、不可逆转的差异。就其资本主义意义而言，使用价值无法显明任何“自主的”质量。即使根据假设，某一商品的质量也不能从生产该商品的社会必要劳动时间量当中——也就是说，从它的生产成本当中——被抽象出来。不可能减少这个时间量、减少这个成本，除非通过对工作本身的生产和组织方式的逐步简单化、群众化和功能化。因此，路斯的反装饰“伦理”直指现实中的生产方式：在路斯看来，反装饰主义绝非某种“品

---

1 “奥卡姆法则当然不是一条随意的规则，也不是一条因其在实践上的成功而获得了证明的规则：它表明，记号语言中非必要的单位不指谓任何东西。”见路德维希·维特根斯坦（Ludwig Wittgenstein），《逻辑哲学论》（*Tractatus Logico-Philosophicus*）（译按：中译参考维特根斯坦，《逻辑哲学论》，贺绍甲译，北京：商务印书馆，1996，74）。“勋伯格认为作曲时最重要的东西是橡皮。”见安东·韦伯恩（Anton Webern）的写作与书信集《走向新音乐》（*Toward a New Music*），H. 乔恩（H. Jone）与 J. 亨伯恩（J. Humbern）编。这种创作观同卡尔·克劳斯的类似。

位问题”或单纯的美学策略，而是理性化与资本主义文明的总体倾向和“命运”。路斯认为，装饰的概念进而远远超出了立面——它归根结底要关注的是建造、生产和传播的目的。对于路斯，以及对于所有其他“伟大的维也纳语言大师们”[1]来说，任何语词，只要它超越了自身的意义条件，超越了自身语法和句法的成文法规，超越了自身的功能限制，它就是装饰。（勋伯格［Schönberg］认为，装饰是没有被包含在基本作曲理念中的每一个重复和每一个声部。）路斯还认为装饰是每一个“神秘的”连续、每一个单纯的绵延，在许多方面对立于阿尔滕贝格（Altenberg）[2]和克里姆特（Klimt）所说的无效记忆。每一个目的论综合“判断”都是装饰的，因为它最终无法被表象或证实，也不适用于任何事物。最后，装饰是那些所谓的创造主体性之表现，它们先天地形成了生产和交换关系的实体。质量内在于并体现为这些关系：它就是它们的使用价值“方面”，正如后者被既定的生产过程（由它们的社会化程度）、被既定的市场关系（由既定的需求结构）具体地决定。

正如路斯理解的那样，在手工艺的历史发展本身内部，包含了这个单纯化与合理化的过程——它不仅节省了劳动、材料和资本，而且令商品的质量变成了充分显明的使用价值。假如手工艺被“单独保留下来”，未遭建筑学理念“染指”，那么它将“自然地”表现出趋于最大限度之使用价值的历史倾向。可假如手工艺劳动被神秘化，被当作一种有待经由诗意的主体性理念被救赎、被提升的单纯技艺，或者被当作一种加盖在交换关系的实体之中的纯粹质量语言，那么它将趋向最小限度的使用价值：它将成为

1　这是罗伯托·卡拉索（Roberto Calasso）的表述，出自他的克劳斯导论，见《言说与反驳》。

2　彼得·阿尔滕贝格（Peter Altenberg，1859—1919），维也纳早期现代派诗歌的领军人物，深得霍夫曼斯塔尔与克劳斯赞赏，与路斯、马勒、克里姆特等艺术家交往密切。另见本书第12章。——译注

反经济的，成为装饰的。这样，制造联盟的手工艺就不属于任何可证实的年代或历史时期，而是以再现一种精神的形式为目标：主体的创造自主性要求绽出 - 存在（ex-sist），它必须在生产关系的“实体”中如其所是地实现自身。这正是被提升的手工艺——非必要的劳动。另外，在手工艺——作为劳动组织在物质层面上显而易见的形式——的历史发展中，路斯只看到了指向其最终目的的征兆，以及将要致使它被超越的条件。

《装饰与罪恶》真正的概念焦点在于，它批判了每一条语言学原理，后者在知性方面支配了个别前提的实体。更准确地说，路斯的重点落在了对语言（langue）和语言学“技艺”进行图式分辨的不可能性。在理想和永恒句法的绝对统一中，不可能发现诸前提的意义。这个意义不可能被救赎或提升；同样，手工艺劳动不可能被转型为对主体诗意自由的表达，它的语言也不可能被还原为一种艺术语言的技艺。根据制造联盟和制造工场的意识形态，这两个时刻（语言和技艺），理应在它们的统一中构成商品的质量方面，这对于商品实现为商品、实现为使用价值是必不可少的。这个方面或许会表现为不同程度的“吸引力”，以不同程度的有效性再现大都市交换关系的神经生活特征：“演绎法”的含义没有改变。另外，在路斯看来，交换关系的语言则是交换的结构和模式所固有的。这个纪元的关系、要求和功能决定了它的“风格”。不过这种视角甚至不会让人想起森佩尔式的实证主义：不仅纯粹的功能方面被包含在了基本经济关系这一更广阔的视野中，而且制造联盟和制造工场所特有的目的论（就其更进步的倾向而言，它在许多方面类似于 19 世纪的实证主义）如今遭到了挑战，挑战来自更一般的逻辑视角。这种目的论表达了对综合的根本关注，森佩尔（Semper）对此一定不会陌生。另外，路斯的批判建立在对劳动分工机制和根本差异的发现之上——劳动分工机制是决定性的和不可还原的，根本差异组成了语言的宇宙。

文明不是综合：它既不是工业手工艺，也不是工艺美术，而是艺术和工业，是艺术和手工艺——音乐和戏剧，绘画和音乐。康定斯基（Kandinsky）所希望的总体化和声（Harmonielehre）[1]是不存在的；没有“音乐剧”：路斯的瓦格纳（Wagner）就是勋伯格的瓦格纳[2]。音乐剧背后的一般意识形态瓦解了，正当它仿佛要在自身的全部有效性中展开之时：在奥尔布里希所梦想的达姆施塔特的玛蒂尔德山上。一种清晰的分离、一种根本的否定，这标志着合理化过程的开端。而分离与解体也意味着理解了商品的生产和流通所固有的特定语言学形式，任何自主的价值都无法摆脱它的总体性。职此之故，制造联盟是多余的。它本应回答却没有回答的问题是：它的活动是否有效地加强了商品流通和分配的语言？它是否减少了劳动时间？有关生产的争论是否带来了现实的节省？它是否发展了产品市场？[3]

1　参见阿诺德・勋伯格、瓦西里・康定斯基（Wassily Kandinsky），《书信：一次非凡相遇的图像与记录》（*Briefe: Bilder und Dokumente einer aussergewöhnlichen Begegnung*），J. 哈尔 - 科赫（J. Hahl-Koch）编，Salzburg: 1980。有关勋伯格同康定斯基和青骑士（Der Blaue Reiter，译按：由康定斯基等俄裔画家与多名德国画家在慕尼黑成立的表现主义艺术家团体，后因“一战”爆发被迫中断）的关系，参见 H. H. 施图肯施密特（H . H. Stuckenschmidt）关于勋伯格的重要传记，《勋伯格：生活，环境，创作》（*Schönberg: Leben, Umwelt, Werk*），Zurich: 1974，以及路易吉・罗尼奥尼（Luigi Rognoni），《表现主义与十二音体系》（*Espressionismo e dodecafonia*），Turin: 1954。

2　参见勋伯格于 1909 年接受的 威廉（ Wilhelm）的采访，以及他于 1931 年在柏林电台中同普罗伊斯纳（Preussner）和斯托贝尔（Strobel）的讨论。然而勋伯格的全部作品展示了对瓦格纳音乐的批判与分析方法（《和声》[*Harmony*]、《风格与理念》[*Style and Idea*]）。这是尼采本人曾预期过的那种方法。关于尼采对“新音乐”的重要影响，参见尤果・杜塞（Ugo Duse），《尼采思想中的音乐与瓦格纳》（La musica nel pensiero di Nietzsche e Wagner），见阿尔伯托・卡拉乔洛（Alberto Caracciolo）编，《音乐与哲学》（*Musica e Filosofia*），Bologna: 1973。此外，对瓦格纳的态度，勋伯格同马勒一样，参见杜塞，《古斯塔夫・马勒》（*Gustav Mahler*），Turin: 1973。

3　瑙曼，《制造联盟与世界经济》，见波泽纳，《功能主义的起源》。

路斯式启蒙的重点无论如何都不在于手工艺和工业的艺术“超越性”，而在于所有这些术语相互的“超越性”，也就是说，在于语言的功能多元性。分离意味着置入到冲突中；不是要建立价值的抽象等级制，而是要度量和计算特定的差异，既依据特定的功能，又依据特定的历史与传统。在制造联盟想要架起桥梁的地方，路斯构想差异。这既适用于艺术同手工艺之间的一般差异，也适用于组成各种构图语言之结构的内在差异：在栖居和家宅的构图中，至关重要的语言经验构成了定义路斯式建造艺术（Baukunst）的基础。在属于建筑师的墙体，同室内的陈设与总体布置——必须确保住户最大限度的使用和转型——之间，存在着一个根本差异。这是一种语言的差异，任何普遍句法的灵晕都不能克服它。墙体是形式，是经过计算的空间与时间——它是“抽象的”。试图让它同这个室内、这种体验相调和，同组成了生活的语言多元性空间相调和，这种“瓦格纳式”妄想显得极其荒谬可笑。因此，资产阶级和市侩对于家的概念——对于栖居的总体性、对于室内与室外相互透明的概念——每一种文人建筑（Stilarchitektur）赖以成立的这个基点，从根本上和逻辑上讲是错误的。家是现实生活中语言的复多性，它不能被还原为确定性逻辑的统一体——后者来自19世纪的实证论乌托邦主义。家就其整体而言并非形式上可计算的：我们不能从它的一个层面还原到下一个，也不能从一种语言推论出另一种。室外关于室内只字未提，因为它们是两种不同的语言，每种语言只谈论自身。实际上，人们必须格外小心谨慎地预防某一语言学层面指涉到或趋向于另一语言学层面，进而制造出无法消解的怀旧乡愁，后者将会阻止冲突依其全部现实性显现为不可还原的和第一位的，并迫使它们退回到某种“被悬搁的建筑”范围之内。[1] 只要建筑师给予这些差异最大限度的发言权，并让它们充分显现，他就依然忠实于他的职责。

然而，把这种倾向理解成构图的折衷主义实例却是一条完全错误的思路。[2] 这里最重要的并非语言的多样性，而是它们共同的逻辑参照：每一种元素和功能都是必不可少的，为了制定它本身的语言并连贯而全面地言说它，为了在每个形式中检验和保存它的界限——为了对它们保持忠贞，而不是企图理想化地或浪漫化地否定它们。带有贵族色彩的泛艺术倾向，也就是为艺术而艺术（l'art pour l'art），同样与路斯的论点无关。他对使用价值生产的意义所给出的严格限制，同时也是对艺术活动的意义所给出的苛刻规定，我们接下来将会看到这一点。对这两个层面的混淆，从逻辑上讲，毫无意义。对综合的找寻不断揭示出它本身在意识形态上的退步基础：渴望确认主体理想语言的特权地位、图式关系的功效以及商品质量方面的“自由”特征。这是一种贵族式态度。事实上，心灵的这一态度维护了自我的封建特权，吞并了所有前提，并且把经济的结构和过程贬低为一种空洞的潜在性之状态，以至于它们只能等待造型上的干预。另外，路斯的贵族品格不过是孤身一人拆穿了这个虚假的时代精神。

1　此处参照了勋伯格与韦伯恩所讨论的“被悬搁的调性”。这是基础调性解体过程中的一个时刻，这个过程始于瓦格纳和勃拉姆斯(Brahms)，在 1908 年前后达到了它的危机时刻(《三首钢琴曲》[*Drei Klavierstücke*]，勋伯格的第 11 号作品)，调性的悬搁得以完成，乐曲以沉默告终。

2　这种构图或作曲(composition)的概念(语言的多元性，差异，对这种差异的分析，试图按照它们本身的顺序加以排列，而不是通过先天的、外部的干预)不仅是“被悬搁的调性”(马勒)的伟大作品所具有的特征，而且是勋伯格随后实验的特征。它是“新音乐”发展的根本方面，完全避开了阿多诺式辩证法(西奥多·W. 阿多诺[Theodor W. Adorno]，《新音乐的哲学》[*Philosophie der neuen Musik*])。

劳动意识形态在制造联盟的辩证法中得到了终极表现。艺术活动成了劳动在目的论意义上的命定归宿。艺术形式在此并不只是对工业进行干预，因为商品作为使用价值的一面是自由的。它在工业中同样服务于一种广包的伦理意识形态功能：在具体的组织中，它为艺术学科塑造和影响了全部劳动。一个获得彻底"救赎"的劳动场所早已出现在达姆施塔特的玛蒂尔德山上。[1] 玛蒂尔德山的"生命呐喊"理应表示劳动的解放：劳动被转型为创造。因而，将艺术形式引入工业生产，其目标并非去异化的客体在消费领域中的流通，而是生产者自身的去异化。此外，千万不要忘记这种劳动补偿的极端意识形态不再是基于19世纪空想社会主义思潮的左翼新李嘉图主义，而是基于对新古典倾向的费边主义解释：劳资结构关系的层面，无论对制造联盟，还是对霍夫曼的维也纳制造工场，都毫无兴趣——重点被完全转移到了指导生产与分配之循环的需求，为了满足消费者。经济关系的所有方面在这里都

1　奥尔布里希已经设计了他的艺术家村(Künstlerkolonie)，在达姆施塔特的玛蒂尔德山上。那些房子的屋顶覆盖着色彩艳丽的琉璃瓦，使人想起了他本人所设计的花坛中的花朵与植物。甚至连餐厅侍者的制服都是由奥尔布里希设计的。在这个场景中，单体建筑理应显现为活生生的有机体，同新的调性关系相和谐。它们是克里姆特与早期分离派的表皮(而且只是表皮！)。有关艺术家村的丰富信息资源，见亚历山大·科赫(Alexander Koch)编，《达姆施塔特艺术家村展览》(*Die Ausstellung der darmstädter Künstler-Kolonie*)，Darmstadt: 1901。有关奥尔布里希的作品，参见《J. M. 奥尔布里希：建筑师的成就》(*J. M. Olbrich: Das Werk des Architekten*)，奥尔布里希百年诞辰展图录，Darmstadt: 1967。

瑙曼也参观了达姆施塔特的第一次展览。《来自达姆施塔特艺术家公园的明信片》(Postkarten vom Künstlerpark in Darmstadt)在1901年刊印于《帮助》(*Hilfe*，译按：瑙曼所创办的一份周刊)，后来又重印于瑙曼，《形式与色彩》(*Form und Farbe*)，Berlin: 1909。瑙曼也被奥尔布里希工程中的有机性欺骗了("所有这些元素都属于一个单一的躯体")，然而他从一开始就强调它的辩证法：在这些形式同当代技术之间建立了何种关系？在这种有机体同这些建造的技术、这个厨房、这个照明之间，存在着何种关系？总之，这种有机体的意义何在？为什么是这种美？"我不否认这些物件是美的，但是只有在一个需要它们的世界中，它们才是美的。"在最后的分析中，瑙曼更像是在达姆施塔特观光——他进行了一次审美的朝圣之旅。从那时起，他就对达姆施塔特与奥尔布里希工程的价值感到陌生；实际上，在最后一张明信片的结尾，他表达了一份乞求——可供工人阶级租用的住房工程展览，美丽又实用："但这完全是不现实的。"

被还原为供求函数。在这个函数内部，艺术、手工艺同工业的综合所应履行的作用，以其——对群众化与工业集中化的最先进形式——固有的抵抗为特征（例如在左翼边际主义思潮中）：也就是说，它抵抗对肯定“消费者主权”的任何阻碍。关于劳动组织、“工艺美术”以及消费在经济循环中的本质地位，制造联盟的立场只能被置于边际主义新古典分析的范围之内。与这种分析的危机同时出现的，是制造联盟的危机酝酿和爆发，这绝非偶然。正是在那几年里，熊彼特（Schumpeter）出版了他的《经济发展理论》（*Theorie der wirtschaftlichen Entwicklung*）。而在早些时候，韦伯和桑巴特已经使新古典学说的一般哲学陷入了危机。[1] 路斯的批判必须被历史地放置在同一个濒临解体的过程内部。

针对手工艺同工业的关系这个问题，每一种综合的方法都是显而易见地反动的。这样一种方法并未以任何方式质疑过资本主义文明，反倒是再现了它的史前史——确切地说，是它的理想化史前史。资本主义文明的实际过程由矛盾和冲突组成。在这个过程内部，两种不可逆转的趋势发生融合：一方面是劳动的工具性，另一方面是艺术的自由作为一种完全独特的现象。工具性意味着必要性和功能性；现代劳动组织的目标是要清除一切多余性，是要将一切劳动减少至必要劳动，从而减少投入这种“必要性”的时间。不论从经济角度上看，还是就使用价值的质量特征而言，生产方式的发展总是合功能的，它最终应当符合单纯性和可理解性的要求，同这种生活的社会经济关系结构相适宜。劳动，唯有当它将自身整合进这个过程和这个语境中时——唯有当它成为其

1 熊彼特的著作首次出版于 1911 年底。第一版的序言落款“维也纳，1911 年 7 月”。当我说桑巴特，尤其还有韦伯，带来了新古典哲学的危机时刻，我指的是他们的研究所具有的政治性质，这同罗雪儿（Roscher）和克尼斯（Knies）等 19 世纪历史主义之间存在着天壤之别。而相同经济事实的这一整体图景（熊彼特对创新过程的分析也来源于此）则对立于边际主义立场的还原逻辑和虚假普遍性。

不可或缺的一部分时——才意味着权力。这归根结底再一次实现了尼采的论点。[1] 劳动的新权力恰恰来自它的工具性——同样来自这个工具性的，还有它的产品从时代风貌中“自然而然地”产生所依赖的那些条件。[2]

这种关于劳动的立场巩固了此前那种关于不同语言之间的差异存在——也就是关于构图所固有的危机——的立场。实际上，这种立场转换了此前的立场——通过将它概括为对劳动分工及其在历史上特定的生产力发展中所扮演角色之承认。制造联盟为这个领域带来了一种彻底的昏乱（在这一情形中，它源于后马克思主义的空想社会主义思潮）：劳动分工被还原为学科的社会化，因而跨学科的问题就被还原为克服劳动分工的理念。艺术、手工艺及工业的关系，作为工具性和劳动的综合，本身就应当表现出这种释放——将个别的诸学科释放到一种根本的统一性中。这类理念从根本上就不为路斯的论点所接受。在路斯看来，只有在专门化关系的基础之上才能构造赋有意义的、因而也是可使用和可领会的语言。基于对语言之间的差异及其具体的多元性的分析辨识，能够建立起一种跨学科的关系。但是这种关系，反过来却不能被观念化为一种对劳动分工的克服：恰恰相反，它所巩固的正是这些差异和多元性，是语言的专门化。然而劳动分工的问题，就其结构意义而言，当然并未构成路斯的中心主题；尽管在同那些“死敌”的对峙中，他必定知道怎样才能只谈专门化，并且清楚地认识到了专门化不是一种凭借倒退就能加以克服的劳动条件。

“我们需要一种木匠的文明。假如从事实用艺术的艺术家们

1　关于这个问题，以及上一条注释所谈到的部分问题，见拙著《否定性思想与合理化》，Venice: 1977。

2　路斯，《画蛇添足》，见《言入虚空》，208；《住手！》（Hands Off!, 1917），见《言入虚空》，287。

回去涂抹画布或清扫街道，我们就会拥有这样一种文明。”[1]可是制造联盟却想在现今时代传授清扫街道的真正“风格”。而这个真理的定义掌握在那个决定并生产这种“风格”的艺术家手中。“时代”不可避免地召唤出那个决定其风格的艺术家：每个时代都有它的艺术（Der Zeit ihre Kunst）。质量的普遍语言由此便脱离了这个时代的多样总体性：矛盾、分裂和冲突被敉平与和解；它们是“为了它们自己的死亡”。随之而来的综合，自动地要求普遍和永恒的效力。艺术家，通过理应具有自在价值的先天形式（通过个人风格的形式）干预生产关系的实事，直接地断言了他所塑造的使用价值具有质量的永恒性。一个茶匙被看作是在永恒的本质下（sub specie aeternitatis），而现实中的它却是在博物馆的本质下（sub specie musei）：“行会想要制造的东西并非我们这个时代的风格；它要的是永远有效。”[2]一切专门化的语言都被有意识地、有机地限制在它们的特定质料上，而这种劳动观念通过自我宣传，威胁要破坏这些语言的必要性和功能性。装饰只不过是这种传染病最明显的征兆。

然而装饰概念的一般意识形态基础取决于风格的概念。路斯对风格的批判是他对制造联盟和制造工场的“逻辑哲学”批判必不可少的一部分。的确，风格是根本的图式，凭借风格，艺术的理念在使用的客体上留下自己的痕迹，将这个客体转型为质量。风格的概念不可能存在，除非在——如今已遭废除的——综合历史主义维度的内部。风格所提供的功能具有两重性：一方面，它建立了连续与绵延的各项准则，它们克服了不同纪元之间的差异；另一方面，它从每个纪元当中抽象出根本的、本质的表现。艺术

1 路斯，《画蛇添足》，见《言入虚空》，210。

2 路斯，《文化的退化》，见《言入虚空》，212。

史的进化论观念既没有为风格的概念留下任何余地，也没有为实用艺术、综合理念论美学或者音乐剧所引发的战斗留下任何余地。

路斯用他的虚无主义（Nihilismus）反对风格。带着明显的满意感，路斯回忆了同时代的建筑师们如何将他的咖啡博物馆（Café Museum）称作"虚无主义咖啡馆"（Café Nihilismus）。[1] 这是直接否定同风格、综合、绵延等概念相对立的问题。一切反表现的、反综合的、反自然的构图都是虚无主义的。[2] 风格是室内情调（Stimmung）的笔迹：自然主义或灵魂的自然主义。[3] 风格是综合，是语言学混乱，是装饰的废话。风格是"被悬搁的调性"，一种通往抽象理念，通往数字，同时也是通往生活表象的趋向。[4] 虚无主义是直接否定，同上述一切相对立，但只有循着这个否定，人们才能追索到即将来临的伟大形式与构图。直接否定意味着技术、纪律、必要劳动的减少和功能性：它意味着每一元素都指涉这种计算规则，服从这项考验。伟大的形式基于对这种语言意义的分析——经由对语言界限的形式化。构图并非意指一种"总体的艺术作品"，一种对语言多元性的归一法（reductio ad unum），而是对矛盾的承认、解释和可领会的传播。风格是有机的语言——构图则是深度与历史矛盾性，是首要的复多性：在诸元素中间存在着一种亲和力，就真正的歌德式意义而言。[5] 因此，当路斯谈论

1　路斯，《文化的退化》，见《言入虚空》，214。

2　马勒的音乐"从未填补主体和客体之间的破裂，相比起佯装出某种实现了的和解，它更想要分崩离析"（阿多诺，《马勒：一种音乐面相学》[*Mahler: A Musical Physiognomy*]）。从马勒到勋伯格，这种倾向就是要从西方音乐的语言中移除掉全部自然纯真。它精确对应于路斯的现代建筑计划。

3　参见齐美尔，《论自然主义问题》（On the Problem of Naturalism），见《美学论说文集》（*Saggi di Estetica*），Padua: 1970。

4　青骑士的目标就是要实现这样一种综合。参见康定斯基，《艺术中的精神》（*Lo spirituale nell'arte*），Bari: 1968；现收入《著作全集》（*Tutti gli scritti*），第 2 卷，Milan: 1974。

5　对于《亲和力》的这种阐释，参见拙文《弃绝》，见《对立面》，1971（2）。

阿道夫·路斯，咖啡博物馆，维也纳（1899）

古罗马建筑时，他所指的并不是风格，并不是从历史上推出的连续性，而是伟大形式与构图所特有的概念：技术和纪律，没有新的装饰，没有怀旧乡愁，没有“复苏”。这种尺度、这种计算的必要性：这就是伟大的、古罗马的形式。[1]

虚无主义咖啡馆和米歇尔广场的虚无主义房屋（“新空间”［der neue Raum］）[2]必须被放置到虚无主义城市之中、大都市之中，礼俗社会的全部社交圈在那里被粉碎。城市与风格是同义词，就像共同体、有机体或对此类事物的怀旧乡愁一样。使大都市的形式及其特定的意识形态与共同体的精神相调和，这种企图正是风格的概念本身不可缺少的一部分。风格是质料的转型，就目的论来说，质料仿佛注定要满足室内的、主观的情调。通过这种方式，把风格授予城市就是否定了它的大都市此在，就是把它设想成一种有机体，它的目的、它的应然就在于令自我心满意足。风格的

1 路斯，《建筑》，见《言入虚空》，256。

2 美国之旅的影响（尤其是路易·沙利文［Louis Sullivan］）在这座建筑中清晰可见。它的质量仅仅来自入口处的质料，以及它所开启的室内设计。

概念，已经从——艺术理念同工业产品的手工艺质量之间的——一个单纯图式，变成了——城市生活的集体价值同大都市生活的生产与流通关系之间的——跨增长的再现。可是，不是大都市，而是城市，为艺术同手工艺之间的综合、为现实中的“实用艺术”和“音乐剧”、为冲突的集体解决提供了位置。在大都市中，这些过去的关系只能作为装饰再次出现。在实际的大都市中，风格仅仅是装饰——而且是作为文身的装饰。

卡尔·克劳斯（Karl Kraus）的全部作品，同样以对大都市的“装饰性”图像的抗争为标志。米歇尔广场的商住楼所具有的效果，同克劳斯在《火炬》（*Die Fackel*）[1]上发表的反对维也纳分离派（Secession）的文章别无二致。装饰遮蔽了真正的大都市关系，它进行伪造。然而克劳斯的论战假定了装饰是这些关系的一个结构特征，而他对它的批评听上去几乎总像是——按照启蒙主义的说法——对大都市生活的批判而已。另外，路斯则极为精准地分离出了集体意识形态的退步内涵，它们为风格的概念提供了基础。风格不是大都市，却笼罩着它的结构。[2]仿佛大都市中依然居留着各种艺术家和工匠团体，他们还在建造着文艺复兴时期的宫殿，似乎有佛罗伦萨的贵族住在里面；仿佛这些教堂和公共场所总有礼俗社会的人民出入。在路斯和克劳斯看来，这个有文身的城市（不是戴面具的——面具是“精神的范畴”，它属于齐美尔的威尼斯，正如我们所看到的那样）就是颓废的维也纳——在

1 《火炬》是克劳斯于 1899 年创办的一份报刊，它是克劳斯毕生事业的集中体现。以《火炬》为阵地，克劳斯不断抨击奥地利政权的伪善和腐败，抵制大德意志民族的国家主义运动，批判自由放任经济政策的神话，并宣传各种激进主张。——译注

2 路斯，《波坦金城市》（Potemkin City，译按：俄国的波坦金公爵在征服了克里米亚地区后，为迎接南巡的叶卡捷琳娜女皇，在当地搭建了一片像舞台布景一样的建筑外立面，伪装成繁荣的村庄；路斯用“波坦金城市”讽刺当时的维也纳，这里的一切都是对文艺复兴时期的拙劣模仿），见《言入虚空：1897—1900 年文集》（*Spoken into the Void: Collected Essays 1897-1900*），Cambridge, Mass.: 1982, 105。

那里，马车夫不会撞倒过路人，因为他们互相都认识；在那里，意见（Meinung）吸收了思想（Denken），短语（die Phrase）吸收了语言（die Sprache）；在那里，凭借语言，凭借大都市的语言所固有的秩序和尺度，力求知晓它的全部矛盾与冲突——这一绝望的探索为倒退所克服，变成了风格与装饰的乌托邦。

于是风格便意味着永恒有效的意志——把永恒伪饰（文刺）在语言多元性的具体和内在形式上。风格是一种综合了城市与大都市的行为，因此，它令这个大都市成为绵延，成为有机体，有机体在时间中的发展没有连续解：也就是说，有机体的实体是永恒的。从批判艺术、手工艺和工业三者的综合，到批判风格的概念，到批判城市与大都市之间的历史主义跨增长，到批判波坦金城市：路斯的前进道路再现了某种单一的框架，它直接来源于尼采式快乐科学。

不过严格说来，建筑也同样存在着一种风格，也就是说，一种特定的方法，使它的语言同其他语言相混淆、相调和。在风格的世界里，建筑师是最擅长设计的人。[1]设计是灵魂的书写，它塑造了栖居的质料。然而但凡形式被当作隐含于质料之中，但凡必须建造一座房屋，但凡问题在于为诸空间赋予秩序，在于使它们可用于各种多元性，而不在于使它们遵守某一理念——绘图的天赋就自在地变成了装饰而已。在绘图台上不可能发明任何语言。没有一种世界语能为构图提供基础。构图的根基在于那些组成了栖居的差异，在于那些表现了栖居的具体语言，在于这些差异的

1 路斯，《建筑》，见《言入虚空》，246。奥尔布里希的规划实际上很壮观。这样人们就能断言，真正的筹划（project，译按：有关筹划同城市规划的关系，见本书附录）存留于它的作为规划之存在（being-as-plan）中：节奏的价值在其中得到了提升——它们显现出一种纯粹的状态，质料没有违背它。这种对绝对性的追求事实上隐含在规划的概念中。见奥尔布里希，《柏林艺术图书馆的图纸：批判的图录》（*Die Zeichnungen in der Kunstbibliothek Berlin: Kritischer Katalog*），K. H. 施莱耶尔（K. H. Schreyl）编，Berlin: 1972。

功能赖以传播的可理解性，最后还在于对那些使建造成为可能的质料加以分析认识。建筑师不发明空间语言，同样，他也不发明质料的语言。他让它们显现。“每种质料都据有它本身的形式语言”，这就使得特定的形式储备成为可能。[1]建筑师之所以是质料国度的“国王”，并非因为他能任意转换它们或者在任何语境下重组它们（设计它们），而是因为他完全知晓每一种质料的语言，从而知晓每一种质料的界限。[2]让这些空间与质料的语言显现，让它们的界限变得明显：这是建筑师的义务，是他的职业，他的天职。

路斯写下了此前所引述的笔记，与此同时，勋伯格在他对费鲁乔·布索尼（Ferruccio Busoni）的《音乐美学》（*Aesthetik der Tonkunst*）的评述中给出了以下结论：

> 难道手艺人不会为一种美丽的质料所打动吗，难道真正的音乐家不也像出色的手艺人那样自豪吗？木匠和提琴制造师因为看见一片好的木料而喜悦，鞋匠则是因为一块好的皮革；画家为他的颜料、他的笔刷、他的画布感到兴奋，雕刻家则为他的大理石。在这些质料中，他们预见到了未来的作品——作品就好像站在他们面前一样。他们都清楚地意识到这件作品并非必然来自这些质料：它必须被创造。然而，他们在质料中已经发现了它的未来：精神一见到质料就被重新唤醒。[3]

1　路斯，《饰面原则》（The Principle of Cladding, 1898），见《言入虚空：1897—1900 年文集》，80。

2　路斯，《建筑材料》（Building Materials, 1898），见《言入虚空：1897—1900 年文集》，75。

3　费鲁乔·布索尼（Ferruccio Busoni），《音乐美学》（*Aesthetik der Tonkunst*），由阿诺德·勋伯格批注，Frankfurt am Main: 1974, 75。

从这个角度看，勋伯格批评布索尼是因为后者低估了质料的角色。后来，1936 年在加利福尼亚，当勋伯格想要为自己建造一座住宅时，他要求库尔卡（Kulka）[1] 就采用大理石作为墙体铺面给出解释。路斯能使用 1 毫米厚的板材，但是当勋伯格把这件事情转交给纽特拉（Neutra）时，后者并不知晓这个“秘密”。[2] 路斯式构图通常由质料语言的这些秘密组成。路斯的天职无须完成任何普遍的使命，无须再现任何永恒的精神实体。在《他者》（*Das Andere*）[3] 的评论中，路斯的语调所意指的恰恰是这个，也就是说，强行阻断了永恒的图像。在路斯看来，这个语调是“美国的”，尽管它绝非某种关于“进步”的庸俗信念。那语调同他的好友彼得·阿尔滕贝格一模一样。

制造联盟和维也纳制造工场意识形态的彻底贬值，直抵它们共同的根源，但这种贬值究竟如何影响到了我们所分析和整理的那些关系的另一面，那个迄今为止依然处于黑暗中的一面？《他者》并未提出任何一种贵族式怪癖的项目。“他者”是差异，是系统性分析，它拆毁了全部语言学综合。这样，相对于建筑师的天职，相对于手艺人的工作，艺术活动本身必须是不同的：艺术活动不再是矛盾同语言发展的浪漫主义综合，它表现了它们的一个方面——它构成了它们的基本元素之一。假如自在的艺术活动所再现的他异性（otherness）没有被涵盖进来，那么迄今所分析

1 亨利·库尔卡（Henry Kulka，1900—1971），捷克建筑师，路斯生前的忠实助手与合伙人，中欧现代建筑的关键人物。“二战”期间，库尔卡移居至新西兰，后继续从事建筑设计工作，引领了新西兰的现代建筑实践。——译注

2 勋伯格，《通信》（*Lettere*），Florence: 1969, 213-214。

3 《他者》是路斯于 1903 年在维也纳创办的一份评论刊物，仅出版过两期，内容主要涉及现代人日常生活与文化的各个方面。值得注意的是，这个刊名被中国的建筑学专家们错误地翻译成了“另类”，以至于它的副标题陷入了一个令人啼笑皆非的境地：“一份向奥地利引介西方文化的刊物”（Ein Blatt zur Einführung abendländischer Kunst in Österreich）——显然，西方文化根本不可能是什么“另类文化”。另见本书第 12 章。——译注

过的全部差异就无法被充分理解。和维特根斯坦一样，路斯对任何种类的“一般美学”都不感兴趣。[1]可是，尽管对“什么”的全部调查都被阻断了，却依然存在关于这个艺术活动“为什么”的探究。它严重地影响到了那种剥离——同全部象征的普遍性相剥离，同全部无限的、在形式上不可化约的表现张力相剥离。[2]不可能有其他情形：齐美尔在关于施特凡·格奥尔格的文章里谈到过这种弃绝（Entsagung）与断念（Resignation）[3]——这种剥离、这种距离必然要抵抗一切集体与城市的形式。咖啡博物馆和米歇尔广场商住楼的虚无主义只能以这种否定为基础：这种建造艺术建立在剥离之上——建立在对全部风格、对全部综合乌托邦主义的弃绝之上。

然而在路斯看来，弃绝的形式本身唯有在“纯粹的”艺术活动中才呈现为绝对。我们将会看到，这不是唯美主义，而是对迄今所得论点的检验，是一种自始至终“经受”它的能力。存在着这种语言的“为什么”——但这种语言并非他者的综合，它并不再现它们的命运、它们的目的或者它们的应然。可是这个“为什么”却来自剥离所具有的绝对形式——因而来自对语言的他异性和多元性最纯粹的显明。在路斯的论点中，艺术代表着《逻辑哲学论》中“神秘的”东西：艺术，就是在我们扔掉梯子——在对

1 维特根斯坦，《关于伦理学、美学、心理学和宗教信仰的讲演与谈话》（*Lezioni e conversazioni sull'etica, l'estetica, la psicologia e la credenza religiosa*），Milan: 1967。讲演使用了英语，这并非偶然。关于美学的评论作于剑桥大学，1938 年夏。

2 这也是维特根斯坦，而且不仅仅是他的品位。注意在写给保罗·恩格尔曼（Paul Engelmann）的信中，歌德、勃拉姆斯等名字的复现，见《路德维希·维特根斯坦来信》（*Lettere di Ludwig Wittgenstein*），Florence: 1970。另见文笔优美的《给路德维希·冯·菲克尔的信》（*Lettere a Ludwig von Ficker*），Rome: 1974。此外还有恩格尔曼、马尔科姆（Malcom）、冯·赖特（von Wright）和维特根斯坦的姐姐赫尔迈妮（Hermine）等人的传略。

3 齐美尔，《施特凡·格奥尔格》（Stefan George, 1901），见《通往艺术哲学》。不要忘记青年卢卡奇关于同一位诗人的论说文，见《心灵与形式》。

各种形式的劳动及其组织和功能、对那个定义各种劳动空间的大都市进行分析的过程中，我们所爬过的梯子——之后，所剩下的。艺术救赎了这个多元性，换作如手艺人或者建筑师也可以这么做：也就是说，无需任何理由。艺术不仅没有构成一种理想语言——能够综合地塑造关系和语言的多元性——而且它所特有的“为什么”就在于表明其自身符号、自身游戏的根本他异性。艺术本身展示出了一种显明，它显明了那些构成转型过程、构图过程的差异与冲突之总合。相对于其他语言，它的激进乌托邦特征也就不可能服务于重树任何一种新的泛唯美主义，反倒甚至有可能趋向于否定。这种乌托邦特征既是对——组成这些语言的——交互他异性的终极验证，也是对——一切语言所固有的——差异和“跳跃”的终极验证。被我们称为艺术的特殊符号组织、特殊语言游戏，因而是有限的和明确的，它取决于乌托邦形式的显明——显明为他异性和差异的形式与条件，显明为剥离和弃绝（而且仅仅取决于它的显明：其中并不存在元语言）——取决于在这个维度中冻结了这个形式。但这一切只有在同其他特定前提相关时才有意义：少了它们固有的界限，就不会有“他者”的在场。这个界限是他异性的形式条件：它强加了悬搁和暂停，并阻止了向“主导因素”，向“有机的”、自然的形式回归。艺术活动揭示出一种他异性，一种冲突。然而它既没有消解它，也没有给它任何慰藉。相反，它定义了空间，令这种冲突得以显露，凭借它的所有语调，凭借最复杂的却又最易于领会的形式，冲突超越了一切风格，成为悲剧。

我们必须从这个角度阅读路斯关于“陵墓和纪念碑”的讨论，只有在这两种类型中，建筑才有可能成为一种艺术活动。[1]在那里，人们发现了对否定的构成性与完整性在场的全面肯定，它经由对

1 路斯，《建筑》，见《言人虚空》，254。另见本书第三部分。

弃绝的度量、对距离的计算以及对意义前提的分析得以实现。艺术的语言隐含在纪念碑（Denkmal）和陵墓（Grabmal）的维度中。它的每一项前提都被这个维度穿透。这个维度所显明的他者，在它的语言中就像是一个“原子事实”，不可能对它给出进一步解释。然而纪念碑和陵墓同样是记忆——不过这个记忆并非根植于绵延，而是根植于消耗，根植于不可逆转性。这个记忆，这个记忆的维度，隐含在他异性和乌托邦主义的语言中，这种语言构成了艺术活动。可是，尽管陵墓与纪念碑代表了对建筑意义的界限测试，它们却必须属于每一种赋有意义——作为它的界限——的建筑：只要承认自己的界限，一项前提便有了意义。以一种最自觉、最明确的方式，陵墓就是凯恩特纳酒吧（Kärntner Bar）的室内。这里的全部秩序、全部形式都描绘了可言说者，同时又将它移置入不可见者，移置入记忆——就像《杜伊诺哀歌》的抒情风格。这个“室内”的空间秩序因其界限而具有意义：可言说者的完美无缺暗示了他者的在场、不可言说者的在场。因此，语言承认并显明了这种新的复杂性：于是，他异性的乌托邦维度，在其诸形式的多元性中，贯穿了记忆、陵墓和神秘。

陵墓的维度也澄明了此前的探讨——关于室内及其同建筑师“国度”的根本差异：墙体与质料。同样，室内是他者；它是一种关乎墙体语言和外部立面的乌托邦。室内是体验的空间，它无法被先行决定。然而体验是记忆——它既是纪念碑，又是陵墓。栖居把记忆的客体与声音塞入室内空间。它们退回到住宅中。这些体验和记忆的运动退回到室内，正如在里尔克那里，事物退回到诗人的名字，它们对立于室外的总体计算与标准化，对立于作为纯粹功能、纯粹使用价值的室外——例如施泰纳住宅（Haus Steiner，1910）的“轨道机车”与诺哈特巷的住宅（1913）。艺术表现了这个去神秘化的过程，并充分显明了测量、计算和最无情的游戏所具有的冲突本质——无穷无尽的、凭空臆测的并且问题重重的指控，相对于每一项前提，它依然是不同的，它是每一项前提的他者（界限）——在路斯看来，这是革命的。[1] 这种艺术不仅没有装饰商品的生产与流通，而且它的真理来自作为其实存条件的否定——来自作为其基础的分离。因此，这个语言的否定不具有一种自主的实存：否定内在于它的形式，因为这个形式建立在其自身的界限之上，并且以其自身的矛盾作为手段。

然而，在其构图的悲剧性张力达到顶点后，路斯的论点开始显示出一种典型的意识形态偏差，这在第一次世界大战之后的几年里变得更加显著。对于室内和室外之间的差异，对于语言的多元性，对于它们的构成形式与诸功能——它们本身就能被预设为重大危机——交互的他异性和乌托邦主义，最初的逻辑哲学方法开始具备了一个价值问题的意义。价值变成了体验的室内空间，它对立于室外的物化尺度。价值变成了这个空间的潜在“质量”，只要艺术活动在那里出现。可是这个出现并非局限于突出一种语言差异——它被转型为一种价值差异。对于这一时刻，假如此前的分析就目的论而言具有了功能性——假如构图即将被重新转型为迄今所描绘的过程之目的——同样的分析和构图就会再一次让位给风格。否定性思想（negatives Denken）曾被当作语言多元性的分析条件，它遭到了推翻，并被转型为一种风格条件，旨在肯定它的价值——当然，这不再是一种综合，但无论如何这都是一种“优越性”，室内在室外之上，艺术的空间在功能的空间之上——一种否定式普遍性。风格恰恰以这种方式重现：这种价值差异阻止了矛盾双方承认界限。室外的语言不再是室内的固有界限，而

1　路斯，《建筑》，见《言入虚空》，253。

是其单纯的、直接的他异性——反之亦然。因此，室外是自在地“绝对”，它能被赋形为一种风格，它能承担一种风格——它生来就能被“安抚”、被视为自主的。同样的事情发生在被斩除了界限的室内，而正是那个界限赋予了它意义——室外的序列尺度。同这个单纯的、直接的、“庸常的”（commonplace）他异性相反，诸元素再现为绝对的、自主的，因而从根本上是综合的、“有机的”。基于这个他异性，人们才能坚持一种同质料过程全然无关的价值判断——一种彻底脱离了书写的语言——它先天地、抽象地决定了诸元素的等级制。这样一种判断把重点放在了室内的艺术本质，然而与此同时，它解放了室外的功能性和序列性，仿佛室外具有一个自在的意义。正是这种倒转，这种风格“陷阱”——它出现在路斯那里，并在其战后年代的作品中日益显著——形成了那种历史传统的基础，它把路斯的作品当作“理性主义”的一个纯粹的、单纯的范例。

当然，有鉴于路斯的全部问题意识，正如我们迄今为止所分析过的，对其作品的这样一种定义是荒谬的。然而，从路斯的论点中一个悬而未决的方面，这个定义发现了它的正当理由：在“作为艺术”的建筑领域同作为语言他异性的使用价值领域之间，存在着他异性，而这个差异本身仿佛一种价值等级制——所有这一切削弱了此前的操作所特有的意义，削弱了这个他异性所表达的界限的功能角色。这两个维度在路斯那里相互并存。这样看来，风格的再次出现成为可能，而且它来自矛盾的两个方面：在艺术活动的领域中，以及在使用价值的生产和分配领域中。的确，风格存在——无论它是一个没有配备盥洗室的*居住地*（Siedlung），为了可供菜园使用的肥料不会连同注入水槽里的洗澡水一起被浪费掉，[1]——还是一个赞成艺术的借口，即《国家与艺术》（Der Staat und die Kunst），这篇文章收入路斯本人所编、于1919年在维也纳出版的文集《艺术圣礼指南》（*Richtlinien für ein Kunstamt*）。[2]维特根斯坦对这篇文章感到震惊——正如他在十年后对维也纳小组（Wiener Kreis）的项目中反形而上学风格的浮夸感到震惊。[3]他写信给恩格尔曼（Engelmann）说："几天前我拜访了一次路斯。我在他面前感到恐惧和厌恶。他操着一种恃才傲物的知识分子腔调，令人费解！他递给我一小段文字，关于计划中的'艺术圣礼'，在其中谈到了违抗圣灵的罪。简直是够了！"[4]

我们将会看到，大约在十年以后，维特根斯坦本人如何试图去澄清路斯的这些矛盾，并且在为自己的姐姐玛格丽特（Margarethe）设计的住宅中克服它们。[5]这座住宅将会成为对路

1 路斯，《现代居住地》（*The modern Siedlung*, 1926），见《言入虚空：1897—1900年文集》，346, 356。

2 勋伯格同样为这一卷贡献了一篇题为"音乐"（Music）的文章。值得注意的是，勋伯格于重印时写下了这几句序言："我在战败后立刻写了这篇短文……当时所有人都在孤独中通过自杀来逃避，在孤独中通过幻想寻求一种新的、更好的现实……任何一个理智尚存的空想家都不可能期待还有什么会比重印自己的一篇文章更足以实现自己的梦想。"因此，对于路斯来说，这种施魅是只是昙花一现，相反，正如我们所看到的那样，它会变得更糟。

3 见维特根斯坦在1929年《科学的世界观》（*Wissenschaftliche Weltauffassung*）——维也纳小组的"宣言"——出版后，写给弗里德里希·魏斯曼（Friedrich Waismann）的信，收入魏斯曼，《维特根斯坦与维也纳小组》（*Wittgenstein und der Wiener Kreis*），Frankfurt am Main: 1967, 18。

4 维特根斯坦，见《路德维希·维特根斯坦来信》，12。

5 他的姐姐玛格丽特也许是家族（就维特根斯坦对这个术语的理解而言）中最"深刻的"成员。她阅读叔本华、克尔凯郭尔（Kierkegaard）、魏宁格（Weininger），是克里姆特与整个分离派团体的朋友，并与她的姐姐赫尔迈妮共同赞助了奥尔布里希的艺术馆建设。维特根斯坦的兄弟们——同维特根斯坦本人一样——对音乐反而比对造型艺术更感兴趣。保罗（Paul）成了一位著名的钢琴家；当他在第一次世界大战中失去了一条手臂后，莫里斯·拉威尔（Maurice Ravel）为他谱写了著名的《左手钢琴协奏曲》（*Concerto for Left Hand*）。库尔特（Kurt）是一名大提琴手，并且懂得演奏多种乐器。汉斯（Hans）、库尔特及另一位爱好戏剧的兄弟鲁迪（Rudi），全部自杀身亡。因此，在维也纳的艺术之友们（Kunstfreunde）貌似被同化的环境，同维特根斯坦既未拒绝也未克服、只是加以整理的悲剧之间，存在着许多更为隐秘的关系，举例来说，这超出了赫尔曼·布罗克（Hermann Broch）的怀疑。维特根斯坦的家政（oikos）也是维也纳艺术之友们的最后陵墓。（一位著名的艺术之友便是路德维希的父亲卡尔［Karl］。此（转下页注）

斯的启蒙一面——路斯的一个面向——最彻底的证明。这个启蒙不是对否定的克服，而是对否定依其自身形式的定位：对否定的领会与传播。启蒙之外别无他物：当路斯将他的论点变成一种价值判断时，他便造成了这一倒转。返回到这个“别无他物”的条件，并经受它直到最后，这项任务被交付给了维特根斯坦的家政（oikos）。

（接上页注5）外还应当记住，奥尔布里希参加1904年圣路易斯世博会的工程，它的标题是“艺术之友的夏日住宅”。）

8. 同代人

路斯就制造联盟所作的批判，对于霍夫曼的维也纳制造工场而言同样有效。仅仅是瑙曼抛给制造联盟的疑难和问题本身，就使它的争论上升到了工业化过程的形式与社会政治意义之层面。在维也纳制造工场，这个争论事实上并不存在。制造联盟及其问题意识的术语被直接转译成了维也纳的礼俗社会，转译成了温和的历史主义。对大都市的集体与手工艺伪装，在制造工场所扮演的角色比在制造联盟要明显得多。因此，商品的质量方面变得完全抽象——它还制造了一种精神的再组织，不仅针对劳动的经济关系，而且也针对社会关系。在 1914 年的制造联盟展览中——换句话说，在它的危机关头——霍夫曼于维也纳制造工场展馆大厅的光滑墙面上写下了这段话：

> 只有一个对质量充满感觉的人，才能制造出值得信赖的商品。一家制造可靠商品的企业必须在每一位同事身上刺激并加深这种对质量的感觉。这一切还包括工作环境的质量，也就是说，它是否被设计得舒适与漂亮。高贵的环境孕育出高贵的工作。[1]

1 引自阿曼德·维瑟(Armand Weiser),《约瑟夫·霍夫曼》(*Josef Hoffmann*), Geneva: 1930。“伟大的维也纳语言大师们”从未分享过这种带有斯宾格勒式印记的知性佛教、这种以精神之名反对机械化的斗争，它忽视并掩盖了一个事实，即机械化就是精神的运作。在一篇写于 1931 年的未发表片段中，勋伯格借助相同的关键术语表达了自己。关于霍夫曼，见 G. 维罗尼西(G. Veronesi),《约瑟夫 · 霍夫曼》(*Josef Hoffmann*), Milan: 1956。

但是在这个公开声明的目的论背景下，悬而未决的张力、被悬搁的调性——它们属于分离派——依然在言说：语义学关系的问题在此呈现自身的方式，与它在分离派那里的方式一样分裂。这样看来，维也纳人的哲学方法比制造联盟的更加丰富和复杂，即便前者的论点表面上看来仅仅关涉到一般意识形态的领域。早期分离派的问题（当时的路斯也在为《圣春》[*Ver Sacrum*] 撰稿）[1]——从简单的神经艺术（Nervenkunst）张力艰难地过渡到对媒介表达方式本身的理论分析，各种语言元素之间的可能秩序，以及这个秩序所必需的功能性和可理解性——在斯托克雷特宫（Stoclet Palace）里依然是清晰可见的，即便它被霍夫曼式“质量”企图赋予作品的整个象征维度窒息。这个宫殿里依然生活着那种人，他们仰慕奥尔布里希的挂毯，无法摒除装潢与装饰，尽管他们在聆听着《特里斯坦》（*Tristan*）[2]。然而，这座建筑只表达了一种旨趣：尽管有传统的对称平面布局与塔顶的分离派雕塑，受到不懈追求的设计连续性、空间的秩序和材料的运用依然指向了一个单义的命运，它们被“敬畏”，从而仅仅通过展示就被转型。

无论如何，路斯十分清楚分离派同维也纳制造工场之间的这个“辩证法”。在 1908 年，和攻击制造联盟的方式一样，路斯承认霍夫曼正在逐渐摆脱那些——具有青年分离派初期特征的——装饰元素，并承认“关于他的建造，［霍夫曼］已经接近了我本人所做的”[3]。路斯在这里想到了普克斯多夫疗养院（Purkersdorf

1 路斯，《我们的青年建筑师》（Unseren jungen Architekten），见《圣春》（*Ver Sacrum*），1898（7）。关于分离派，最详尽的记录见罗伯特·维森伯格（Robert Waissenberger），《维也纳分离派》（*Die Wiener Secession*），Munich-Vienna: 1971；另外，关于克里姆特，见弗里茨·诺沃特尼（Fritz Novotny）、约翰尼斯·多巴伊（Johannes Dobay），《古斯塔夫·克里姆特》（*Gustav Klimt*），Salzburg: 1967；以及维尔纳·霍夫曼（Werner Hoffmann），《古斯塔夫·克里姆特与维也纳的世纪末》（*Gustav Klimt und die Wiener Jahrhundertwende*），Salzburg: 1970。赫尔曼·巴尔（Hermann Bahr）与路德维希·赫维西（Ludwig Hevesi）是这场运动中最具代表性的两位批评家。

2 指瓦格纳的歌剧《特里斯坦与伊索尔德》（*Tristan und Isolde*）。——译注

3 路斯，《文化的退化》，见《言入虚空》，214。

Sanitorium），或维也纳制造工场某些展览的布置，后者由莫塞尔（Moser）完成，分离派“日本的一面”在其中得到了清晰简明的表达，没有任何东方的异国情调（就像奥尔布里希那里的情形），而是作为一种节奏、一种韵律、一种形式秩序——作为一种可能的造型（Gestaltung）元素。[1] 霍夫曼倾向于用“古典”术语为这个辩证法给出历史主义的解决方案，这种解决方案同样内在于分离派的整个问题意识——它完全相当于里尔克对罗丹（Rodin）的朝圣，相当于齐美尔论罗丹的文字。然而，它似乎也是一个临时的解决方案、一种成问题的质量，只是多种秩序当中可能的一种：霍夫曼从未将它当作是在永恒的本质下——或者说，它无论如何都不能通过这种方式，即根据其毕生的作品被理解。1911 年罗马国际艺术展览会的奥地利馆，1914 年制造联盟科隆展览会的奥地利馆，甚至还有 1914 年席津的斯基瓦住宅（Skywa House），所有这些都拓宽了语言学素材的使用，检验了它们之间不同的和谐——此外它们什么也不能做。古典元素经过了认真的再审视，对它们的使用在秩序——而非综合——中发挥功能。正因为这种功能默认了对室外语言的简单化与合理化，它才不可避免地令室内的他异性，即它的否定，获得成熟。实际上，这个他异性将会被激进化为一种功能的他异性：这就好比是，一方在索尼娅·尼普斯（Sonja Knips，她早已出现在克里姆特于 1898 年创作的一幅画作中，画中的她浸没在花园的色彩里——她裙摆的光线几欲溶解到花园的光线里——宛如莫奈笔下盛开的少女）的花园和别墅里，而另一方则在施特罗姆大街和莫特尔大街的工人

1　霍夫曼同路斯的这种结合，从那些为庆祝霍夫曼六十岁生日而收录的文章得到了进一步证实（Vienna: 1930），否则马勒的墓碑又怎会出自霍夫曼之手？另外，了解路斯与霍夫曼在维也纳终日与之相伴的标准分离派风格，见《分离派风格的维也纳新建筑》（*Wiener Neubauten in Style der Secession*），该卷编订于 1902 年的维也纳。

阶级住房里（1924—1925）。

因此，在这条始于路斯的光谱的另一端，我们所看到的不是霍夫曼，而是奥尔布里希：依据这种意识形态，诗性劳动的自由作为一般劳动自由的条件；依据这种意识形态，诗性理念（Ideen）同生活（Leben）之间的综合最终能够实现生活的有机体，而不是只有使用价值和商品买卖；对新康德主义的目的论判断不加选择地应用，以此为基础，艺术的天职得到了泛艺术的升华。所有这些都是奥尔布里希身上的具体特质，并且它们大多要先于分离派问题意识的全面出现。令这些理念博得同情的环境不是在维也纳，而是在达姆施塔特，在黑森的恩斯特·路德维希大公（Grand Duke Ernst Ludwig von Hessen）的宫廷里。

当艺术家村（Künstlerkolonie）在 1899 年成立时[1]，奥尔布里希这个名字的背后已经有许多重要作品：献给大公的《理念》（*Ideen*）则为它们给出了综合与说明。[2]这包含了一种对青年风格派（Jugendstil）的诗学略显机械的重申：艺术家为理念赋予生命；他发明了一个不曾存在的世界。但是这个发明具有一种预言般的意义：风格的创造充当了对一个即将到来之世界的预先构想。[3]曲线的雅致（Feinheit der Curve）——一种直接表达，一种神经生活的象形文字——以及青年风格派的现实对象，正是这一创造独特和必要的媒介。这种雅致不可能从几何学上发展出来，因为它是情调和体验——而且因为每个形式必须自在地包含和囊括主体

1 有关这些例外的经历，见 1976 年达姆施塔特展览所收集的文献记录，《达姆施塔特，一份德国艺术的记录》（*Darmstadt, Ein Dokument deutscher Kunst*），五卷本。

2 奥尔布里希，《理念》（*Ideen*），由赫维西撰写导言，第一版出版于 1900 年，第二版出版于 1904 年。它是新型手工艺（Handwerk）的宣言：每件物品都因艺术家而变得高贵，它们被重新设计、被陈列展出，可以说，被笼罩在茂密的金色树枝——自 1898 年起，便覆盖着维也纳的分离派展览馆——的阴影下。

3 这是《理念》第二版的口号：艺术家展示了他的世界，它不曾存在过，将来也不会存在。（Seine Welt zeige der Künstler die niemals war, noch jemals sein wird.）

约瑟夫·马利亚·奥尔布里希，恩斯特·路德维希宅邸，达姆施塔特艺术家村（1901）

的生活。通过这种包含，一切使用价值均得到转型和解脱。这种包含就是解放。诗人使一切手工艺从令人窒息的工业影响下“解脱”，并使它的种种要求“摆脱”特定企业的标准、特定企业家的支配。[1]诗人将事物普遍化，将它们从个体化原则（principium individuationis）中解放出来。可是这项任务为时代所亟需，后者把它当成了自己的命运。镌刻在分离派展览馆山墙上的这句话，是不争的事实：每个时代都有它的艺术/每种艺术都有它的自由（Der Zeit ihre Kunst / Der Kunst ihre Freiheit）。[2]

然而，1898 年欣特布吕尔的弗里德曼别墅（Friedman Villa）[3]，分离派展览馆，还有 1901 年达姆施塔特艺术家村第一届

1　赫维西，《〈理念〉导言》。

2　关于奥尔布里希，另见维罗尼西，《约瑟夫·M. 奥尔布里希》（*Joseph M. Olbrich*），Milan: 1948。

3　为了度量它与路斯之间的差异，请比较弗里德曼别墅的室内，或者卧室（Schlafzimmer），同那些用纤细树枝的湿壁画装饰的墙面：既像林中空地般“安宁”，又相互纠缠交错在一起：一场尚未被分析的梦——依然是一种感觉、一种印象。然而——由这个室内看来，这似乎根本不可能——弗洛伊德的《释梦》（*Die Traumdeutung*）将于两年后出版。

展览上的建筑，它们所具有的曲线的雅致及神经生活——奥尔布里希最初的青年风格派项目中的连贯性——在后来的作品中变得混乱不清，并在1905—1908年的末期作品中达到了一种危机状态。这个危机的特征内在于最初的意识形态。青年风格派的综合语义学意义在本质上类似于历史主义的立场：在作品中消解和升华体验，与此同时，领会它的语言、它的“传统”——去思索它的历史，仿佛它依照目的论指向了现代作品所提供的当下满足。但是青年风格派的意识形态承认自己同历史主义的亲和力，这就包含了一种针对其悬而未决之张力的解决：在青年风格派的发展过程中，历史主义发挥了秩序创造者的功能。既然综合意识形态拓展了青年风格派的权力，内在于青年风格派最初立场的否定经验就必然被弃置一旁。青年风格派绝不可能是纯粹的有机体、“自然地”消解掉的普遍性——它只有转型为一种历史主义现象，才能容许这样一种彻底的歪曲。在婚礼塔（Hochzeitsturm）与达姆施塔特展览会建筑（1905—1908）的“罗曼式”风格中，贝伦斯的影响同样清晰可见，这种风格属于“乡土艺术”（Heimatkunst），同时也已经是一种“有机建筑”。灵魂的自然主义——作为早期青年派的特征——被转型为作品的有机性，作品被完全整合进了自然环境：婚礼塔首先是一座观景楼（Aussichtsturm）。然而早些时候，乡土艺术就已经出现了，1904年在特罗保为埃德蒙·奥尔布里希（Edmund Olbrich）建造的住宅立面——还有1902年为黑森的伊丽莎白公主（Princess Elizabeth von Hessen）建造的受洛可可风格影响的森林别墅。

不过，在奥尔布里希最隐秘的作品里，罗曼式和乡土艺术依然与其他语言、与不同的“怀旧”共存；在弗劳恩-罗森霍夫花园（Frauenrosenhof）中，语言的多样性一目了然，这是奥尔布里希于1905年为1906年在科隆举办的德国艺术博览会所建。综

约瑟夫·马利亚·奥尔布里希，弗劳恩-罗森霍夫花园，科隆（1905）

合的功能不再符合内在于这些语言的张力或含义——而是符合语调，符合作品的整体氛围，符合体验作品所必需的方式，符合它的情调。这个情调将不同的语言保持在记忆的维度中，就像是在一种剥离与弃绝的抒情性维度中，那里不可能出现任何享有特权的秩序创造者，任何一般目的都无法被归因于——可能的方向、和谐与感觉的——多元性。砖砌圆拱门廊与不规则方形红色石料的乡土艺术；在内厅的富丽堂皇与东方式“奢华”中，分离派的装饰母题融入了对阿尔罕布拉宫的追思；建筑西面的精致轮廓仿照中国凉亭，犹如莫塞尔与霍夫曼的手笔；建筑正前方的花朵盆栽则透露着克里姆特的植物色调。这些“印象”从入口“回廊”的平静开始，经过大厅的光线与神经生活，直到亭子的东方式“有机性”与面朝一小片水景的西方式露台。它既是“被悬搁的调性”的极致，也是奥尔布里希对于这样一种悬搁所能达到的认识的极致。[1]

1　关于弗劳恩-罗森霍夫花园的文献记录，有三十份表格，收于《弗劳恩-罗森霍夫》(*Der Frauenrosenhof*)，Berlin: 1930。

在奥尔布里希的末期作品中，早先的历史主义、有机元素与乡土艺术元素——通过其内在困境的发展，所有这一切将青年派问题意识带入了一个危机时刻——发现了一个共同的转折，它以“宝贵的”资产阶级语言为尺度，带着一种由自觉的、超然的庄重所支撑的韵律。正如位于科隆林登塔尔的 1908 年建的克鲁斯卡住宅（Kruska House），“维也纳的”霍夫曼式元素再次出现在这一语境当中，而这些元素同玛蒂尔德山最初的诗学几乎完全无关。“古典”元素变成了这种新秩序的本质创造者：建筑物企图使自己包围住它们，包围住这个价值——栖居“回到家中”。对古典元素的强调——法因哈尔斯住宅（Feinhals House）的多立克圆柱——连同外部表面上严格的、典型的瓦格纳式与霍夫曼式节奏，突出了栖居的“质量”、建筑物的贵族情调。的确，人们可以说，对古典元素与严格性的强调旨在以贵族生活的形式表现资产阶级家庭生活和庄重体面的超越性。最初的分离派意识形态根深蒂固的动机此刻终于再度浮现：“资产阶级”家庭生存之克服——目标即以“古典的”方式在永恒的本质下表现生存——是对凭借诗性活动救赎劳动、对凭借由艺术形式制造的“质量”救赎使用价值给出的完美补充。奥尔布里希的极端古典主义试图以一种可理解的方式建立、阐明并传播这个遥远的论点。

这个论点的本质特征在一代人之后再度出现，在贝内（Behne）的《从艺术到造型》（*Von Kunst zur Gestaltung*）[1] 等“革命性”著述中。通过否定一种完全矫揉造作的艺术活动图像（节日装饰［Schmuck für Feiertage］）而获得的这个外观、这个革命性文身，使得对另一个方面——造型——的意识形态化成为可能，同

1　贝内，《从艺术到造型》（*Von Kunst zur Gestaltung*），Berlin: 1925。

奥尔布里希提升艺术家诗性功能的方式一模一样。造型所获得的自由（每种艺术都有它的自由）根据它的原则（艺术家的世界……将来也不会存在［noch jemals sein wird］），把整个共同体铸成了它的语言。造型是一幅在自由中工作的主体的图像——是对彻底去异化的共同体的一种预先构想。这幅图像必须被当作真实的——这就要求它不再去解释（erklären）（艺术迄今为止一直……在解释世界），而是要改变（verändern）（艺术，或者说造型，现在必须改变它）。在贝内那里，乌托邦传统，共产主义（Kommunismus），还有平面规划（Planordnung）的意识形态，全都不可避免地同奥尔布里希的论点基础、同青年风格派意识形态的激进起源相混淆。贝内依然完全属于装饰——也就是说，反-路斯的。

实际上，装饰在这里揭示出了自身的另一面，那就是它对于建造的无能为力。即便是造型，此刻也注定要失败。在战后年代激进的德国圈子里，这个失败被转化为一种对制度的拒斥，一种反组织的论点。[1]谢尔巴特（Scheerbart）的《玻璃建筑》（*Glasarchitektur*）早已预见到了这一结果。同物化着人的“新制度”相对立的，是“璀璨的晶体房屋”所带来的至上自由，是对“活生生的、透明的、敏感的”人的提升——这同样是玛蒂尔德山的特征；实际上，它同时既是自身的彻底验证，又是自身的彻底失败。通过对艺术的泛唯美主义提升，这个事实甚至更显而易见：“生活渴求绝对的总体性……渴求科学之科学——哲学……渴求作为

1 有关这种德国文化，见沃尔夫冈·罗特（Wolfgang Rothe）编，《行动主义 1915—1920》（*Der Aktivismus 1915-1920*），Munich: 1969；以及保罗·拉伯（Paul Raabe）编，《我裁剪了时间》（*Ich schneide die Zeit aus*），Munich: 1964，一部涉猎广泛、精心选编的文集，关于行动（Aktion），回顾了弗兰茨·帕菲特（Franz Pfemfert，译按：德国表现主义文学最重要的理论家之一，激进的共产主义、反国家主义政治活动家，曾受纳粹主义与斯大林主义这两股反动势力的共同迫害，后流亡至墨西哥）。

三重总体的建筑：它将一切其他艺术包含于自身之中——绘画、雕塑、建造的艺术、花园的艺术……它正是大地上的人类生活之总体性所在。”[1]

从这一观点出发，造型的崩溃恰恰被转化成了对“为艺术而艺术”所作的绝望的再阐释：摆脱全部利益，纯粹的视觉，乌托邦。这些理念如今却显现为事后的（post rem），从而导致了绝望。理念的实现——这个幸福的前景凭借一种目的论的方式理解分离派的理念，以及制造联盟和制造工场的理念，如今它只能被视为已死的：“艺术希望成为死亡的图像。”[2]可是这个死亡依然由价

---

1 保罗·鲍莫斯海姆（Paul Bommersheim），《哲学与建筑》（Philosophie und Architektur），1920年发表于《曙光》（*Frühlicht*），这是布鲁诺·陶特（Bruno Taut）主办的刊物。意大利文版见《〈曙光〉1920—1922：先锋派建筑在德国的年代》（*“Frühlicht” 1920-1922: Gli anni della avanguardia architettonica in Germania*），Milan: 1974。

2 陶特，《世界建造大师》（*Der Weltbaumeister*），Berlin: 1920。

类似的理念被转译为谢尔巴特、陶特和贝内所特有的表现主义城市观念和图景。不应忘记，当哥特式最终将自身消解于纯粹的乌托邦方面时，同玻璃建筑一样，它既再现了对秩序的诉求，又再现了精确的技术要求。人们只需要想想布鲁诺·陶特在1913年莱比锡世博会上的展馆。假如哥特式是欧洲中心主义的崩溃——新语言的发明——它便在陶特的论点中首先充当了全新的视角与尺度，用于组织城市与城市生活。在《城市王冠》（*Die Stadtkrone*, 1919）中，陶特想为城市寻找一个新的中心。对城市肌理的一切当代再组织看上去都是区域的、特殊的、脱节的。建筑物排列成一连串无头胸像。城市需要一面“旗帜”，一个中心，一顶“王冠”。而这才是城市围绕其灵魂——围绕其主教堂——的再组织：“新城市的理念中缺少教堂。”因此，经由更明确的乌托邦的、退步的术语，再组织的元素得到揭示，这完全配得上尼采所说的猴子对查拉图斯特拉的看法。然而这种再组织（就像是从围绕着它并保护着它的城市中，产生了对哥特式主教堂的诉求）是极度精神性的（还有它的宇宙崩溃）。它是极度反政治的：实际上，它是一场明确的斗争，反对城市生活的全部官僚制度结晶。它也是社会主义的——克服了大都市的种种资产阶级自我主义的特殊性——但“并非一种政治的意义，而是被当作高于政治，被当作远离一切权力形式”。这里再次出现了激进行动主义的根本意识形态假设。正是耶稣会的修士们驱散了哥特式城市的中心，通过在城市肌理中混淆它，他们掩盖了它；换句话说，他们是天主教传统下卓越的政客，手握权力之人。贝内的国际哥特式是它们的替代选项：“我们的哥特式仅仅是关于东方土地的崇高梦想……光其实来自东方。”“任何人，只要他无法像男子汉一样面对我们时代的命运，就必须建议他静静地退去……回到仁慈地张开双臂的旧教堂。”（韦伯，《学术之为志业》[*Wissenschaft als Beruf*]）可是上述几位作者甚至无法坦率和单纯地表明这种姿态，“却不把它变成公众舆论”。有关表现主义建筑的一份优秀文献记录，见W.佩恩特（W. Pehnt），《表现主义的建筑》（*Die Architektur des Expressionismus*），Stuttgart: 1973；尤其是关于布鲁诺·陶特的圈子，见《玻璃链》（*Die gläserne Kette*，译按：玻璃链（转下页注）

值来“装饰”——它显现为价值——从而依然停留在它曾力图摧毁的传统之中。造型的瓦解变成了形式“宇宙”的崩溃；它被转型为剧场，被转型为音乐剧——它变成了风格。[1]这个乌托邦维度是对语言的否定，是路斯的对立面——对于路斯来说，恰恰是他异性、是界限的在场构成了意义所特有的条件。路斯认为，乌托邦维度不可避免地浸没在语言的宇宙里——而且正是因为它的在场，这个宇宙的启蒙才是可能的。另外，贝内和陶特（Taut）的论点，凭借其多元的关注，定义了一种先锋派的边界与传统，这同路斯那“不合时宜的考量”全然无关。

相比之下，奥托·瓦格纳（Otto Wagner）的作品则首先由一种巨大的努力所预示：他企图实现综合，在这些“考量”的大都市视角同——价值与艺术形式的——先验功能之间，基于对艺术形式之自由的预先假定、倾向于成为平面规划的诸功能、综合的社会组织。两种视角的交错正是《现代建筑》（*Moderne Architektur*）的美学特征。[2]在这里，风格的概念正是依据曾被路斯严厉攻击过的时代风格（Zeitstil）——风格作为自我之铸造力量的书写——得到呈现，它始终为质料的必然性所完全控制：它全部归结为功能、语言和真实的质料——总之，归结为可建造物

（接上页注 2）是由陶特发起的表现主义建筑师团体活动，主要通过德国各地建筑师之间的相互通信来开展，另见本书第 17 章），柏林勒沃库森博物馆 1963 年展览图录，由马克斯·陶特（Max Taut，译按：布鲁诺·陶特的弟弟，同为德国先锋派建筑师）撰写导言。

1 我们已经讨论过哥特式的价值，恩斯特·布洛赫将会建立它的理论，见《希望的原理》，第 2 卷，847ff., 863ff.。建筑物象征着一个更美好的世界，建筑的乌托邦（Bauten, die eine bessere Welt abbilden, architektonische Utopien）。此外不应忘记布洛赫与他人合写的几篇有关行动主义的评论。

2 奥托·瓦格纳（Otto Wagner），《现代建筑》（*Moderne Architektur*），Vienna: 1895。第四版（Vienna: 1914）的标题改为“我们时代的建造艺术”（*Die Baukunst unserer Zeit*）。是建造艺术（Baukunst），不是穆特修斯的文人建筑（Stilarchitekur）！此外布索尼也已经给自己的书题名为“音乐美学”（*Aesthetik der Tonkunst*）——而不是“表现主义音乐”（*Expressive Musik*）！

的不断被检验和被承认的界限。[1]这个关系不再是单义的；它不再通过等级严格的价值术语得到呈现。转型过程在质料与时代风格之间来回运动。在瓦格纳看来，这个辩证法就是建造本身：建造艺术，而非文人建筑。建造的过程，尽管依然根据目的论得到描述，并且受历史终结论支配（一切都必须显现为有机体），却在它的具体实体中承担了功能、必然性和大都市的图景。[2]大都市的意识形态，即使尚未被逻辑化，也同样拔除了礼俗社会的基础。我们此刻所面对的是历史主义，而非乡土艺术；是有机体，而非情感。历史主义意识形态根据功能被重新阐释。因此，在大都市的设计中，在其建筑物的装饰（Dekor）中，不存在任何绘画性或非理性。“存在论上”居于首位的，是整体的形式；同这个形式相一致的，是大都市生活的总体性。历史主义与综合意识形态，只有当它们对都市空间的经济组织及其含义和价值的传播发挥作用时，才是有效的。事实上，这个组织把艺术的筹划——造型源自艺术理念——当作它的条件之一。然而这种筹划与这种理念不能将任何抽象的语言强加给都市空间：造型意味着这种大都市生活的倾向和语言之形成——这就要求为它们赋予一种秩序。由此可见，瓦格纳对田园城市之理念的批判，实际上是在批判那些表象，即把城市看作共同体的图像。[3]

如果大都市将成为有机体，那么这个有机体无论如何也不再是礼俗社会的有机体。目的论判断（再说一遍，这依然是瓦格纳的论点基础）变成了大都市本身进一步组织化与合理化的筹划。

1　从早期作品开始，瓦格纳的纯粹视觉形式灵感便持续控制着作品所带来的风格倾向，并建立了风格本身的一个单纯化与合理化过程。全部历史主义影响都以这种方式得到了检验和批判，从未经由自然的、传统的术语被假定。参见 A. 朱斯蒂·巴库洛（A. Giusti Baculo），《奥托·瓦格纳》（*Otto Wagner*），Naples: 1970。

2　瓦格纳，《大都市》（*Großstadt*），Vienna: 1911。

3　同上，21。

另外，除非通过艺术行动无私而自主的干预，否则这个视角便无法生效。为了清除工程师的致命影响，艺术必须被给予充分的自由。再一次，我们遇到了各种语言之间的价值差异。在都市发展的过程中，工程师的语言就是投机的语言，它代表了“吸血鬼的投机权力”[1]。将大都市从这个吸血鬼的手中解放出来，便意味着将它当作艺术语言的活动加以再创造：当作组织化的图像，当作无私的共同体生活。通过这种方式，瓦格纳的大都市展示了奥地利新古典经济学派——在其给出了更多社会承诺的版本中——当时的深远影响：对抗财政地位的斗争（在理论上，这个财政被混同于垄断利润）、分配正义、消费者的满意度（在这种情形下，满意度来自那个理应为大都市所“同化”的主体）。另外，奥地利边际主义的这些版本，对社会民主主义维也纳在未来的都市政策也发挥了决定性的影响。[2]这是一个乌托邦式还原的问题——资本主义的市场机制被还原为其“定律”的“纯粹”运行。工程师为满足财政的条件而扭曲了这些定律。艺术家则重申它们的本真性，并以它们的倾向为基础，克服了当代都市增长中的偶发事件，为大都市的发展廓清了一项合理规划。[3]艺术造型变成了器官和工具，借以实现那些未遭投机力量污染的纯粹市场价值，投机的力量被视为随机的力量、19 世纪的规划缺失状态（Planlosigkeit），以及经济自由贸易主义。艺术造型带来了文明与理性化的价值，这些价值内在于资本主义发展和现代大都市的“定律”——这些价值为财政和投机所掩盖与窒息。

1　瓦格纳，《大都市》，17。

2　有关这些发展的历史，参见塔夫里，《奥地利马克思主义与城市：“红色维也纳”》（Austromarxismo e citta：“Das rote Wien”），见《对立面》，1971（2）；另见同一位作者的《建筑与乌托邦》（*Architecture and Utopia*），Cambridge, Mass.: 1976。

3　瓦格纳，《大都市》，22-23。

认为这些“定律”只有在转型状态下才能存在，这种想法在新古典派那里是缺席的，于瓦格纳所“使用”的社会民主也一样。作为这些转型的代理人，工程师与投机把自身呈现为一个对现代都市发展至关重要的历史问题——对这一点的认识，在瓦格纳那里仅仅以否定的形式在场。尽管如此，在看待这些运动尤其是分离派时，瓦格纳本人立场的暧昧性表明，造型与投机之间的总体价值差异仍然可以被重新整合进广包的意识形态——我们已经看到，这个意识形态本身同制造联盟、制造工场和分离派紧密交织。在某种程度上，造型与投机之间的绝对差异重新确认了关乎商品生产和流通的质量的先验概念。然而，在瓦格纳看来，艺术造型并未发明它自己的语言、它自己的秩序，而是从大都市生活的基本倾向中获取它们。即使凭借专门的意识形态术语来理解这些倾向，我们也不应该忘记这一立场同我们分析过的几种立场之间的重要分歧（以及，在某些方面，同路斯的问题意识之间的亲和力）。造型无论如何也不能再被当作某种针对大都市的救世宣言。通过形式的法则，造型表现了大都市的发展——这个大都市如今已从那些阻碍其合理化的“畸变”当中被“解放”。这些“畸变”实际上不过是大都市的语言所固有的否定——语言只能存在于它的“畸变”中，也就是说，作为多元性和矛盾而存在——触及这个关键点的是路斯，而非瓦格纳。

同一个悬而未决的大都市辩证法，在瓦格纳的建造中则是支配性的：从马略尔卡住宅（Majolikahaus）的“文身”房屋（1898—1899），到诺伊斯蒂夫特巷的建筑；从第一座瓦格纳别墅（Villa Wagner）那个秋日的、花一般的、几乎是奥尔布里希式的室内，到邮政储蓄银行（Postsparkasse）中完全清晰的、可理解的空间——

那里的一切相互之间既无指涉，也无“遮掩”。[1]同一个悬而未决的辩证法支配了这些建造，支配了那个围绕着它们的——或者理应围绕着它们的——大都市。这些建造是大都市自身发展的语言吗？象征了一种绝对乌托邦式的大都市平面规划吗？它们供谁居住呢？无论如何，它们仍然要靠维也纳制造工场来“装修”吗？这些维度的多元性在瓦格纳身上变得模糊不清。这个问题的哲学意义随后将由齐美尔指出（他透过瓦格纳所归属的同一个文化视角来看待这个问题）：像瓦格纳一样，把大都市生活当作一个位置，冲突在那里“对称地”消解于艺术造型之中，这种想法是一种“幽灵般的可能性”。[2]然而就逻辑来说，回答瓦格纳的辩证法——在迄今为止所追溯的建筑文化中，矛盾与冲突的意义——则不可避免地取决于维特根斯坦的个案，取决于为他的姐姐所设计的住宅：和路斯一道，它构成了这个问题的另一极。可是，即便这两极之间存在着遥远的距离，它们也只有通过两者的交互关系才能被理解。

维特根斯坦为自己的姐姐玛格丽特·斯通伯洛建造了住宅。

1　比较辛茨·格雷塞格（Heinz Geretsegger）、马克斯·潘特（Max Peinter），《奥托·瓦格纳》（*Otto Wagner*），Salzburg: 1964。瓦格纳的悬而未决的“辩证法”在其根源处得到了文献学分析，参见奥托·安东尼亚·格拉夫（Otto Antonia Graf），《瓦格纳与维也纳学派》（Wagner and the Vienna School），见詹姆斯·莫德·理查兹（James Maude Richards）、尼古劳斯·佩夫斯纳（Nikolaus Pevsner）编，《反理性主义者》（*The Anti-Rationalists*），London: 1973。

2　齐美尔，《现代文化的冲突》（*Il conflitto della civiltà moderna*），Turin: 1925。在齐美尔看来，生活同形式之间的矛盾变得愈益显著与不可调和，因为形式“本身呈现为我们生存的真正意义与价值——继而矛盾本身有可能像文明一样发展”（73）。“但固执地认为一切冲突与问题的特地存在就是为了被解决，这同样是迂腐文人的成见。”（74）现代大都市生活仅仅是力，驱动事物向前直抵那些转型，因此，一个问题只有“借助一个新的问题，一个冲突借助另一个冲突”（75）才能得到解决。齐美尔的这份重要文本——尽管它发表于 1918 年——重述了他用以阐释当代历史现实的诸范畴；然而它的方式是把冲突与危机的范畴当作这些范畴的中心。所以它不仅预示着威廉时代文化的终结，而且预示着奥地利的末日（Finis Austriae）。

而在克里姆特于 1905 年为她创作的一幅肖像中，她的形象透过克里姆特式马赛克与魔术方块的空间，进入氛围的彻底缺席，浓缩了阴沉的维也纳启示录。[1]

1　启示录是阴沉的，不是快乐的，正如布罗克在其文章中的反驳，参见《霍夫曼斯塔尔和他的时代》(Hofmannsthal e il suo tempo)，见《诗与知识》(*Poesia e conoscenza*)，Milan: 1965。

9.维特根斯坦的家政

这座住宅的空间界限[1]是从内部——从它自身的语言所特有的实体——被无情地建造起来的。否定不是一个他者，而是包括了组成这个语言的那些他异性。不存在任何逃脱的手段，也不可能"回撤"到室内的"价值"中。外观既没有通过乌托邦方式——从造型价值出发——被设计，也无法将大都市语境所否定的价值保存于室内。这个作品既没有让人想起霍夫曼，也没有让人想起瓦格纳——甚至无法让人想起路斯及其室内与室外之间"被悬搁的辩证法"。在两个价值层次之间存在着等级分明的冲突——这种观念此刻完全缺席。同"一切剩余基址"的冲突，无法被这种语言的界限决定或转型；因此，它其实是同这个空间之外的大都市的冲突——在这个空间中，冲突只能是沉默。然而，恰恰是由于这一缘故，这个空间最终才揭示出对大都市的辨识——大都市已不再有神秘化或乌托邦主义——揭示出对大都市全部权力的承认。

1　有关维特根斯坦住宅的一份杰出文献记录，尽管它并未涉及我们在此所处理的问题，见伯纳德·莱特纳(Bernhard Leitner)，《路德维希·维特根斯坦的建筑》(*The Architecture of Ludwig Wittgenstein*)，Halifax-London: 1973。

我使用希腊文术语 oikos（家政），是为了指出位置（而非空间）的价值，以及在这个位置中生活的优先性——相比单纯的居住。（家政既适用于 demos［城镇］，亦适用于拉丁词 vicus［乡村］。）同样，海德格尔谈到过，相比家的筑造，栖居具有优先性。

所有这一切决定了维特根斯坦住宅中真正古典的维度：其经过计算的空间所具有的非表现性，是这座建筑的根本实体。[1]建筑物同剩余基址间仅有的关系，是建筑物本身的在场。它无论如何都不能决定或指涉那个环绕着它的*无限*（apeiron）。同样古典的，还有每条走道都严格地服从计算，以及语言中介被定格为完全反表现的秩序，这一现象达到了对质料的明显漠视（更确切地说，达到了在质料中选择漠不关心，选择无差异的质料、无质量的质料）——然而这里最古典的，却是住宅的有限整体同周围空间的关系。

住宅的沉默，它的不可穿透性和反表现性，在周围空间的不可言说中被具体化。所以它与古典相一致：古典建筑（在语源学意义上）象征了环绕着它的无 - 限（a-peiron）。它的反表现性象征了无 - 限的不可言说。它的秩序的抽象绝对性提升了建筑术语言的界限；它的非 - 权力表现了无所不包的无限。但与此同时，结果却是语言在这个无限的在场中建造了自身，并且只有依据这个无限才能被理解。在维特根斯坦那里，这种古典的在场再现了诸例外时刻之一，在其中，现代意识形态的发展重新假定了古典的真正问题意识。韦伯恩（Webern）将会以这种在场结束他一生的工作，把自己同最初的、撕裂的——对古典的——现代感知关联在一起，那是一种反魏玛的、反历史主义的、悲剧的图景，即荷尔德林的图景。[2]一个无法度量的距离将维特根斯坦的古典同奥尔布里希的晚期作品、同霍夫曼的不变倾向区分开来，此刻这个距离是清晰的。奥尔布里希的“古典”是将分离派面具转型为重

1 “古典的”维度不是理念的，而是可领会与可感知的，可以被“逻辑化”。一种内在的“古典”。然而也存留于它的所有矛盾中：因而既是古希腊的又是歌德式的。

2 韦伯恩，1944 年 2 月 23 日致威利 · 赖希（Willi Reich）的信，见《走向新音乐》，121-122。

路德维希·维特根斯坦，维特根斯坦住宅，维也纳（1928）

获的秩序之面具、复苏的整全性之面具。霍夫曼的“古典”则是对——被魏玛德国的怀旧乡愁澄明的——历史主义维度的肯定（更确切地说，一种自相矛盾的、有待争议的重复）。然而即便是路斯关于古罗马的观点，也像我们所看到的那样，同任何单纯的复苏理念、新古典主义的重构，甚或简单的礼俗社会，全然相悖。不过，在维特根斯坦的家政中却连这个古罗马元素的蛛丝马迹都没有。

路斯依据功能性和使用来看待“古罗马”。那是经验的维度、时间的维度——因而也就是社会实存的维度。每一项存留的工程都浸没在这个一般的历史语境中：那束带来了它的光，乃是时间之光。正是通过这种方式，罗马人才能沿用希腊人的每一种柱式、每一种风格：那对于他们来说全都一样。关键在于那束光，它带来了建筑物——而且不只是建筑物，还有整个社会的生活。他们仅有的问题便是规划的重大问题。“自从人性理解了古典遗迹的宏伟壮丽，一个思想便联合起了所有伟大的建筑师们。他们认为：我将会像古代罗马人所要建造的那样去建造……每当建筑师偏离其模范，转而追随小人物和装饰主义者时，就会出现一名让艺术返回古代遗迹的伟大建筑师。”[1]路斯认为，我们从罗马人那里获取了思维的技艺，我们有权力将它转型为一个合理化的过程。我们通过技术与时间来设想世界，正如世界沿着图拉真记功柱的饰带展开；我们把纪念碑当作一项土建工程——而在那些经历了它并受益于它的人们看来，纪念碑是建筑。

这种观点是真正的无 - 限，它环绕着古罗马的工程。它的语境是公共事务（res publica）的语境。它存留在时间中，在其自身的耗散之流中。维特根斯坦的家政对立于这个古罗马的古典观念。对于家政的空间，被居住、被观看并不重要。它本身呈现为同感知者的生存相分离。职此之故，那些从中受益的主体，他们的运动痕迹消失得无影无踪。为了呈现它本身，唯一需要的就是预设它自身的界限，从而预设绝对不可言说的无限，这个无限澄明了它。“住宅考虑到当下”，路斯写到，“住宅是保守的”，它的室内只需要承担居住者的满足感：“住宅必须让所有人满意”。[2]

在剥去住宅的一切价值时，维特根斯坦反倒将它从一切目的论考量中抽象出来。他的工程就像一条定理那样被构想和实施。

---

1 路斯，《建筑》，见《言入虚空》，256。

2 同上，253。有关路斯最完整的文献记录，见路德维希·闵茨（Ludwig Münz）、古斯塔夫·克恩斯特勒（Gustav Künstler），《建筑师阿道夫·路斯》（*Der Architekt Adolf Loos*），Vienna-Munich: 1964。这一卷还包括奥斯卡·科柯施卡（Oskar Kokoschka）关于这位朋友的一份珍贵回忆：“他是一个有修养的人”，对于所有“热情”、所有外部活力来说，他是一个陌生人——他曾说：“人的时代尚未开始。”

一条定理是无限可重复的，是同所有价值无限不相干的——但又是无限独特的，是不可更改、不可易变的，绝不从属于体验。家政绝不是为了使人满意；室外不应指涉任何“埋藏”其中的人；它既不考虑当下，也不考虑未来。在不可言说者与它的光面前，它绽出 - 存在。它在形式上的完美，正是定理的序列性；它漠视风格、质料、装饰——它是自身界限的悲剧性完美。这是古典的辩证法。这里的一切并未超出路斯的晚期罗马古典观。

因此，我们不难理解，当路斯在战后的退步氛围中阐明自己的论点时，他为何想要重新调整自己——依据他所理解的古典希腊。在路斯看来，希腊性是最卓越的纪念碑秩序，是一种艺术性的秩序——就价值而言，它区别于使用价值的生产与流通，并对立于大都市的生活。这绝非讽刺性的颠倒，他的《芝加哥论坛报》新办公楼设计方案（1922）见证了这一点：

> 作为一个自相矛盾的幻影，它属于某种时间之外的秩序，路斯的圆柱具有惊人的比例，极力想要传播一种诉求，即诸价值的无时间性：可是，就像康定斯基《黄色声音》（*Der Gelbe Klang*）中的巨人那样，巨大的路斯式幻影只不过成功地表征了它自身可悲的存在意志。其可悲之处清楚写在大都市的面容当中，写在那张无尽的变化、价值的黯淡与“灵晕的没落”的面容当中——为了传播绝对的含义，它否定了这根圆柱与这种意志的实际性。[1]

1　塔夫里，《祛魅的山》（The Disenchanted Mountain），见吉奥乔·丘奇（Giorgio Ciucci）等，《美国的城市：从内战到新政》（*The American City: From the Civil War to the New Deal*），Cambridge, Mass.: 1979。然而，塔夫里紧接着又正确地觉察到，路斯的“幻影”也可以被阐释为企图对新的对象，即摩天楼，实施“维度控制”，企图“完全占有构图元素”。因此，路斯的方案也能被理解为摩天楼建筑的有形本质、秩序本质的方案。

当路斯想要在价值方面提升他本人同大都市之间的差异时，他只能重返纯粹的希腊柱式——把它当作一种克服，当作一种伟大目的，当作同较低部分的质量无关的建筑，也就是摩天楼的基础。可这恰恰对立于维特根斯坦的家政所具有的古典特色，后者否定了一切“普遍灵晕”，否定了全部价值的再实现，否定了所有向大都市的申诉。由此我们便回到了它同路斯的“古罗马”观念之差异。

路斯的“古罗马”能在具体的建筑功能中工作和生存。而维特根斯坦的家政，正是通过它的奇异性，才显明了对本源的无限远离，以及对重新实现本源的彻底拒绝。维特根斯坦的古典本身并不呈现为沉默，它根本就是非居住的。古典的在场，无 - 限之光及其所包围和揭示的建筑物，在此重现为沉默、重现为缺席。另外，路斯的古罗马则起到了一种可能方向的作用，工程的话语能够采取这一方向。在维特根斯坦的家政中并未出现过这种暗示。即使就《逻辑哲学论》的教义、就其中所描述的句法可能性来说，它的激进性也是彻底否定的。如果说此处重现了这部著作中的什么东西，那便是最后几页中的难题。然而这个否定是路斯式折中方案的尺度，是其“中值性”（mediannesss）的真实参量，同时还暴露了它的室内机制，它从多个方面被隐藏的、被移除的面向。在某种意义上，尽管这两种态度之间、这两种工程之间存在着深刻的差异，维特根斯坦住宅依然是路斯式研究的“真理”。这个真理一旦得到把握，就不能被重复——否则它将会是装饰和混乱——正如对于韦伯恩来说，一个音符不能在序列的呈示部结束之前被重复。

但正如我们所看到的那样，自始至终，而且不管怎样，路斯在研究中的具体方法依然同维特根斯坦在解决方案中的激进性相冲突。“古罗马”绝不会是一个完全的综合，一个真实的、普遍的思维技艺，一个现实的社会。从这个意义上讲，路斯的乌托邦始终类似于新实证主义的乌托邦。这个乌托邦总是要通过它的撕裂冲突得到表现。因此它就不再是“古罗马”，不再是古罗马的理念，而是这些冲突，它们构成了始终在场的问题和路斯式构图的真正意义。

由于它的疑难特征，以及我们已经考察过的它的实际内容，路斯的“古罗马”可以被视为同维也纳美术史学派——尤其是弗兰茨·维克霍夫（Franz Wickhoff）和阿洛依斯·李格尔（Alois Riegl）——的研究紧密相联。[1]这项研究正是为了证实古罗马艺术同历史主义与魏玛德国的观念——把古典当作普遍——毫不相干；这个结论以这种艺术对时间维度、对体验的强调为基础。这种强调直接提出了作为生产者的主体之问题，提出了特定的诸形式之问题——生产性承担了那些形式，以便克服那种把古典当作诸原型形式之总体性、当作纯粹艺术的观念。“古罗马”的时间性提出了特定时代精神的问题，即艺术活动，它的过程，以及它的生产、流通与传播的诸形式。古罗马的“社会特征”所关注的焦点是艺术活动的生存形式。正是基于这些相同因素，路斯建立了自己的“古罗马”观念。

可是古罗马艺术形式的根本特征——更确切地说，它为何在现今重新成为一种疑难——取决于其构成元素和层次的功能多样性。这种形式不是魏玛德国新古典传统的全部意义所在，而是对这个问题的详尽再现，随着它的最初产生，随着它的不断发展，随着人们尝试解决它，直到它让位于偏颇的回答。这种再现不可

1　弗兰茨·维克霍夫（Franz Wickhoff）的《维也纳创世记》（*Die Wiener Genesis*）1895 年出版于维也纳；阿洛依斯·李格尔（Alois Riegl）的《罗马晚期的工艺美术》（*Spätrömische Kunstindustrie*）1901 出版于维也纳。

避免地归属于那个特有的时间维度，后者导致了这样一种结果：再现是过程、生成、事件，对它的分析应当阐明它赖以组成的多个方面——并阐明所有可能结果的不可避免的相对性，因为它们也从属于时间，它们本身就是时间。时间过程的相对性，本身就是在每一时刻所记录的每一结果的转瞬即逝。这种辩证法出现在构图本身之中：实际上，它代表了构图的意义。没有什么能永恒有效。

然而，诸关系的这种结合——过程的时间性和相对性，诸形式结果的转瞬即逝，还有再现——并非单纯“屈就”于这种事务状态，在其直接的否定中，它并未在家。它是冲突的、矛盾的——并且公开显明了这些撕裂。在时间中生活和工作的主体仍然想要达成完美的作品，尽管事实上它的表象必须通过时间性——在作品的种种质料、功能与目标中——才得以展开。主体在质料的生成中塑造了质料——可是他的意志并不影响结果的相对性与转瞬即逝所具有的那些直接的、先天的可定义界限。从这一基本视角看来，“古罗马”不仅再现了古典乌托邦的终结、对古典形式启示的怀旧乡愁的终结——而且再现了主体意志同它的各种表象之间那个可实现的综合的终结。主体在它的表象中永远不可能“在家”——在它的工作或它的艺术中也不可能。这个当代的异化命运早已出现在“古罗马”的概念中：它对于路斯的重要性，以及对于在20世纪头十年中造型艺术的先锋派运动的重要性，离开了这一关键事实就无法被理解。

“古罗马”出现在全部历史主义连续性遭到粉碎之际；路斯的矛盾总合——功能性同艺术、相对性同价值、重新肯定价值同不可能再现价值、表象的界限同超出表象的意志——就是“古罗马”。全部构图就是时间，是时间中的主体性，因而是转瞬即逝的——但与此同时，超越了这种表象，它又是无限的必然存在。因此，决定了构图的基础，是这个无 - 限的意志（基于时间性、经验和被根除性）同时间的质料之间的矛盾——所有这些元素既构成了时间，又构成了表象本身。这不再是分离派式样的“表现性”——悬而未决的张力、怀旧乡愁、乌托邦——而是表现主义（Expressionismus）：表明了一种既难以承受又不可逆转的撕裂。表现主义是自“古罗马”确立并演化而来的，李格尔将它综合进了艺术意志（Kunstwollen）的概念中。艺术是一种自然意志（Wollen）的表现：这个意志是时间，是生成。它的语言始终处于一种未完成状态；它是造物（creature）的永远多元的语言。所以它的产物既不能表现任何一种无所不包的理解，也不能表现任何对生成过程的统治——相反，它们再现了这个意志内部的诸产物与诸时刻。[1]

正是通过艺术意志的概念——意志在艺术创作过程中的困境——李格尔的“古罗马”同分离派意识形态的危机与表现主义的出现取得了深刻的联系。在李格尔的艺术意志和路斯的“古罗马”这一语境之外思考表现主义，从哲学上讲是不可能的。表现主义不再是古典调性关系的悬搁，而是它的中断，超越了一切复归的可能性。艺术意志断言了作品中不可逾越的时间性——然而这种时间性是耗散、流动、冲突。“古罗马”是古典乌托邦的中断——然而它所特有的形式却显现为被撕裂的。表现主义的根源在“古罗马”中：“伟大的维也纳语言大师们”之间存在的“亲和力”就建立在这个基础之上。这样，就不难理解从根本上将路斯同科柯施卡（Kokoschka）关联在一起的深刻关系——以及路斯

1　因此，借助新康德主义的术语，将艺术意志阐释为艺术活动的某种先天性，这是错误的，而这正是欧文·潘诺夫斯基（Erwin Panofsky）所努力尝试的，他的《艺术意志的概念》（The concept of Kunstwollen）一文发表于 1920 年。

同所有版本的分离派意识形态的决裂，相比克里姆特的“悬搁”和怀疑，这种决裂反倒更类似于盖斯特尔（Gerstl）、席勒（Schiele）和科柯施卡的努力；也不难理解这项研究和勋伯格在同一时期所进行的研究之间的联系——尤其是勋伯格在决定性的那几年里所感到的对绘画的需求。[1]

但是，将李格尔的艺术意志同表现主义所特有的概念联结在一起的根本链条，直到本雅明论悲悼剧的文章出现后，才得到完全阐明。[2]而我们的探究也必须就此告一段落。本雅明的文章实际上是对激进先锋派的详尽阐释，它开始于李格尔的名字，结束于对表现主义美学的一般概述。本雅明还给出了另一条联系——将我们带回到当时的维也纳语言学，对此我们已经分析过了：以霍夫曼斯塔尔关于造物、生命和语言的戏剧为标志。[3]霍夫曼斯塔尔笔下的形象能够承担一种审美哲学的重要性，因为他们是时间的造物，是对艺术意志的瞬间再现，是“古罗马”戏剧的主人公。

1 在《画家的影响》（*Malerische Einflüsse*）这份 1938 年的手稿中，勋伯格用大量笔墨讲述了自己与盖斯特尔、科柯施卡的关系（有关与盖斯特尔的关系，参见施图肯施密特，《勋伯格：生活，环境，创作》）。尤其是关于盖斯特尔，勋伯格强调其绘画所具有的独特性，并且正确地看到了他依然受德国的利伯曼（Liebermann）学派影响。关于科柯施卡也是一样，勋伯格强调他的作品具有精神与音乐的方面，对立于表现主义的再现。“我从来都没有画过肖像，但是，自从我看到人们的眼睛，我便画下了他们的目光。于是我能够在一个人的眼睛里画出目光。只需一瞥，画家就把握住了整个人——而我则把握住了他的灵魂。”（《阿诺德·勋伯格纪念展》，202，207）

2 本雅明，《德意志悲悼剧的起源》（*Origine del dramma barocco tedesco*），Turin, 1971。

3 有关本雅明同霍夫曼斯塔尔之间在某段时期存在过的密切关系，见拙文《无法通过的乌托邦》（Intransitibili utopie）。

第三部分

路斯和他的天使

10.路斯和他的天使

在攻击“创造的生活”这个恋物时，本雅明将路斯和克劳斯一同引入了那篇关于克劳斯的著名论说文。[1]“还有什么能比总是盯着镜子的美更不合群？”克劳斯于1915年在一篇寄给路斯的文章里写下的话，或许是有关他们的“亲和力”最重要的记录。[2]生活的非道德性（Unsittlichkeit des Lebens）、品格（ethos）的绝对缺席，是否有可能从一束比分离派的品位野蛮化更加悲惨的光亮中产生呢？[3]正是分离派模糊了骨灰罐同尿壶之间的差异，废除了文化的范围，[4]作为文化右翼（Rechtsgeher der Kultur）和少数维也纳反对者（Antiwiener）当中的一分子，阿道夫·路斯始终与之进行坚决斗争。[5]在克劳斯同新闻业的斗争和路斯同装饰的斗争之间，本雅明所建立起来的紧密联系正是《火炬》的一个主题：“短语是精神的装饰。”（Die Phrase ist das Ornament des Geistes.）[6]

1　本雅明，《卡尔·克劳斯》（Karl Kraus, 1931），见《反思》（*Reflections*），New York: 1979。

2　克劳斯，《服务于商人之美》（Die Schoenheit im Dienste des Kauffmanns），见《火炬》，1915（413-417）。

3　克劳斯，见《火炬》，1901（89），21。

4　克劳斯，《夜间》（*Nachts*, 1918），见《言说与反驳》，293-294。

5　克劳斯，《黑魔法导致的世界末日》（Untergang der Welt durch schwarze Magie），见《火炬》，1912（363-365）。

6　克劳斯，《日记》（Tagebuch），《火炬》，1909（279-280），9。

短语把语词置入流通和消费当中，装饰品又为它妆点打扮。记者与审美家同样是真正的现实政客（Realpolitiker）。[1]

不过所有这一切也可以很容易地依据去神秘的合理化得到阐释。的确，对路斯的理解大致上依然如此。[2] 只有一个例外：在关于克劳斯的文章末尾，本雅明唤起了新天使这一形象之谜。克劳斯是一位谜之信使。在某种程度上，他展示出了自身隐秘的撒旦主义本质。实际上，他自身的这一面向——确切地说，针对权利——以傲慢的姿态出现，并自我炫耀，因为他在语言中所推崇的正义图像更胜过权利。本雅明极为准确地把握到了这一过程的狂妄自大，那正是在克劳斯的审判庭上所庆祝的：遭受控诉的（天使的撒旦主义面向想要打击的）乃是权利（“权利的构造性歧义”），权利的实存亏欠了语词和正义，可它的规则系统却宣称自己同后者无关。[3] 权利属于短语和装饰的世界，并且不断背叛语词的神圣正义——职此之故，对权利而言，语词本身呈现为毁灭性的。

但即使对于克劳斯来说，尤其是对于那个抒情的克劳斯（这一面向当然最为本雅明所赞赏）来说，天使那控诉的一面仍然承担了一种悲叹调。这要归因于“悲哀”（Klagen）一词双重的、不可分割的含义（哀悼与责难）。克劳斯的指控覆盖了无边无际的悲伤之地（Leidland）。[4] 响彻悲歌（Klagelied）的悲叹之声愈是清晰，人们就愈是能深刻地理解天使形象的另一面——救赎之理念。这个理念是一个绝望的理念，就这个词的字面意义而言——

1 克劳斯,《夜间》, 见《言说与反驳》, 287:“在美的领域中, 审美家就是现实政治(Realpolitik)的真正捍卫者”: 政治的自主性就如同为艺术而艺术!

2 见本书第二部分。

3 本雅明,《卡尔·克劳斯》, 见《反思》。

4 这是《杜伊诺哀歌》最后部分的支配性主题。而沃尔夫(Wolf)和马勒的歌曲(Lied)同样是悲叹之歌(Klagendelied)。

没有希望。的确，天使并不朝向未来。[1]他不受未来的魅力所惑——他被推进未来，却是背着身子的。他的希望并非历史连续体的一部分；希望不为任何定律或任何因果链条所允诺。[2]救赎之理念——其形象同样是这个天使——位于悲伤之地的边缘极限，它属于当下时日（Jetztzeit）的维度，属于那个引爆“现时的统治者”之基础的时刻。当下时日之维度恰似那个作为语词的正义之维度，后者指控并摧毁“构造性”权利。[3]

如同天使的那双眼睛一般，克劳斯和路斯的眼睛只能看到废墟的不断积累。他们不可能停留于重建已经破碎的东西，那并非他们的任务。在本雅明看来，“有节制的语言”为克劳斯的作品赋予了持久的质量，它正是这种限制的语言。不论控诉的狂妄自大何等过分，它也从未被混同于对救赎的要求。救赎之理念，仅仅在当下所把握的弥赛亚时间的“散落断片”中一闪而过。当下的每一秒钟都可能是那个时刻，是弥赛亚侧身而入的那扇窄门。不过天使要宣布的并非这个时刻的到来，而是我们被赋予了些许微弱的弥赛亚力量，“这股力量的权利属于过去”。天使控诉“历史主义的窑子”并申明这些许微弱的力量。他不能救赎——也“不再唱赞歌”。[4]他永远丧失了同上帝的御座之间质朴的、直接的亲近，并且堕入历史的灾难已经“有一段太过漫长的时间”[5]——可是他无法像一个重生的赫尔墨斯、一个灵魂引导者那样，让自身脱离这个灾难（也无法让自己的人类伙伴脱离）。来自天堂的风

1　本雅明，《论历史的概念》（*Über den Begriff der Geschichte*）。

2　参见拙文及其他文章，见我编的《时间的关键性》（*Crucialità del tempo*），Naples: 1980。

3　在维特根斯坦那里，我们同样发现了这个主题——对构造性建成（Aufbauen）的批判，见《杂论集》（*Vermischte Bemerkungen*），Frankfurt am Main: 1977, 22。

4　格哈德·肖勒姆（Gerhard Scholem），《瓦尔特·本雅明和他的天使》（*Walter Benjamin e il suo Angelo*），Milan: 1978, 61。

5　本雅明，《撒旦天使》（*Agesilaus Santander*），第二稿正式版（1933），见肖勒姆，《瓦尔特·本雅明和他的天使》，23。

暴令天使狂喜不已；他想要幸福。而这就是他仅有的“讯息”。他被罚在通往自身本源之路上直到永远。在通往语词之路上的克劳斯和路斯也是一样。

些许微弱的力量。赞歌一度能够尊奉神圣正义的图像。悲叹与悲歌无限地远离它。可只有在源初状态下转瞬即逝的天使，才能被转型为历史的天使。当工作变得“沮丧”时，他由此也就从那消散至虚无的源初命运中解脱出来。也就是说，他转瞬即逝的本质是停滞的。他在瞬间中持续。此前，他的赞歌仅仅持续了顷刻，但那是为赞颂不变者而唱。如今，他的赞歌是无尽的漫长与耐心，却已经变成了仅仅面对着事件链条和残片时的悲叹之歌（Klagendelied）。时刻的维度本身是这个时间结构的一部分。它的转瞬即逝已经是*未 - 完成的*（im-perfect）。假如天使的本源、他理应前往之处，是在消散至虚无前持续了仅仅顷刻的赞歌之纯粹声响，那么他的讯息中最隐秘的内容便是*完成的瞬间*（perfect ephemeral）。这个辩证法解释了本雅明关于克劳斯的文章最后一页中提到的谜。在那里，本雅明一方面申明克劳斯的写作建立起了“对永久性的支配”，并且“已经开始步入不朽的行列”——另一方面又断言他的音调模仿了“飞快消失的”新天使。他的语言在继续：如今它是事件链条中的冲突。然而他的语言也模仿了赞歌那完成的转瞬即逝；“在任何道路上都没有什么可期盼的”，它并不指引返回在那个时刻被宣读的语词，那个神圣正义的图像。那个时刻是源初的、完成的瞬间的一个形象。耐心的等待则是未完成瞬间的一个形象——这个瞬间持续，而且被迫持续，却能在这场等待中模仿赞歌的语词。

这个绵延就是忍耐，它同瞬间的关系之痕迹，通过事件与时刻、赞歌与悲叹之歌的二元对立，支配了克劳斯和路斯各自的全部作品。它“渗透”到了瞬间当中。通过九百二十二期刊物与三十七个年头，《火炬》在瞬间中忍耐——通过这个忍耐获得了它的绵延性。在路斯的《他者》中，这个维度甚至更加明显。他们的眼睛太过专注、太过断断续续地贯注于事件链条——在天使看来则是“一场彻头彻尾的灾难”——以至于他们被转换为那个链条，变得无法从中辨识，成了它的一段难解难分的引文。他们所忍受的耐心“拥有刀锋般锐利的爪子和翅膀”，但正是这个耐心保存着“希望之光”，并且在当下展现出弥赛亚时间的“散落断片”。[1]他们既不重建也不唤醒碎片，却懂得如何将其聚拢在一起，并收集起来。碎片被收集在他们的目光下——而且不是表现为过去式、不是表现为已死的。他们必然无力去创作，难以记住和收集，并且同当下相抵触，尽管如此，他们仍然留意废墟对我们的现在所具有的权利，那废墟在我们脚边无休无止地越堆越高。所寻找的语词和对语词的找寻，正是那样一种姿态，它一再重新点亮过去的希望之光。

因此，它和那种在瞬间中单纯为了计算与合理化的忍耐恰恰相反。这个瞬间不断寻求对那个时刻、那个幸福的模仿，幸福将随着复归到赞歌那完成的转瞬即逝、复归到对神圣正义的直接赞美而出现。瞬间并不是我们在其链条当中占据位置的事件——它是多元的事件，是天使所看到的那个灾难，它正设法从背后拖着他“进入它所出自其中的那个未来”。归根结底，他所寻求的是幸福，而不单单是事件的永恒复归。同历史主义均匀和空洞的时间相对，他所宣告的也并非永恒复归的循环时间，而是超越了全部绵延的那个时刻，是每一秒当中都可能携带着的那个时刻。假

1　本雅明，《撒旦天使》（*Agesilaus Santander*），第二稿正式版（1933），见肖勒姆，《瓦尔特·本雅明和他的天使》，24。

如这种张力从克劳斯的作品中消失的话，剩下的就不过是控诉者的面孔、“权利”的面孔，而非希望与“正义”的面孔。同样，在路斯那里，人们所能看到的仅仅是构造的单纯性，是前卫式样，是空洞和均匀的绵延图像。当然，只有在那些罕见的、幸福的时刻，克劳斯才会哀悼自己过分微弱的力量，当他收集碎片并携带着碎片进入一种比所有批判、所有判决更加深刻的同情之中——但是在克劳斯和路斯看来，过去依然在受苦并希望着，它谋划着同我们的秘密谅解，等待着我们。可是尽管他们的眼睛转向过去，他们却从未试图在那里寻找什么“永恒图像”，或者同转瞬的当下相对立的什么模度。他们眼中的过去没有片刻停歇，就好像没有直达未来的飞翔一样：他们背对着未来。过去被转换为一种活生生的、持续不断的追问所具有的视像与声像——被转换为一个绝妙的疑难。正是在这个通过最漫长的探寻、通过最漫长的等待才发展起来的关系中，我们被拉向未来。实际上，我们所说的未来就发生在这个对话中。克劳斯和路斯所特有的语言就是这个对话：这个关系——它愈少怀旧乡愁就愈加坚不可摧——不是无条件地同传统相关，而是同在语言中保存了“找寻失落的原始图像”的那个传统相关，[1]它并没有模糊掉时刻与希望之间的差异，赞歌、悲叹与控诉之间的差异。

职此之故，这个关系的语言就不可能被包括在批评的语言里。在批评中，聆听的时刻仅仅是通往判决宣告之路上的片刻旅程而已；它是一个永恒的“很久很久以前”。判决是公认规则的应用。批评总是展现一种实定权利。只有在它的视角中被捕获的客体才是转瞬的——然而这个视角想要成为真正的、正当的，想要克服瞬间。另外，就其整体而言，天使的语言被包含在瞬间当中——

1　克劳斯，《夜间》，见《言论与反驳》，290。

在既是本源又是终点的、完成的瞬间，同它那悲叹之歌的、未完成的瞬间之间。同救赎相比，判决不再是它的任务：假如它能领会并充分解释碎片，它就能重建它。它的无限耐心象征着——对断片给出判决所依据的——这个“中心”的不可触及。

这个耐心所采取的形式，也许就是评论的形式。它不仅不同于批评的视角，而且不同于论说文的视角，后者在围绕着文本的反复思考中限制和支配了文本，甚至还瓦解了文本的中心。评论同文本（“永恒图像”）毫不相干，它是易变的风景，其轮廓不可预知。评论的“文本”就是那个无尽延展、不停堆砌的事件链条。评论的客体和天使的目光一同飞走。但是在这个“一同”里没有共感（Einfühlung），没有从游移不定的素朴情操中取得相互认同。差异是无法逾越的。评论致力于倾听这些断片——通过赋予和取消自身形式，它们激发起过去的场景。这个场景同样是转瞬的，因为它在每一时刻都改变它的立场与观点，然而评论却总是在它们面前。它不仅在瞬间中持续，而且在这个差异中持续。正如肖勒姆在本雅明的语言中敏锐地捕捉到的那样，“评论的秘密生活”源于这种难以抑制的在场——断片，“文本”，预先假定——任何批评的炼金术也无法消解或囊括它。评论的形式就像古代评论所具有的“充满权威性的古体文本”[1]一样缺乏创作自由。评论并不“沉迷于创造性”，它不从镜子里看自己，它不像判决那样突如其来。[2]它把生活交付给同过去的纠缠、交错、对话，它的未来便如此发生。它从未把自身设置为自主和自由的新恋物。而救赎的希望，一个无法被言说的希望，仅仅保存在它的阴郁之光里。

可这恰恰是评论的悖论之所在：它不再立于肖勒姆所提到的

1 肖勒姆，《瓦尔特·本雅明和他的天使》，109。

2 本雅明，《卡尔·克劳斯》，见《反思》，132。

文本之前。它的“文本”就是瞬间。瞬间和它的运动、它所堆砌的追问与期待，被当作仿佛依然只是文本，仿佛依然拥有权威性，这意味着以深刻又绝望的严肃态度拥抱瞬间。这正是《火炬》所传递的典型讯息。路斯的作品就处在这个“仿佛”的界限之内。但这个瞬间的图景之所以可能，正是由于在任何一个时刻，就像我们所看到的那样，它都有可能见证那个无法预知的时刻、那个幸福的时机——打断事件链条，并救赎过去本身。对于那些不仅想要结束构造性的（“创造的”）权利，而且试图在瞬间中把握和证明“希望之光”存在的人而言，评论的形式是必不可少的。路斯执着于摒除语言，因为语言要求从一切预先假定中解放出来，并充当自在的文本。他在其中看到了恶魔般的姿态，那些抛弃掉过去的人，他们不承认过去对我们所具有的权利，因而执意要求颠覆它。先锋派的“自由”及其批评的狂妄自大，打破了天使形象的脆弱平衡，并将它宣告给我们的微弱的弥赛亚力量挥霍殆尽。一方面，先锋派裁决了“很久很久以前”，将事物还原为“永恒图像”；另一方面，它又把目光转向了未来，像个算命先生一样，寻找“藏在子宫里的东西”。然而在天使看来，当下的瞬间感觉到过去的瞬间，它的未来取决于本源的时刻。无论如何，天使又怎能摧毁一切预先假定，假如他所渴慕的那个幸福本身就是被预先假定的?

11.忠实存在

路斯在许多场合声明了他的工作是对传统的评论。米歇尔广场的商住楼是维也纳建筑的一个疑难：只有在这个背景下它才能被理解，才能同霍夫堡皇宫展开对话，才能“以过去的维也纳大师们的方式”[1]解决构图的追问。在1910年的《建筑》(Architecture)这篇重要文章里——我们将会在本章末尾回到这个问题——路斯通过甚至更加一般的术语再次确认了一个事实，那就是他属于语言的历史，属于思想赖以生长的这个唯一土壤。[2]对“创造的生活”这一恋物的批判，在此变得激进：他反对那种带有传统与归属意义的孤芳自赏的唯我论。他同样反对“被发明的”建筑，这个谎言伴随着我们，连同“真理，尽管它已经有几个世纪古老”。[3]

有必要对这些主张所包含的哲学进行详细论述，它在逻辑上源于路斯的评论。它们的重点并不在于对家长制手工艺文化的怀旧感伤；它们的论战标靶是作为支配者的建筑师——一个意义、一个方向、一个组织，支配着质料和语言的结合，这种结合生产出作品。透过建筑师在“艺术创造”中表现出的对新事物的热切

1 路斯，《一封信》(A Letter, 1910)，见《言入虚空》，239。

2 克劳斯，《夜间》，见《言说与反驳》，280。

3 路斯，《山区的建造规则》(Guidelines for Building in the Mountains, 1913)，见《言入虚空》，272。

渴望，路斯发现了这样一种伪装，它试图树立起一种作为文本的作品，或者试图树立起一种充当核心语言的作品，围绕着作品的其他语言退化为手段或工具，而那些过去的语言则变成了一幅“永恒图像”。路斯的观念似乎同维特根斯坦对“单一语言”能够“再现”世界的批判非常接近。[1]在这一点上，通过多元的游戏、向世界开放的构成形式、生活的诸形式，世界得到“再现”。任何游戏都无法独自地或自在地被理解。它们总会遭遇彼此，相互争论，并且存在于一个开放和对话的维度之中，这个维度拒不接受单一的解决方案。路斯同手艺人的关系是对单一语言的持续追问，是对作为语言游戏联结体的语言不断地问题意识化，重复断言了谈论一种语言（或者一种游戏）完全是抽象化。语言是传统、使用、实践、领会，以及存在于朝向世界的各种开放之间的矛盾：它是事件的堆积——它所要求的不是冥想，而是天使的短暂目光，天使记住并收集，象征着“我们所是的话语”。[2]

由此看来，路斯对建筑“退化”至绘图艺术之层次的批判，承担了特别的重要性。“一切新建筑都是在绘图台上发明的，绘图成品后来才得以具体实现，就像蜡像馆里的绘画一样。”[3]值得注意的是，在路斯六十岁生日的纪念文集[4]中，竟然是勋伯格强调了他的作品中这种空间的、三维的特征。对于路斯来说，这个问

1　严格地讲，我们应当说“第二个”维特根斯坦。然而关于这个问题，特别参见阿尔多·加尔加尼（Aldo Gargani）的近期著作《分析的风格》（*Stili di analisi*），Milan: 1980；以及《奥地利与英格兰之间的维特根斯坦》（*Wittgenstein tra Austria e Inghilterra*），Turin: 1979，尤其是专门讨论路斯的部分，41ff.。

2　有关这一章，参见卡尔-奥托·阿佩尔（Karl-Otto Apel）的重要文章，《“语言分析哲学”的发展和“精神科学”的疑难》（Lo sviluppo della “filosofia analitica del linguaggio” e il problema delle “scienze dello spirito”, 1964），见《共同体与传播》（*Comunità e comunicazione*），Turin: 1977，47ff.。

3　路斯，《建筑》，见《言入虚空》，246。

4　《阿道夫·路斯：六十岁生日纪念文集》（*Adolf Loos: Festschrift zum 60. Geburstag*），Vienna: 1930。

题不仅暗示了一种语言——在这个例子中，是建筑的语言——的特异性，而且表明了不可能将任何语言或语言游戏还原到书写，不可能在其书写记号的单一维度性内说明和解决一种语言游戏的开放性。“支配性的”建筑师通过铅笔和书进行支配：书写的工具与书写的结果。工作服从筹划。筹划引导了手工艺劳动的实践。这个辩证法所表现的语言观念，为制定规划的知识分子和他的书写奠定了核心地位——在语言实践中，意图、使用以及生活的诸形式紧密交织。路斯式语言是一种实践，它令自己赖以组成的各种游戏彼此相关——它追问它们，在它们中间建立起困难的话语。它是古老大师的语言，质料的语言，手艺人的传统。路斯没有那种筹划，即对这些游戏进行综合，或者能把它们限制于一种语言——反倒只有一连串审讯、错误、建议与姿态的过程，在这个过程中，唯有可能者才被再现，那就是朝向规则转型的开放性，而那些规则迄今一直具有现实效力。

对于路斯来说，手艺人是归属所特有的形象。他证明了游戏的维度排除掉全部审美哲学的唯我论。参与一个游戏是学习和风俗的成果。一个人如果不能使自己归属于、习惯于塑造了游戏的那些规则，他就不能玩游戏。从这种“习惯”中产生了新的结合、新的可能性。愈是深入参与一个游戏，这种开放就愈是由练习本身、由习惯涌现出来。真正的当下有其深厚的根基——它需要古老大师的游戏，需要他们遗留下来的语言。因此，这项传统并非从书本到书本、从绘图到绘图、从线条到线条那样展开，而是服从游戏在语言之间、在语言练习之间漫长的迂回、等待及迷宫。

然而这里出现了一个问题，一个对维特根斯坦来说同样核心的问题，那就是这个归属的维度同选择、决断、革新意图之间的关系——离开了这一点，游戏的转型将会是不可思议的，或者将会被还原为一种自然的、生物学的变化。“遵守规则，作报告，下命令，下棋都是习惯（习俗，制度）。”[1]语言是一种只有经由习惯才能掌握的技术，通过归属于它——也就是说，通过练习它。可是维特根斯坦似乎假定习惯同选择处于显而易见的相互对立之中：“当我遵守规则时，我并不选择。我盲目地遵守规则。”[2]遵守规则似乎取缔了一切违反的可能性和作决断的意愿（作决断就是打破规则）。在路斯那里，我们同样发现了那种暗示，也就是让人就其自身假设一种归属于游戏、归属于传统的“盲目”观念。“愉快地回荡着斧头的撞击。他（木匠）在建造屋顶。一个什么样的屋顶？美丽的，还是丑陋的？他不知道。那就是屋顶。”在建造自己的房子时，农民“遵守他的本能。那房子美吗？是的，它像玫瑰、蓟、马还有牛一样美”。[3]难道说农民因此就“盲目地”遵守着迄今一直在进行的那个游戏的规则吗？难道说马具师傅，就像《他者》中一个难忘的段落告诉我们的那样，因为他“并不知道”他在制造哪种马具，而同分离派的发明相对立？难道说训练和习惯所创造的近乎自动的练习同决断的可能性——这种可能性因此归属于一个完全不同的体裁，即作为一种绝对语言练习的艺术的体裁——全然矛盾？正如我们能看到的那样，这样一种阐释造成了无法逾越的困境。如果艺术也必须被定义为语言游戏的一种结合，它的维度就不可能超越同游戏结构相关联的归属与习惯之问题。一种不同的艺术观念必然会导致那种生活的非道德性，后者在克劳斯所说的孤芳自赏的图像中自有其象征。在艺术游戏

1　维特根斯坦，《哲学研究》（*Ricerche filosofiche*），马里奥·特林凯罗（Mario Trinchero）编，Turin: 1967, 107。（译按：中译参考维特根斯坦，《哲学研究》，李步楼译，北京：商务印书馆，2000。）

2　同上，114。

3　路斯，《建筑》，见《言人虚空》，242；另见 272, 278。

的“家族”同手工艺练习的“家族”之间，差异必须被时刻当作疑难予以重新审视，不仅如此，通常来讲，假如一方是习惯和风俗，而另一方是例外和革新，那么它就不能以这两者之间的区分为基础。在我看来，尽管其评论的精神存在着些许显而易见的批评特征，整个路斯式美学依然沿着这个方向运动，也就是说，它总在尝试去定义不断变易的空间界限，在这个空间中，艺术的练习同手工艺的练习相互之间既和谐又对立，变得彼此相对，不曾要求让位于某种代表了一切的单一语言。

路斯的手艺人实际上未曾觉察到这样一个事实：他是现代的。他的目的，他的图景，并非专注于当下，更非未来。但是他的确有一个目的：评论的目的。他的目光固定于他所遵守的传统，固定于那个支配着他，却又是他的思想赖以在其中生长的语言。因此，遵守传统，就是让这个思想发展——从本质上讲，就是选择这条遍布崎岖坎坷与错误转折的耐心成长之路。任何由规则指导的行为都不是单纯限定的，而是隐含着一种领会。[1]遵守规则的欲望是一个自在的目的。保存这项规则的欲望不是“本能”，而是像路斯就“马具师傅”所解释的那样，是一个决断，它打破了和艺术家的想象力这一恋物之间的全部“同盟”。马具师傅自觉地返回他的马具；他知道他制造哪种马具。可是这依旧没有解释有关艺术的路斯式问题意识，而这一点正是我们随后将要面对的；它反倒解释了在什么条件下可以决定——存在于艺术的维度同手工艺的维度之间的——交互关系与密切亲和力。手艺人在游戏中的严谨参与无论如何也不应被当作一种盲目的遵守，而应被当作对一种受到寻索与珍视的习惯之更新。它是一种缺乏重音的、几

1　阿佩尔，《“语言分析哲学”的发展和“精神科学”的疑难》，见《共同体与传播》，97ff.。在这一段中，阿佩尔批判地总结了彼得·温奇（Peter Winch）的《社会科学的观念及其与哲学的关系》（*The Idea of a Social Science and Its Relation to Philosophy*, 1958）。

近沉默的关系——就像老菲里希（old Veillich）和他的椅子一样。

然而正是在路斯最优美的篇章当中的这些段落，解释了我们到目前为止所使用的术语——习惯、学习、实践——就“消失的大师”而言，应当如何被理解。这样一种理解，同样应当使我们到达维特根斯坦式思想的背景——在我们所提到的那些段落中，它已经为盲目的盎格鲁 - 撒克逊分析所征用。习惯不是重复，它不是形式与行动的自动复现——它是品格。在有关习惯和风俗的盎格鲁 - 撒克逊见解中，品格的意义完全丧失了，就好比在对路斯的“现代”阐释中，他的“罗马性”、他的古典罗马的那一面完全丧失了。[1] 习惯是对传统的自觉归属——它愈是自觉的和持久的，就愈是被承认为游戏，它的语言也愈是相对于这个事实。归属于瞬间——在众目睽睽之下，评论的意义回到了此时此地。路斯告诉我们，菲里希凭借何等的耐心与无尽的关怀去制作他的家具。在他的工作中，遵守规则是一项完全服从于正义的权利，无论有多么易逝与不确定，它仍然取决于对传统的保存，取决于对自身语言的关怀，仿佛它依然能充当文本——一项权利，它服从于这种品格的正义，远离而且对立于任何一种道德。然而习惯也是忠实。正是忠实，将路斯绑定于菲里希，并将他们一同绑定于那个持续的东西：质料的美，传统的幸福形式。通过这种方式，菲里希创造了也许是最易逝的事物，家具，他生活在那个持续的东西之中。通过这种方式，路斯在写作《他者》时表明了他懂得如何持续。忠实不能是简单的限定，或者盲目的遵守。忠实在那个众所周知的易逝中持续——因为不可能存在那样的忠实，那里的人站在语言的、解决方案的坚硬岩石上。人们或许只有在事物死去的地方才会谈论一种忠实的品格。

1　E. 西博尔（E. Sibour）给出了一些有趣的评述，参见《阿道夫・路斯：一位“梦中的塞巴斯蒂安”？》（Adolf Loos: un “Sebastiana nel sogno”?），见《新潮》，1979（79-80），315ff.。

菲里希的椅子伴随他一同死去。路斯为自己的朋友写下了最为优美得体的讣告。忠实的品格揭示了本质原因，即手艺人的实践在路斯那里为何对立于一切盲目的遵守，但是这个品格并非语言游戏的永恒与必然结构，后者能够以某种方式被分解成一种抽象的逻辑。这个品格与菲里希一同死去。它属于历史——属于那个事件链条，后者对于天使而言是一场彻头彻尾的灾难。从这个角度来说，把那种对传统的路斯式忠实转译为风俗和习惯，这总归是不可避免的，无论它在维特根斯坦看来有多么可怕。当然，在这种转译中一切都丧失了。可是在现实中，一切无论如何终将丧失："逝者如斯夫。"[1] 任何受规则引导的行为都暗示了一种理解，即每个传统都在那个承担着它的目的之中被更新，即使对此心知肚明也无济于事——因为这只不过把疑难变成了这种理解、这种目的的历史。忠实的品格暗示了一个忠实的主体，它并非通过世袭被传承。它暗示了一个决断、一个选择，只有菲里希才知道它的秘密，以及"我为什么应当揭开有关一个不再存在的作坊的秘密？"[2]

在《杜伊诺哀歌》中，里尔克似乎谈到了同一个秘密。被人阐释的世界（gedeutete Welt）——克劳斯也谈到过，在上文所引的寄给路斯的文章里，呈现出一幅绝望的图像——或许受到了这样一种抗拒："也许有一棵树为我们留在山坡，/ 我们每天看见它；昨天的街道 / 为我们留驻，一个习惯培养成忠实，/ 它喜欢我们这里，于是留下来不曾离去"[3]。忠实存在（Treusein），即忠实的品格，

1 路斯，《约瑟夫・菲里希》（Josef Veillich, 1929），见《言入虚空》，373。

2 "我们为我们的工具服务。我们从属于我们的雇员……我们消费，为了让那些生产者能够消费。我们不是为了活着而吃，我们是为了吃而活着——不，我们甚至不是为了吃而活着，而是为了让其他人能够吃。"

3 赖纳・马利亚・里尔克（Rainer Maria Rilke），《哀歌之一》，第 13-17 行。（译按：中译参考里尔克，《杜伊诺哀歌》，林克译，重庆：重庆大学出版社，2015。）

成了一种习惯，它被弯曲和扭结——变得几乎缺乏目的，缺乏任何新的开放。此处的 Gewohnheit 似乎被翻译为习惯和风俗——它仿佛变成了一种盲目的遵守。可是在忠实存在中依然回响着对传统的路斯式忠实。里尔克的诗句包含了一种历史，即“衰退”的最后阶段：正是衰退令忠实存在“培养成”沦为简单习惯的地步。在忠实存在中，评论发现了自己的完美典范，只要它依然承认自己的起源：心智（mens）、设计（comminisci）——假定激烈的心灵足以将自身转型为想象（Imaginatio）。然而习惯不可避免地从忠实存在那里被分离出来，就像菲里希从他的刨床那里被分离出来，以及路斯从菲里希那里被分离出来一样。

《杜伊诺哀歌》力劝我们向天使展示出单纯、平凡（das Einfache），后者被一代又一代人塑造与重塑，因而忠实于每一代人。我们应当展示给他的东西并非不可表达，而是因为我们对此依然陌生。尽管这些东西是死的。

12. 他者

忠实于对语词之正义的找寻，这隐含在反对权利的斗争中；忠实存在的单纯性抵抗着权利的诸规则。这个基本主题在《他者》的段落里几经变化——作为对彼得·阿尔滕贝格编辑出版的《艺术》（*Kunst*）之补充，这份评论仅仅在1903年出版过两期。《他者》显然在模仿克劳斯的《火炬》，尽管如此，就某些方面而言，其写作风格——尤其是那些出自路斯的手笔——更接近阿尔滕贝格。[1]相比批判的紧凑节拍，它更接近漫步的忧郁节奏。在让他既爱又恨的维也纳，路斯往返于各种不同的场合之间，研究它的风俗和色彩，并徘徊在商店的橱窗前。漫步的同时，他也在判断和讲授。可是他的活动无需教师的书桌或讲坛——这也为判断的“魔鬼”投上了一束讽刺的光。批判的形式在此“溢出”至瞬间中：正如我们所看到的那样，它以极端严肃的态度构想了瞬间，却将它构想为易逝的，并未以任何方式假装要克服或升华它。批判本身最终变成了对瞬间的面貌和语调的展览。路斯通过“漫步”、暗示和提示来讲授。而在触及那些简明扼要的格言、富于启发的趣闻所具有的单纯性与清晰性时，他的思想则是最具穿透力的。评论非常接近这种话语模式，它承担着令自身遭受模糊与误解的

1 关于阿尔滕贝格，见拙著《来自斯坦因霍夫》，218-219。

风险，后者属于它此刻冒险进入的瞬间之维度。评论愈是接近活的话[1]，它就愈会成为真正的话语和对话，在理解与模糊之间永远保持平衡。

阿尔滕贝格的第一本短篇集题为“依我所见”（*Wie ich es sehe*）：“依我所见”——而非依我所思或依我判断。思想的生长有赖于视觉，有赖于视觉的语言。这是阿尔滕贝格对克劳斯的“火炬”给出的根本补充：语言通往和视觉一样丰富多彩的世界——语言观看世界。视觉并不理会纯粹我思——它被系于一个生活、运动、受苦、追求快乐、感受乡愁的身体，并且被关联于一个象征着这种乡愁的名字（彼得·阿尔滕贝格：这个昵称来自他的第一个情人，也是她在多瑙河畔生活过的小镇的名字）。从一开始便没有进入视觉的，也绝不会在判断中被发现。思想不是一种超越视觉的行为，而是视觉的最大孔径：视觉在它的语言中重新发现自身传统的丰富性，并通过保存它们来制造更新。《他者》训练我们观看。路斯在邀请我们陪他一起散步的同时教育了我们。

“印象主义”这个术语被错误地安在了阿尔滕贝格身上。如果这个术语——正如它看上去的那样——是为了暗示一种视觉的直接性，那么它就不可能被应用于阿尔滕贝格，甚至更不可能被应用于路斯。阿尔滕贝格的视觉是一种视力同语言、视力同思想的形式。“灵魂的电报风格”所意指的并非某种假定的基本敏锐视力，而是一项缩减、透析、净化的工作。“一个人用一句话、一次灵魂的经验用单独一页纸、一处风景用一个单词”[2]所描绘的特征并不属于某种如神话般最初的、起源的视觉，而是属于这样

1　在基督教传统中，“活的话”（living word）特指上帝所说的话。另见本书第 15 章。——译注

2　阿尔滕贝格，《白昼带给我什么》（Was der Tag mir zuträgt，1901），见《生活的故事》（*Favole della vita*），Milan: 1981, 99。

一种视觉，它和语言及思想一同生长并暴露出它们在身体中的根基，这个根基同后来那个麻烦的、矛盾的、分析的“我”之维度相适应。因此这种目光并非在瞬间中被耗尽，而是为了持续才流入它。

从这个角度来说，很容易承认“西方文化”——《他者》所谋求的正是它在奥地利的引介——实际上如何是一种视觉的文化。这更进一步解释了上一章所讨论的行为、习惯和传统这些观念背后的推理。路斯式理想认为这种文化应当成为习惯和行为。在《他者》中绝对没有给出过任何能代表“西方文化”的模型或范式。路斯甚至试图在教育我们之前先训练我们，用行为、习惯、反应的模式训练我们。西方文化必须成为一种观看之道，一种“依我所见”。一个人可以讲授系统、模型、严格的范式，却不能讲授这种文化，他的思想变成了行为和知觉，他的自然反应不断地处在变成认识和思想的过程中。阅读《他者》——阅读阿尔滕贝格的《艺术》，通常，阅读《火炬》也一样——不仅需要一种“智识的”努力，而且还需要准备就绪、灵活机敏、心胸宽广，以及一种参与游戏的能力，游戏中常见的各个方面需要一种不可知论的竞技热情：礼仪与时尚的疑难，歌舞表演般的节目，陈设和手工艺的问题，不敬神的趣闻，政治道德的干预。一种异常严肃的轻浮精神拥抱和浸染了每一主题。在这些段落里，西方文化意味着在每一个主题当中“具有好的形式”——并且，再一次地，在瞬间中持续。

根据先锋派的两极化特征，由于现代艺术家及其风格力图成为这种视觉的唯一形式，抑或将这种视觉耗尽在一种歧义的、混杂的直接性中，他们便代表了《他者》必然的论战标靶。路斯反对那些试图在他们住房的墙体之间“捕捉”艺术的艺术家——他们甚至将其应用于门铃的响声[1]——他所依靠的是手艺人凭自身获得的现代性，其形式产生自个人实践、产生自对功能的找寻。[2]然而路斯区分了他的同代人。他不仅在奥托·瓦格纳的天赋面前“降下自己的帆”[3]，而且在他对霍夫曼的评论中展现了判断的鉴赏力。在《他者》等处，真正的敌人是奥尔布里希与凡·德·维尔德。他们的作品对于本应发生在家里的生活是一种“侮辱”，企图涵盖它、令它不可更改。青年风格派的装饰性冗余将生活还原至单一的维度，并创造了令人窒息的线条交错。路斯，这位栖居的大师，在青年风格派中看到了一个本质的时刻，那就是家的衰退。尽管他对装饰，以及，更一般地，对当时的各种分离派运动所作的阐释，有时似乎是还原论的，我们仍然不能忘记，他的批评所针对的标靶既不是这些运动本身，也不是它们的代表成员，而是根除家和栖居的整个过程。我们在后面还会更详细地讨论这个中心主题，但即便在这里，它显然也解释了路斯为何着重将奥尔布里希的房间设计同他所想象的发生在这房间里的神圣场景并列：年轻女人的自杀，以及她身旁桌子上的遗书。什么房间、什么床、什么桌子才能经受这样的场景又不侮辱它？路斯认为，我们在着手任何方案之前都必须问问自己这个问题。这样一个问题将立刻废除掉绘制方案的任何借口。这些室内无法被还原为设计，被还原为“现代艺术家”的设计，被还原为实用艺术或真正艺术的疯人院、已经“没有屋顶”的疯人院。[4]在这里也一样，路斯

1　路斯，《可怜的小富人》(The Poor Little Rich Man, 1900)，见《言入虚空》，149ff.。

2　S. 迪米特里乌(S. Dimitriou)，《阿道夫·路斯：关于讲授和工作之本源的思想》(Adolf Loos: Gedanken zum Ursprung von Lehre und Werk)，见《建造论坛》(*Bauforum*)，1970(21)。这一期值得注意，它专门用于纪念路斯百年诞辰，包含了未曾发表过的路斯的建筑室内照片。

3　路斯，《圆顶大厅室内》(Interiors in the Rotunda, 1898)，见《言入虚空》，32。

4　汉斯·泽德迈尔(Hans Sedlmayr)把博物馆称为“不带屋顶的大型疯人院”，见《中心的缺失》(*Perdita del centro*)，Milan: 1974, 116。

并未把自己当作一名教师，而是当作一名训练员。他训练我们，通过快速的浏览，通过正确的反应，通过对全部装饰的“自然”蔑视——就好像没有文明人会打扮成“自然地”文身的人一样，“凡是想击剑的人都要拿着花剑”。仅仅依靠观看他人玩耍不能学会任何游戏。

《他者》献给“生活中严肃事物”的段落，从克劳斯那里受到的影响比从阿尔滕贝格那里受到的更直接。社会的虚伪、多数人的道德，集中体现了装饰的原则。新闻业的短语，归根结底体现了道德说教的下流，而生活中赤裸裸的事实则生长在与之对立的矛盾中。因此，当路斯面对政治道德的灾祸时，并没有什么“向另一种体裁”的转变，却只有同装饰巨龙进行斗争的必要“解释”。在“国家如何供养我们”的专栏里，当路斯“从近距离”观察“这个家庭”——那里的父亲、母亲、孩子，甚至还有偶然的宾客，在一个单人间里共同生活——并将这个家庭同当前道德的绯闻并列的时候，他的语气同《道德与罪行》（*Morality and Criminality*）中的一模一样：“在大街上没有危险。那里受到共同体的保护。只有在家里才有危险。”更不必说，连同韦德金德（Wedekind）[1]和克劳斯一起，他的春天再度觉醒（Spring reawakening），“一场童年的悲剧”。此外，克劳斯与阿尔滕贝格也像这样强调童年。在阿尔滕贝格的笔下，那些年轻人物的忧郁恰恰来自对一种——他们所流露出的——自由生活的不可能的承诺。童年的悲剧因家庭及其道德那无法逾越的“至高无上”而

1　弗兰克·韦德金德（Frank Wedekind，1864—1918），德国剧作家，对现代戏剧的发展具有开创性贡献，同时也影响了20世纪德国的表现主义戏剧和史诗剧运动。韦德金德的作品往往以对19世纪资产阶级性观念的批判为主题，因而在当时备受争议。《春天的觉醒》（*Frühlings Erwachen*）便是这样一部戏剧，“一场童年的悲剧”（Eine Kindertragödie）是它的副标题。该剧讲述了几名少男少女的青春期成长故事，面对家长制的严厉管束，他们对自我与世界的探索陷入了迷茫和狂躁，遭受到伤痛与毁灭。——译注

变得模糊。这些角色的死亡涂污了春天与复苏，仿佛它们来自撕裂的冲突和腐烂的组织。在克劳斯、阿尔滕贝格和韦德金德那里，“生活的义务兵”殒身于装饰品，道德说教的短语，弃绝和绝望的征途。也许他们作品中更深层的目的恰恰来自对这些“权利”的毁灭，来自对童年和语词之关系的重新发现：“起源与毁灭面对面相见”的时刻，标志着这个魔鬼的终结——也许还有新天使尚未确定的开端。[1]

在这个不可能的国度，对服装、家具和物件的鉴赏力同栖居之疑难遭遇并对话，礼貌举止同伟大传统，还有歌舞般的批评同道德的批评——路斯和他的维也纳是向导。他们想要让那些对西方文化感到陌生的人了解它：文化观光者的旅游向导（Fremdenführer für Kulturfremde）。然而这个文化同西方的刻板形象毫无共通之处；相反，它是对这种形象的批判。路斯想要让人了解这样一种文化，通过对传统进行评论，它将自身从所有市侩的分离——思想同视觉相分离、道德同“生活的喜悦”相分离——中解放出来。西方，在路斯看来，就是永不停歇、没有边际的征途，它将游戏从语言中解放出来，去爱并保存它们的差异，去评论。阿尔贝托·萨维尼欧（Alberto Savinio）的话可以轻易地适用于这项任务：“欧洲的智力具有一种独特的功能：它进行分割与分离。……欧洲的精神憎恶集群。……四分五裂并非破坏。分裂活动是健康的。……欧洲，假如它是真正‘欧洲的’，便懂得没有任何理念‘先于’其他的出现，没有任何理念应当位于中心。”“健康所必需的”仅仅是保持住这种差异化的权力，以及同那个“虚幻的上帝”（这个上帝只不过是一个幻影）不断对抗，以上帝之名被教导的乃是“统一是善，分离是恶”。即使在他最

1　本雅明，《卡尔·克劳斯》，见《反思》。

严厉、最不公正的论战中，克劳斯依然忠实于这个精神，忠实于路斯想要引介的西方文化——在面对一切“社会集群”与一切总体化理念时，分割、分裂及差异化是必不可少的。[1]

然而这个西方是他者——《他者》——他者的西方：难以保存，总是岌岌可危，它是终有一死的，和菲里希的物件一样。就克劳斯与阿尔滕贝格的晚期写作来看似乎的确如此，它或许已经退隐到了语词当中。

1　阿尔贝托·萨维尼欧（Alberto Savinio），《新百科全书》（*Nuova Enciclopedia*），Milan: 1977, 139-151。

13. 白板

赫维西（Hevesi）把咖啡博物馆叫作“虚无主义咖啡馆”，这一称号似乎更适合米歇尔广场的建筑。[1]但是我们现在应当明白，这个定义是不准确的。如果说路斯关于装饰、关于对新事物之渴求的立场看上去是虚无主义的，那么这个立场背后的理由从根本上讲则是构造性的。让传统——还有作品在构图中的解决方案——渗入城市肌理、渗入语言，这种尝试是为了永久性。带有三个立面的建筑物位于科马克大道、黑伦大街和米歇尔广场的交叉地带，它支配着城市中心的交叉地带。建筑物的较低部位——包括地面层和夹层——镶嵌着精致、斑驳的大理石，紧紧地锚固住整体的严谨节奏。这种绝对反装饰的效果被主入口的四根列柱强化，在最初的设计中，柱与柱之间根本没有任何玻璃。然而只要把自己局限于设计，我们就不可能获得这个节奏的充足观念。这个设计看上去甚至可能是虚无主义的或“没有质量”；但如果像奥托·施特索（Otto Stoessl）一样，断言这座建筑的每一个部分，“每一处墙体、窗户、表面还有转角，都以一种清楚而精确的方式，同特定含义的有益的节制与清晰相联系，也可以说它与一个好的衣

1 关于路斯之屋（Looshaus，译按：即米歇尔广场的商住楼），参见赫尔曼·切赫（Hermann Czech）、沃尔夫冈·米斯特尔鲍尔（Wolfgang Mistelbauer），《路斯之屋》（*Das Looshaus*），Vienna: 1976。

阿道夫·路斯，米歇尔广场商住楼，维也纳（1909）

柜并没有什么不同”[1]，那就仅仅强调了设计的外部特征，而忽略了空间解决方案所具有的实际复杂性。路斯反对装饰品的斗争并非发生在立面，相反，它涉及那种（已经提及的）建筑术思想的立体性原则。这既适用于公共建筑，也适用于私人住房，即便路斯式空间节奏在后者中要面对其他问题——例如栖居的一般问题。建筑设计的单纯性和可理解性不应该让人害怕进入它、害怕发现解决方案的多元性与复杂性——它们来自对各种空间使用问题的研究（底层的拍卖厅及其楼梯，公寓套间，实验用房，学徒车间，等等）。

克劳斯称路斯为白板（tabula rasa）建筑师，米歇尔广场商住楼的表面的确很洁净（rasa），没有任何上层结构或出挑元素，除了檐口的锐利线脚——它限定、包围并强调了建筑物的构图价

1 奥托·施特索（Otto Stoessl），《米歇尔广场的房屋》（Das Haus auf dem Michaelerplatz），见《火炬》，1911（317-318）。在同一期的评论中有一首诗，来自维特根斯坦的建筑师朋友保罗·恩格尔曼，他在诗中赞美路斯的房屋是“新纪元的第一个信号”。

值。然而路斯既没有对“过去的维也纳大师们”进行任何“彻底清除”，也没有减少空间质量、室内的立体运动。对现代建筑的画蛇添足予以彻底清除，这与重新发现建筑术思想中构造和空间效果的必然性是一致的。在别处，克劳斯本人展示了自己关于同装饰品作斗争的这个真正理由的理解（装饰品，就其本质而言，是反构造的、反空间的），那就是在有关米歇尔广场建筑的论战片段中，他断言路斯凭借这座建筑建成了一种思想。而且他于1933年8月25日在路斯墓碑前的优美悼词中重申了这一观点：“你曾是一位建造师傅（Baumeister）［不是建筑师！］，在一个生存的空间中，房屋通过它，从内到外，以一种令人难忘的方式突然消失。你所筑造的正是你所思想的。”（着重是后加的）筑（Bauen）与思（Denken）在一个单一的空间中相互归属。[1]

可是我们应当如何理解这个观点，建成一种思想？路斯始终在找寻令思想成为建筑术的东西。这个问题拓宽了游戏的维度和诸游戏的多元性。实际上，人们甚至可以谈及语言游戏的多元性，却依然把它们当作对一个单一思想或对诸理念之共有平面的维护，当作表达一个单一理想维度的不同方式。然而装饰的真正本质恰恰来自这个观念。它并非取决于对那个理想维度的印象主义式废除，而是取决于这个维度同诸游戏之特异性的分离——取决于使游戏成为一种维护。另外，对于路斯来说，不同的道说方式就是不同的思想形式。路斯认为，人并非只发现了一种思想形式：人发现了音乐 - 思想、绘画 - 思想、哲学 - 思想——还有建筑术 - 思想。语言游戏的多元性就是思想形式的多元性，我们借此向世界开放。装饰原则的本质在于使游戏单纯地成为一个游戏，暗指某一理念或宣布它的无效化。玩耍反倒正是思考——就像克劳斯

1　有关这些海德格尔的主题，见拙文《欧帕里诺斯或建筑》（Eupalinos or Architecture），见《对置》，1980（21）。（译按：见本书附录。）

所写的那样，“在制作中，你定下了规则”[1]：在建造的练习中，你发现了那种持续着的永久性、亲和力、构图原则——你在制作中思考。但这个“制作”恰恰是建造师傅的制作，它以特定的空间形式为特征。建成一种思想就意味着：定义那种作为建筑学游戏的特定思想形式；以相对于其他形式的最高精确度来定义它，从而不至于混淆它、调和它或尝试那些不可能的、怀旧乡愁的和谐。装饰则是另一种制作，它不把自己的游戏揭示为思想，揭示为在思考中制作（making-in-thinking），揭示为拥有自己在使用和可交换性中的诸规则和诸条件。

装饰是建构（tectonic）及其相关思想（找寻永久性、诸规则）的崩溃。的确，援引泽德迈尔（Sedlmayr）的说法，它是“向建筑学发动袭击”这一过程的最远点，这个过程是从建造师傅到建筑师的升华和还原。但是路斯在这个历史框架中的位置，本身却表明了泽德迈尔的图式必须被认真地重新审视。在路斯那里，存在着一种任何“绘画特征”的有意缺席；同样缺席的，还有令墙体成为一种抽象界面的倾向——“从中衍生出了完全由玻璃制作的壳体这一理想”。路斯完全没有受到泛灵论与活力论的影响，尽管他也认为并不存在僵死的物质这回事。对于路斯来说，建筑是全然自主的，就它（它的思想）从“不相干的混合物”中被解放出来而言；然而，这并未解释为什么他的建筑看上去是“没有国家或土地的”、“世界性的”、被根除的[2]：他关于传统的全部论点表明了事实恰好相反。路斯一再诉诸“革命的”几何形式（“纯粹的”图形）[3]，可是它们的使用总是同功能构造性的、建构的需

1 克劳斯，《阿道夫·路斯：墓前讲话》，见《火炬》，1933（888）。这是《火炬》最短的一期，只有四页，其中还包括《人不问》（*Man frage nicht*）这首精妙绝伦的诗作，一曲来自生前好友的挽歌，以坟墓前的告别作为结束，118-119。

2 泽德迈尔，《中心的缺失》，124, 143。

3 一个反复出现的主题，见闵茨、克恩斯特勒，《建筑师阿道夫·路斯》。

求相一致，同空间的组织构图所具有的急迫相一致。鉴于路斯的此类经验，类似泽德迈尔的诡辩术便丧失了全部意义。建构的起源并非根植于神话的“土地”，而是根植于思想 - 游戏的过程，人是这个过程的一部分：他凭借它进行操作，同质料及其躯体相关联——仿佛同一个有机体相关联，它无法被还原为简单的建造工具——他在质料中看到构图的因子，并且通过相同的操作定义他自己的诸规则，想方设法定义它们。在路斯看来，建筑学的特定建构取决于上述这一切，而非取决于外部元素（例如，使用特定的几何图形，地形的自然，等等）。它们所特有的自主性绝不能被领会为一种抽象的意义，而应当被领会为一种历史的、相对的意义，正如我们已经解释过的那样：诸游戏之间的边界或关系都是无法被先天定义的；相反，只有当每一个语言 - 思想试图定义自身、思考自身时，这些关系才开始存在。

泽德迈尔固定、僵化了建筑学的建构维度之意义，而在路斯那里，这个意义则被建立在传统和现代、练习和思想、形式和质料之间的诸关系所形成并驱动。对于路斯来说，建筑学的建构维度与一种集体的、有机的传统主义没有任何共通之处。此类传统主义同青年风格派的自由线条一样属于装饰的原则。它将诸事物还原为一个语言，并且以一种还原主义的方式来设想构图的努力，从它的历史中将它抽象出来。建构对装饰展开“彻底清除”，但它本身并不是白板。在路斯式建构中，人没有丧失在转瞬即逝和永久性之间的那个话语，那个“被拉向”未来的游戏的危险平衡，它不可能为任何筹划所穿透。在路斯式建构中，对基础的任何新型怀旧乡愁都没有被断言；如果有什么被断言了的话，那便是同基础的面具、它的意识形态——就好像那些局限于重复其死亡的“自由形式之舞”——作斗争。

在建构这一术语中，回响着木匠、细木工、手艺人、建造师傅的技艺（tékhnē）。[1]路斯对手工艺的观点就是建构。建造师傅归属于这种手工艺，它覆盖了栖居。建构就是庇护（téktōn, tego）：覆盖起住宅，建成它的屋顶（tetto）。建成屋顶便是完成了住宅、定义了它。建造师傅是那个尽可能达到屋顶的人——他为作品赋予形式。然而手艺人的技艺是实践、习惯、行为；领会和思想，与这个忠实存在的元素一同生长。手艺人的目光固定于过去，但是在路斯那里，他同时又朝向未来运动——未来在他的制作中被形成，被包含在这个制作中，却永远无法预料，永远不是筹划的单纯产物。在路斯的建构中，同样回响着另一种元素：不只是作为支配、作为全面优势的技艺，还有在技艺所特有的使用中、在被继承的规范所特有的使用中，不可预知的规则转型之游戏。在路斯的庇护中，还回响着幸运（tyche）——避开支配的机会，规范的例外时刻。忠实于被承认的传统，就是向着那个重组它的机会、那些转换它的过程不断开放。在路斯那里，技艺不仅是全面主宰了传统的形式，而且是新结合源起的幸福时刻、为新形式赋予生命的幸福时刻。技艺对路斯来说不是规范的永恒复归，而是它的理解与开放，向着那个超出了它的时刻、向着那个更新了它的吉祥幸运。在路斯的建构中回响着无限的可能性。这个建构必须定义、赋形并覆盖那个依然保持为转瞬的东西。

1　有关接下来的这段话，见埃曼纽埃尔·塞韦里诺（Emanuele Severino），《必然性的命运》（*Destino della necessità*），Milan: 1980，283ff.。

14. 新空间

然而在路斯的作品中，什么空间造成了疑难？正如我们刚刚所廓清的那样，对于建造师傅的技艺来说，什么空间才是疑难？海德格尔（Heidegger）就造型艺术所提出的追问，可以被当作承担了这一语境下的某种确定相关性。[1] 在建造师傅看来，它是一个占领（Besitzergreifung）、支配（Beherrschung）空间的问题吗？建筑学的建构同这种对空间的技术科学征服（Eroberung）相一致吗？可是作为这种征服的对象，空间不过是毫无自身特征、所有部分平等的纯粹均一延展，不过是那个征服了它的主体 - 自我（subject-ego）的一个单纯相关物。这个维度穷尽了空间的特征吗？空间被还原为被规划的空间（换句话说，自我筹划的相关物）了吗？"理性主义"建筑师的确如此。可这同样适用于路斯式建造师傅吗？

经过砍伐与翻耕，当自由与开敞之地（das Freie, das Offene）为人的定居和栖居而产生时，一个空间便升起了。空间同栖居的维度紧密相联。空间化就是诸位置的开放（Freigabe von Orten），给出诸位置，敞开并释放诸位置，人在其中——消极地

1　马丁·海德格尔（Martin Heidegger），《艺术与空间》（*Die Kunst und der Raum*, 1969）。（译按：中译参考《海德格尔选集》，孙周兴编译，上海：三联书店，1996。）

或积极地——承认自己作为栖居者的命运；在这些位置中，他可能在一个上帝显现时回归到家园之美妙中，抑或在诸神逃之夭夭处回归到无家可归（Heimatlosigkeit）的不妙之境中——在这个家或那个家中，他居留在属于其作为栖居者的命运之一部分的诸位置。空间化意味着建立这些位置，为栖居的命运制作位置。

“在空间化中有一种发生（Geschehen）同时表露自身又遮蔽自身。”这是事物的分类与和谐，它们相互之间的，以及关于栖居的。在空间化所给出的位置（der Ort）里，事物被聚集在它们相互的归属中。位置的特征就是这个“聚集”。如果我们能说，在“空间”这个术语中回响着建立起诸位置的空间化，那么我们也能说，从“位置”这个术语中道出了事物的分类与和谐。这些事物并非属于某个位置，它们本身就是位置。由此，空间不再是技术科学筹划中纯粹均一的延展，而是一种结合起诸位置的游戏。这些位置中的每一个都是事物的聚集、事件的集群。对于事物而言，位置是家；对于它们所围绕着的人而言，位置是栖居。

依靠筹划来征服空间——这表明空间被呈现为可全面测量的，它被一再分割，因而它的概念被呈现为数量上可计算与可操控的。征服空间就是清算掉作为事物之聚集、作为事物和栖居之相互归属的位置。征服空间是对位置的褫夺：它把空间当作一个有待填充的虚空，一种纯粹的缺席与匮乏。空间仅仅是潜在性，听任技术科学的筹划去摆布。这种空间概念恰恰属于建筑师：空间是有待测量与限定的纯粹虚空，有待于在其中生产他的新形式的虚空。因此，对于这种生产而言，就必须将空间中的诸位置倒空——空间的彻底去 - 位置化（Ent-ortung）。空间化在此变为清算与废除、虚空化、“去位置”，而非给出诸位置。在这种生产看来，虚空一无所是。然而在这同一个虚空（die Leere）的观念中，我们所听到的并非一无所是，而是聚集（das Lesen），“即原始意义上的在位置中运作的聚集”。那么，倒空就是准备一个位置，腾出一个位置，聚集到一个位置当中。

海德格尔的这些段落应当连同他那些关于栖居和思的其他作品一起阅读，其中揭示出了一种相反立场——为了理解现代建筑的哲学，这是至关重要的。这个相反立场涉及建筑学的努力所特有的实体，即路斯所说的“在空间中思想”。这个空间的特性是什么？这个空间化是一种建立诸位置的努力吗？而这些位置是一种“聚集”、一种事物和栖居之间的相互归属吗？抑或这个空间化是一种去-位置化，一种对诸位置的歼灭，一种对土地的分类——将土地当作空洞且均一的空间，听任新的筹划去摆布？只要人们把自己限制在对这些特性——即作为在空间中思想的建筑——的强调上，这个激进的选择就依然没有被追问过。

在泽德迈尔看来，现代建筑的历史进程同去-位置化的过程相一致。被他庸俗化为“从与土地的纽带中解脱出来”的东西，实际上在海德格尔的框架中找到了它的真实意义。现代建筑倾向于离开大地变成自主的，把自己从一切地上的根基中释放出来，只因它是一种对位置的歼灭。大地是一个模棱两可的参照。相反，位置则是一个特定的术语。建筑学并不建立诸位置，而是生产去位置化，它在一个空洞且均一的空间中规定、测量、计算。职此之故，即便是从大地上“升起”最少的房屋，也能被归入去-位置化。对身体之提升，对基础、对同大地间的纽带之克服——总之，支配了整个建筑先锋派的筹划（包括玻璃建筑那终极的、天体的自由，那形而上学的透明）——能够被视为空间与位置之间纽带断裂的一种悲剧象征，象征着对空间的形而上学肯定：空间的各个部分抽象、均一且平等，它对诸位置的任何建立都是陌异的，对于所有可能的“聚集”而言都是毁灭性的。这个过程又被当作对自由的显明。这里的自由同那种成功的释放和分离相一致，同旨在从一切位置中彻底解放出来的那种技艺（ars-tekne）的成功喜悦相一致。我们不再归属于诸位置，那里的事物与我们一同在家；我们是块片（pars），是劫掠（arpazein）、抢占、强暴、褫夺的结果；通过我们所引发的诸位置，我们是空间的褫夺所特有的产物。[1] 通过自由我们表达了位置的绝对丧失。

就连在城市的历史中遭遇到的空间限定的丧失，实际上也是一种位置的丧失。的确，计算的权力，规定与测量的能力，在发展过程中并未遭遇任何明显的阻碍。可是这些限定本身被建立在一个空洞的空间之上，而且它们可以被无限地重复，因为它们是完全平等的。只有当生产和流通的时间在任何方向上都不再遭遇到位置时——只有当诸位置的建立变得难以置信、不可思议时——城市才成为彻底世俗的。那时的城市，与它们在当下的图像完全一致，变成了一种全面的空间占领（Besitzergreifung des Raumes），对空间的占有和褫夺。这是城郭（urbs）的胜利——城市不能被限定、被聚集在一个地方；经由在各个方向上“被细心且永久地标记与铺筑，并且从草地、泥土和树林的吞食中保持醒目”[2] 的道路，城市延伸出去；城市从位置“升起”至世界，又被“解放”，为了“星球的城市化”、为了克服乡村地带、为了在全世界肯定那个制服了万物的人的技艺（ars）。[3]

这是唯一可能的“新空间”吗？这是彻底的去 - 位置化所带来的空间吗？那么要如何才可能与之对抗，却不让天使朝向过去

1　塞韦里诺，《必然性的命运》，267-268, 274。

2　阿桑托（Assunto），《两座城市》（Le due città），见《美学杂志》（*Rivista di estetica*），1980（1）。

3　M. 佩尔尼奥拉（M. Perniola），《技艺与城郭》（Ars e Urbs），见《美学杂志》，1980（1）。然而根据塞韦里诺（349），这一运动在城邦（polis）这个术语中就已经很明显了。

的目光仅仅成为一种怀旧乡愁和聊以慰藉的行为？对于去 - 位置化的疑难，卡尔・施米特（Carl Schmitt）奉献出了也许是他的概念最丰富、最坚实的研究[1]；没有他的协助，就很难呈现出我们所参考的海德格尔与泽德迈尔的本质。在去 - 位置化中，西方自身的命运逃离了法（Nomos）在大地法（justissima tellus）中的根基，通过对美洲新空间（“自由”空间，也就是说，被认为是完全用于征服、完全可世俗化的：没有诸位置）的发现和占领，达到了世界市场的普遍主义：“一种激烈的全面动员，一种普遍的去位置化”（eine totale Mobilmachung intensiver Art, eine allgemeine Entortung）——同领土明确的国家相关联的法的全部根基、法律的全部实证性遭遇到决定性危机。[2] 国家，它曾经致使城市的边界急剧扩张，如今也遭受了同一个过程的侵袭：这个星球的城市化也是它的危机。国家是最后的形式，被“世界市场”的复多性（Pluriversum）所吞噬的最后一个总体性（universum）。[3]

动员，20 世纪早期先锋派的行动主义（Aktivismus）所特有的一个术语，就这样在其自身的历史维度中发现了它的定义：将整个星球还原至“自由空间”，它是去位置化命运的一部分。从最完整的意义上讲，去位置化的本质是乌托邦的（utopian）。去位置化规划了乌托邦。这个过程便是克服掉所有位置——那里一度栖息着系于大地的古代法。[4] 乌托邦，作为同地点（tópos）间否定与虚无之关系的关键标志——并且只有通过否定同地点的全部关系（ou-topia），才能够想象福祉之地（eu-topia）——从这个意义上讲，是对天使的目光所作的准确颠倒。而这个乌托邦，

1　卡尔・施米特（Carl Schmitt），《大地的法》（*Der Nomos der Erde*），Cologne: 1950。

2　同上，210。

3　同上，216ff.。

4　同上，146ff.。

这个乌托邦的目标，自始至终同那个规划着的自我相伴随——直到先锋派的全面动员。

正如施米特所巧妙地追溯的那样，欧洲公法（jus publicum）的历史在这个法的去位置化中走向终结——因此权利的命运便是这个去位置化——同样，根据本雅明对克劳斯的阅读，可以断言正义的理念或者处于位置的理念中，或者只能在一个位置、一个被诸位置自由给出的空间化中存在。当海德格尔从危及对语言的倾听开始探究空间的适当意义时（“我们尝试倾听语言”），他在语言中挑选出了这个正义；也就是说，他挑选出了正义被保存于其中的那个位置。只有通过追问语言，我们才能把握到空间化的意义，它没有在征服空间的命运中被清除掉。位置属于语言。据此被开启的这个维度完全是里尔克式的。建立起诸位置的运作发生在语言中，危及了它的倾听。诸位置的建立退隐到语言之中，退隐到经由倾听语言而对活的话的诗意找寻之中。可是这难道不正意味着在当前对空间的征用、对星球的城市化之中，再也不可能建造任何位置了吗？那么我们又能将何种并非怀旧乡愁、并非聊以慰藉的含义指派给建造师傅，指派给他对传统的敬意呢？

对于路斯来说，去位置化的维度获得了主导地位——他愈是追问它，这个维度就愈是成为他作品中的问题意识，愈是变得显明，并且似乎能自我断言。路斯经验中的戏剧化奇异性来自对这个不可化约的关系的探索，来自同它正面相对抗的、仿佛停留在无限过渡中的努力。这些母题——它们建立了他的经验同手工艺的忠实存在之间的关系，并且自在地排除了那种作为去位置化之基础的语言的乌托邦式狂妄自大——在他的作品中到处复现，甚至包括最微小的构图细节。如果说施泰纳住宅、诺哈特巷的马车形住宅和施特拉瑟住宅（Strasser house，1919）的室外令人想起

阿道夫·路斯，鲁弗住宅，维也纳（1922）

了建筑物的“动员”，它使建筑物同现代机器“可交换”，同它的形式在自我复制时出现又消失的迅疾“可交换”；那么，鲁弗住宅（Rufer house，1922）中完成了的、古典的在场，为布置的韵律与窗户的形式所强调——尽管同室内房间密不可分——似乎便否定了去位置化所特有的原则。有时路斯会突出自己某些作品的根基，例如库纳别墅（Villa Khuner）、卡马别墅（Villa Karma），而在别处，他又会突出将当代陈设当作构图典型的需求：远洋轮船的客舱、客运列车等。路斯的构图智慧源自这种对立性：它处于无法解决的连续张力中。不仅室内外关系的问题——我很快会回到这个问题上——属于这种情形，室内所特有的辩证法也属于这种情形。这个辩证法显然不能被还原为依据它的使用来区分和表达空间的过程。在鲁弗住宅的起居室和餐厅之间、在施特拉瑟住宅的餐厅和音乐室之间的透明性，标高的变化——基于基础文本的真实变化，找寻意想不到的“独奏”，它们为这些空间赋予了活力并将它们从单纯的“多用途”考量中释放出来——

这一切都揭示了路斯对位置的找寻。路斯的空间化在室内总是倾向于给出诸位置——甚至在寻常的空间中，那里能够更轻易地为机器的原则所“奴役”，而不仅仅是在那些供休憩的位置（卧室、书房、图书室）——这种找寻在其中无论如何都会被强调。陈设的重要性与对质料的关心（就一种深厚同情而言的关心）属于这种对位置的找寻、这种就位置理念的评论。

我之所以说“评论”和“找寻”，恰恰是因为在去位置化的命运中不可能有“纯粹的”位置。在彻底去位置化的时代，企图创造一种位置的纯粹语言将会是彻头彻尾的怀旧乡愁。位置的理念闪烁于室内同室外之间、“多用途”功能性同手工艺忠实存在之间、构图节奏的序列性同质料的美之间。在这些矛盾之中，并且因为这些矛盾——去位置化未曾预见的那些诱惑——位置忍耐着。和他的室外一样，路斯迎头直面位置的缺席：企图扭转它的命运会将位置的理念转变为一个乌托邦，而且吊诡的是，会重新肯定去位置化所特有的原则——他正试图调查它并将它置入到追问中。在去位置化中，位置的一切“纯粹”语言都是乌托邦，从而都属于伴随着西方建筑艺术（ars aedificandi）的同一个被根除性或去位置化的命运。职此之故，路斯的建筑并未寻求“纯粹”诸位置的合理化，而是力图展示在深思熟虑的计算空间、室外的等价性，同位置的可能性、位置的希望之间，存在着无尽的矛盾。路斯式住宅保存了这种希望，正如本雅明的天使的目光保存了过去的“光亮”。能够被展示的并非对位置的“救赎”，而是在技术科学空间的等价性，同作为游戏——结合起诸位置、令事物被聚集其中并与人栖居——的空间特征之间，存在着的不协调。这种不协调必须被创作：即使极端的不协调也必须成为创作的对象。

可是路斯的室外并不能因此就被还原为一个单纯的虚构——

假定它隐藏了位置的真理和正义。它的权利还要更微妙些，在特定的作品中依程序而言确实如此，例如那些别墅与鲁弗住宅。位置不可能再出现于完全的无蔽状态，也就是真理中。因而，室外不能被设想成一种对室内真理的遮蔽，因为如此一来，这个真理便不存在。此后，位置只能在同室外空间的关系中被展示，但是这就意味着，这个空间现在对于位置的展示来说是必不可少的。住宅里所居留的并非一个被囚禁的真理。室外的虚构对“真理”而言之所以必不可少，正是因为它不让它出现。位置的“真理”满足于被保持遮蔽。假装要它显明，无异于将它当作乌托邦清算掉。因此，室外既不是包含在室内的“真理”之镜像（现代的室外揭示出结构），也不是简单的虚构或面纱，隐藏着一个原本可分析的位置，“一个不虚假的语词，一个不欺骗的意义”[1]。室外既没有以寓言和隐喻的方式指涉失落的诸位置，也没有仅仅被当作单纯地阻碍了某个应当真实存在于室内的位置透明性。一个去神秘化的室外反映了去位置化的空间，却只是由于“纯粹”位置的存在已经变得不可能。存留在室内的，是对位置的不断找寻与无尽评论；然而就这个室内不是一个可分析的心智而言，它并非某个以主宰“它的显现中的虚构元素”[2]而告终的真理。在路斯那里，位置的理念——这也令他从根本上不可能被混同于建筑学和其他领域中的前卫理性主义潮流——来自同一个差异、同一个不协调，在阻止位置变为乌托邦的同时，它追问技术科学空间中被冻结的重复性和等价性。

我们的眼睛“仿佛被颠倒了”（wie umgekehrt），因而我们的空间化并未通向开敞之地、自由之地，也就是海德格尔所说

---

1 德里达，《绘画中的真理》（*La verità in pittura*），Milan: 1978, 91。

2 同上，93。

的那个为人的定居和栖居的位置。开敞之地随着这个星球的城市化而消失——或者像施米特说的那样，随着全球时间（globale Zeit）造成了从任何同大地的特定关系中被根除的现世权利之疑难。“颠倒的”目光带来了“被人阐释的世界”，在思想中被颠倒的世界，阐释的世界，仅仅同自我相关。我们的存在是一种“相对”（gegenüber）存在，总是面对着某物——我们被转向一切事物，却从未被转向开敞。

是谁颠倒了我们，乃至我们
无论做什么，始终保持
那种行者的姿势？他登上
一个山冈，走过的山谷再次
展现在身后，他转身，停步，逗留——，
我们就这样生存，永远在告别。[1]

然而，正如我们已经知道的那样，天使的目光也仿佛被颠倒了；在他的飞行中，他也仿佛是永远在告别。可正是在他的目光与事件之间，话语保存了时刻的希望，保存了被赋予我们的微弱的弥赛亚力量。我们知道我们属于那个被人阐释的世界，属于那个已经丧失了位置的世界，因为我们的目光被颠倒了——尽管如此，“不再是求……”（Werbung nicht mehr...）[2]；我们不再寻求慰藉，因为我们被给予了“呼吸的清新”（das atmende Klarsein）[3]，语词的清新保存了室内，无止尽的活动、记忆和事物在那里产生又

1 里尔克，《哀歌之八》，第 70-75 行。

2 里尔克，《哀歌之七》，第 1 行。

3 同上，第 24 行。

消逝，并且

> 因为人们皆在——一个时辰，或许不是
> 一个时辰，两个片刻之间
> 无法用时间刻度衡量的一个瞬间——，
> 那一刻拥有存在。一切。血脉满是存在。[1]

这是一个本雅明式的时刻，它粉碎了绵延。在路斯的室内，我们所拥有的不是这一时刻的乌托邦，而是对它的潜质的关心。

1 里尔克，《哀歌之七》，第 42-45 行。

15. 居所

路斯式住宅正是这些室内外关系的疑难：室外并未强大到足以使每一处位置空间化——室内的位置也无法乌托邦式地逃避空间（从而否定自己）。去位置化与诸位置的开放在路斯式住宅中相遇并交锋——并且只有通过这种对话和斗争它们才能存在。

在家政所位于的那里（-keî），塞韦里诺（Severino）听到的并非建造、决断（规避幸运）的技艺，而是位置——它一如既往地被给予且不可变。人在家政中获得了他命定的席位（sede）；他是驻留的（sedatus）。前全球时间（vorglobale Zeit）那根深蒂固的“大地的”法就是家政的法；它强迫人进入一个席位（sedes）。这种源初的关系依然回荡在“经济学”这个术语中。然而在拉丁词 domus（家宅）中——正如在介于希腊文同拉丁文之间的许多其他例子中那样——作为“终有一死者既受支配又被保护”的位置，居所已经消失在作为空间的住宅中，后者听任那个治理与管理它的家长（dominus）摆布，听任其技艺摆布。[1] 迈锡尼的住宅看上去“庄重静穆”，受到不可动摇的法支配，几乎像是在发出保护的呼声。另外，罗马公民（civitas romana）的住宅则靠技艺来规划，受到终有一死者的技艺支配。去位置化起源于罗马。

1 塞韦里诺，《必然性的命运》，349。

路斯是一位古罗马建造师傅，他总是尽可能明确地如此宣称，然而他这时正处于去位置化的最高点。他能转过身来凝望去位置化的事件链条——它的彻头彻尾的灾难。被人阐释的世界，起源于古罗马，在他那里变成了一种自我反思的、自我承认的过程。也就是说，它重新成为一个疑难——它不再显现为一种标准的发展。它的结构打开了：它不再是“可驻留的”。它承认自身的历史性，因此还承认了朝向可能者的必然开放。最源初的——位置、家政——也许在最后才会复归。面对这一追问，技术科学空间对总体化的要求变得问题重重。路斯式构图可以被定义为对古罗马家宅不知疲倦的追问。

同样的追问在《杜伊诺哀歌》里占据了一个中心位置。在《哀歌之七》（1922）中，生活变化无常（Verwandlung），它蜕变为越来越可鄙的形式，对立于作为“内部”世界的世界：

一幢恒常的房屋[1]坐落之处，
如今冒出设计的造物，形成梗阻，
它纯属设计，仿佛还全然在脑海。

房屋为去位置化所捕获，它被“倒转”进了思想的世界；它不再位于开敞中，而是位于“被人阐释的世界”那个闭合的大脑中。时代精神“再也不识神庙”；它再也不认识那个“曾经靠祈祷、祭祀、跪拜所获之物”。时代精神所造出的“宽广的权力蓄池”是无构型的（Gestaltlos）：权力意志所测量和计算的空间，取代了事物被聚集其中的诸位置。

当构形被指给天使看时，形式“终将获救”，建它于内心

1　一座生根的、“静穆的”房屋，免于变化无常。

（inner-lich），那个位置“非常伟大”，真正是我们自己的，语词的，吊诡之处在于，它恰恰是那个被肯定了的建构（tectonic）的意义。形式曾经站立——“沙特尔的伟大”，“一如它在”——而今却在语词之不可见者中异乎寻常地显示自身，在可言说者中，它渴慕建构。这是我们必须向天使言说的：“房子，桥，井，门，水罐，果树，窗子——/ 顶多说：圆柱，钟塔……”房子是一幢恒常的房屋（ein dauerndes Haus），此刻却只能于内心是“静穆的”，在语词的最私密位置中。桥是路的完美典范，是跨越水的路，使最大的障碍、最大的分离无效化，成功地制作了一条路径，跨过涌流、跨过运动所特有的法则。[1] 圆柱、钟塔暗示了建构的象征，是其建设力的纪念碑。大门充当了室内的位置同剩余世界的空间之间异乎寻常的转折——分离克服了分离，界限每时每刻也把超越自身、投入开敞之中的可能性呈现给人。窗要求人向外观看，观入这个开敞；它是“一条目光之路”，[2] 朝向井、树、果实——将被聚集在内部的事物同那些群集在四周诸位置的事物统一起来的路。永无止尽地，内部向外倒空自身，并且将外部引入：罐子。

在里尔克那里，所有这一切都来自可言说者。家政保留在可言说者中。今天，位置仅仅是可言说的。路斯毕生的工作是一场愤怒，对抗这个完全被公认的界限——如果说，当面对那个裁决“这不可言说”的断言时，人必须以“尽力言说它”来回击，那么同样，当面对不可见者时，路斯重复道：尽力展示它。此刻，每个幸福的直接性都成了谎言。业已可能被展示的是尽力本身——它如何起源于去位置化的命运，它如何追问这个去位置

1 关于这个问题，见阿尼塔·塞皮利（Anita Seppilli），《水的神圣性与桥的冒渎》（*Sacralità dell'acqua e sacrilegio dei ponti*），Palermo: 1977。

2 齐美尔，《桥与门》，见《美学论说文集》。齐美尔对这两个象征的反思尤其重要，两位最受尊敬的齐美尔研究者，迈克尔·兰德曼（Michael Landemann）与玛格丽特·苏斯曼（Margarete Susman），用“桥与门”（*Brücke und Tür*）作为他们论齐美尔的文集标题。

化，它如何令去位置化的诸形象出现问题并提升它的差异。正如尝试言说并不是意味着返回到活的话，同样，尝试展示建构的具体权力也不是意味着重建圣殿、终结大流散，而是诸位置转瞬即逝的构图，是位置同转瞬即逝之间悖谬的构图与和解——位置在那里保存了圣殿的希望，瞬间在同大都市的无构型状态（Gestaltlosigkeit）之关系（对话 - 差异）中展开。从而，这个构图避开了裁决的“男子气概”逻辑；它既没有把自身局限于在虚假的祛魅中接受去位置化（那将意味着欣然拥抱被如此允诺的“自由”），也没有如偶像崇拜般瞻仰失落之物。

在《总体与无限》（*Totalité et infini*）的一些更为显著的段落中，伊曼纽尔·列维纳斯（Emmanuel Levinas）专注于居所这一主题，[1] 而这些路斯式在场仅仅在一定程度上引人注意。可假如我们要对路斯给出一种真正的论述（Erörterung），我们就不能忽视列维纳斯的基本观点，有关居所在人类生活被嵌入的“合目的性的系统”之中占据的“优先”地位。居所构成了一种“最初的私密性”：所有“对客体的考虑”、所有从居所出发的观照，都以居所作为它的前提。没有什么理论是绝对的、独立于居所的。那种确保自我完全去 - 位置的唯心主义对应于建筑师的唯心主义，后者想要从头开始（ex novo）建成房屋，他把房屋当作他的先验目的的自由产物。就这一方面而言，路斯的毕生事业是针对一切建筑学唯心主义的有计划控告。使建造师傅同建筑师形而上学地区分开来的，恰恰是这样一个事实：建造师傅的生产目标来自居所及其世代相传的语言，这个目标先天地是“栖居”；建筑师的目标则想象自身并力求“自由”，没有将过去的权利应用于自身——它任凭观念去规划。

1　伊曼纽尔·列维纳斯（Emmanuel Levinas），《总体与无限：论外在性》（*Totalità e infinito. Saggio sull'esteriorita*），Milan: 1980, 155-177。

但是居所的观念在列维纳斯那里，过于直接地和天真地，最终显露出了家政的印记。人在这里聚集自身并接纳他的事物。一切所有物在这里都拥有一个位置，并未消散在金钱的匿名性之中。同事物的关系在这里被不断更新，它没有在直接的享受中被耗尽。可是这个居所也有一扇门和一面窗：居所实际地展开，向着他者开放；它拥有一种超出其物理限定的语言。通过门我们能走出去，进入到开敞之中并接纳来客——居所将位置赠予来客（诸位置的开放！）并邀他加入其居住者的私密性中。[1] 然而这个居所观念的时间，一个未受大都市时间污染的“纯粹”时间，再一次变成了乌托邦的。居所向什么样的世界开放？凭借什么样的语言？对于“经济学”这个术语，列维纳斯只分析了第一重根源，家政。可是家政如何能在法之外存在，既然法被完全根除了？这样一来，居所的理念难道不是相当于去位置化吗？而且，既然考虑到这种相似性，居所的理念又如何能被天真地保存在家政的源初印记当中？难道这个印记不会变得有问题？难道它不会变成一幅位置与空间、栖居与大都市的不和谐构图？如今门被设想为同一切超越性相封闭，窗被混同于分隔的墙体，这个墙体又令一切不相关的接纳、一切内部的私密性变得可见，从而令窗无效化，那么，还有什么对居所的其他探求能够存在？尽管如此，在这个空间中，我们依然在尽力言说和展示。

1　路斯认为，这种私密性作为家的前提，在女人身上比在其他居住者身上得到了更多的保存。对于路斯就室内同女性之关系的反思，见拙著《来自斯坦因霍夫》，119。（译按：另见本书第16章。）

阿道夫·路斯，穆勒住宅的女士休息厅，布拉格（1929—1930）

16. 露的纽扣

在《关于女性特征》（*Zum Typus Weib*）中，露·安德烈亚斯-莎乐美（Lou Andreas-Salomé）所踏上的沉思“漫步”始于对纽扣的回忆。[1] 它们代表了那个“从未被赠出，而是被聚集”的典型——它们代表了不可异化的、非等价的。从这个意义上说，纽扣是货币的对立面：它用秘密与隐藏的原则反对分割、流通和交换。货币存在于一个完全外在和公共的维度；另外，纽扣则是无法触及的母亲遗物，它被保存在一座处女之山的最内在部分（安德烈亚斯-莎乐美在它与处女之间建立的联系）。作为用来花费的等价物，货币被聚集，它的花费-存在实现了一种购置、一种占有；纽扣则作为独一无二的、作为珍宝被放好。货币从本质上讲是生产性的；它并非处在“完全开敞之中”，而是“令事物敞开”，因为它将全部事物带入纯粹可获得的空间，它使人们与它一道，将每一事物当作占有。纽扣满怀嫉妒地守卫着它自身的非生产性，只要它能，它便逃离可见，并在“惊奇之盒”中隐藏自身。不难发现安德烈亚斯-莎乐美如何将货币的生产性同男性明确的攻击性、同“男人匆忙的脚步”之不幸联系起来，而女人所特有

1　露·安德烈亚斯-莎乐美（Lou Andreas-Salomé），《关于女性特征》（Zum Typus Weib），见《爱欲的话题：精神分析著作》（*La materia erotica. Scritti di psicoanalisi*），Rome: 1977。

的那种缓慢——同心灵与感性的原始交融（无论这个图像看上去如何被那个好似同灵魂相对立的精神进步所掩盖）密切相关——却仿佛后退至边缘的、分明遭遗弃的、微不足道的纽扣之形象中。纽扣代表了生产的剩余，它剩余并抵抗其典型的构造性语言。还原至微不足道的边缘，这就是为抵抗等价物的宇宙而承担的形式。

可是要怎样聚集纽扣？在哪里聚集它们？是否依然存在一种“被聚集者”的空间之可能性，一种同可见物的市场相对立的空间？这个空间是一个室内，但并非每个室内都能成为那个在非生产性中抵抗的聚集之地。定义这种空间的困难，来自那样一个事实，即它必须同生产的不幸及其所表明的牺牲相一致。如果这个维度遭到忽视或清除，那么纽扣的形象势必会仅仅被贬低为一个时间序列上的过去、一个绝对失落的时间——企图谈论它将无异于说谎。如果纽扣的童年存在并运作，它就必须在此刻与此地出现，连同将其分割并交换的货币空间、市场空间，以及它在被流通、被花费时所采取的路线。总之，被聚集者的空间必须存在于大都市的生产性之内。但这如何才有可能？

安德烈亚斯-莎乐美并未完全把握这一问题，因为她那纽扣的童年细节是模糊的。她似乎相信奇迹之盒能够如其所是地保存童年。可是，倘若纽扣并未成为大都市的边缘和剩余，它就会被转型为一种如恋物般受保护的珍宝，不再作为真正的童年而存在。它再次成为一种占有，尽管是一种非生产的占有。非生产性不足以“胜过”大都市的语言——童年必须在大都市的诸关系当中找到它自己的室内。

并非每个室内都是一个“被聚集者”的位置。例如，坏诗或者乡土艺术把家当作一种远离大都市的保护，它构成了这一位置的精确对立面。这个住宅想要被当作一个惊奇之盒，然而正是在这个欲望中，它暴露了自己的室内并使它变得可见。通过要求一个非等价的位置存在而被制造出来的可见物，是货币的笑剧，而非它的反面。可是，另外，完全属于大都市的住宅（建筑物）尽管正确地批判了惊奇之盒这个虚假的童年，却在不知不觉中——通过现代性（Modernität）的空间——代表了它的准确颠倒。事实上，即使在那个盒子里面也没有什么隐蔽的或者秘密的东西：它所针对的是大都市建筑物那同样纯粹的可见性。因而惊奇之盒不过是大都市的一出拙劣闹剧，恰恰是它在大都市肌理中的在场，令后者的——清算被聚集者的任何可能位置——这一固有倾向变得明显。

保存了纽扣的室内只能存在于大都市中，并且只能作为其室外的绝对差异。室外绝不能背叛那个室内的被聚集者；室外必须服从货币的进程并停留在其维度中。实际上，它必须拥有纯粹货币的价值——它必须在流通和交换的宇宙内部运转。这个宇宙绝不能被美化，它要被运转。假如在这个宇宙的内部应当有一个被聚集者的本真位置，那么它就只能在这样一种语言当中被发现，即对其纯粹货币的无法预知的颠倒。然而这绝非表明室外应该被当作一种对灵魂的阻碍或物理障碍来对待。相反，恰恰是室外那物化的纯粹性允许一个本真的室内存在。假如室外被当作影射形式，或者通过隐喻被迫暗示它所遮蔽的，或者依然被当作一个障碍、当作非我——总之，假如再次陷入筑造理由的这种可鄙的晚期浪漫主义意识形态，那么我们就会不可避免地倒退回装饰物（它在影射的辩证法中拥有其自身的先天条件），而且我们会一直将室内当作未完成的，直到它的表现时刻、它成为语言的时刻为止——也就是说，任何室内都不可能被当作童年。只有在室外被纯粹与完整地感觉到的情形下——并且在它的特定节奏中，在同大都市节奏的关系中，被以最大的热情研究、分析、计算和实现的情形下，室内才能存在。只有在室外也得到敬畏——如同克劳斯敬畏语言那般——的情形下，才可能存在一个异于它的维度，一个无法被异化的非生产维度，并且因为非生产而成为语言的一个内部童年。职此之故，被聚集者的位置严格说来既不是室内与室外的“诗意整体”（惊奇之盒），也不能在室外同外部环境的和谐中、抑或单纯地凭自在与自为的室内被发现。被聚集者的位置正是室内与室外之间的这个差异——这个无法触及的乌托邦，将它们形而上学地分离，同时又令它们不可分割。

要理解这些过程是如此地困难，以至于路斯依然会被误认为是现代的先驱与先知，然而他对完美室外的精心谋划实际上是一种对语言的克劳斯式敬重（pietas），剥除了《火炬》的那种总体化与家长制伦理，并完全致力于将事物还原为语言学秩序的透明性。关于被聚集者的可能位置，它的室外是纯粹语言，填满了它的历史、近乎顽固的表述和只能被固执的耐心打动的惰性——但它不是透明性。当然，任何外在的东西都无法（像商店招牌那样）断言这个语言拥有一个室内。但是它们也无须断言它并不拥有一个室内，反而沦为了惊奇之盒、影射的装饰和幸福的大都市建筑物那“男子气概的裁决”等情形。这个室外不表现，不生产，不具有透明性——而正是由于这一原因，它（或许）可以围合住一个室内，一个被聚集者的本真位置。也就是说，它预留了一个室内的可能性。

在大都市的条件之内，为被聚集者的位置预留可能性，在此被不带幻象地予以认可；而对这一可能性所展示出的关心，对于室外的无法废除并不带有怀旧乡愁：这些可以被视为路斯那深刻的“女性气质”面向的诸方面。在其住宅的室内（现如今，只有在维也纳城市博物馆才是“可见的”），即使就形式方面来讲，这一点也十分清晰地浮现出来。但这并不是此处的关键之所在。关键在于室外同室内之间的巨大差异，而非一方或另一方的构图所揭示出的形式上的解决方案。这一广阔无边正是路斯式住宅的秘密：这个差异的尺度正是路斯对露的纽扣之关心的那个尺度，纽扣应当拥有一个并非惊奇之盒的位置。

在《女性的分裂》（*Partage des femmes*）这本书的一段优美文字中，欧也妮·勒莫娜-吕西奥尼（Eugénie Lemoine-Luccioni）谈到了“将女人系于其物品的亲密纽带”[1]。没有了她的物品，女人便仿佛迷失了。然而她的物品居留于一个室内，它们不可能被转化为货币。它们被聚集入其中的房屋必须是可居留的，而非从外部可见的。观看房屋的行为，原则上不同于居留其中的行为。通过这个差异定义居留的可能性，而非抽象自在地定义它、把它当作一个风格或陈设的问题——我认为，这是路斯的女性气质一面的最大成就。他所关心的是一个位置，事物在那里通过与我们经验的紧密联结变得可靠，构成了我们经验的那些生活提取物（Extrakte des Lebens）在那里被聚集到事物中（因为事物被聚集）。延续阿尔滕贝格的解说，这个事物不可能妥当地外出和生产，但它并非因此就是针对大都市、技术与文明的一种书面抗议。相反，也许正是它的退隐至室内，注定要表明世界从今往后将“被事物单纯地填满”（以无限的复数）[2]，或者换句话说，事物从今往后将只是完全可操控、可异化的，被剥夺了一切实体并且同存在相分离。这些事物仅仅实存，它们被观看和讲述。另

1 欧也妮·勒莫娜-吕西奥尼（Eugénie Lemoine-Luccioni），《女性的分裂》（*Il taglio femminile*），Milan: 1977，184。

2 同上，185。

一方面，安德烈亚斯 - 莎乐美所谈到的那种事物，反倒指涉了一个被遗忘的栖居维度以及同栖居相连的经验维度。在观看和居留之间，在室内和室外之间，路斯式差异仍然力图保存另一个位置，这个维度也许会在那里被聚集。这个差异是极限的室内。

安德烈亚斯 - 莎乐美的事物之灵魂，似乎形而上学地对立于里尔克的玩偶之灵魂[1]。不可穿透、无忧无虑、自我满足、不纯粹，“通晓其主人不可言说的最初经验”，反倒并不留意那些起初颤抖着的孤独；它们屈服于每一次体贴，却不向其中任何一次展示出纪念或感激。假如我们现在“从一堆更加相干的事物中”抽出一个玩偶，我们几乎会对它那“巨大的忘却”、它那想象力的无边匮乏感到厌恶；一看到这个“我们曾在其中投入了我们最真挚热情的可怕外来体”，我们便心神不宁。没有什么能让那个无用、沉重且愚蠢的质料复苏，差不多“像是一个来自乡下的达娜厄，除了我们的发明所带来的持续不断的金雨，一无所知”。[2]露的纽扣与那些“相干的事物”具有更多相似性，不仅与时常佩戴的宝石的笑靥，而且与家用织布机，与对小提琴的热爱，与根植于人性中的那些单纯事物，与皮球的“单纯而赞许的”灵魂，与图画书的不可穷尽的灵魂，与“优质的锡制小号坏掉的喇叭和灵魂”。这些是寻求室内的差异、令室内成为必然的事物。玩偶居留于遗忘的诸位置，遥远的藏匿之所，而当她偶然从中显露时，我们对她的恨便随之爆发——当我们久久地坐在她面前并徒劳地期待会有什么回应时，无意识地滋长出来的一种恨。

然而，毫无反应的玩偶并未徒劳地离去。之所以如此，不只

1　里尔克，《玩偶》（Puppen），见《作品全集》（*Gesammelte Werke*），第 4 卷，Leipzig: 1927。

2　在古希腊神话传说中，达娜厄是阿尔戈斯的公主。国王被神谕告知自己将命丧于外孙之手，因而修建了一座铜塔将达娜厄囚禁起来。这座塔既没有门也没有窗，只有一处天井，于是宙斯便化身为金色的雨，落入塔中令达娜厄受孕，生下了英雄珀耳修斯。——译注

是因为当“哪怕最单纯的爱的交换超出了我们的理解”，“我们需要占有这样的事物，它们不会对任何事情有所抵抗”，与其这么说，倒不如说是因为玩偶教会了我们沉默，“比生命更大的沉默，总是从空间之外返回，向我们低语，每当我们到达一个位于我们生存极限的位置”，即我们的此在（unseres Daseins）。玩偶教会了我们承认我们灵魂的倾斜，它朝向不切实际者与不可期望者，任童年也无法穷尽它。玩偶的想象力的绝对匮乏，指向环绕着我们的沉默。就这方面而言，露的纽扣与它们相类似。没有了这些物件，女人仿佛会迷失，它们同时也是玩偶和相干的事物：露的纽扣回应了其主人泛滥的情感并唤起了一种栖居，但与此同时，它还指向了这种栖居所包围的沉默，指向了灵魂朝向其深渊的不可阻挡的倾斜。通过这种方式，露的纽扣的存放地同那个被隐匿和被遗忘的玩偶的位置相类似。在某种程度上，玩偶的完美典范就保存在露的纽扣中。

玩偶的沉默成了“相干的事物”及其语言的公认维度，就在这关键的时刻——当相干的事物不仅回报了我们的情感，而且揭示了它向沉默的形而上学倾斜——木偶的灵魂开始成形。“玩偶低于事物，正如木偶高于事物”：“一个诗人也许会被木偶的摇摆所俘获，因为木偶除了想象之外一无所有”。然而一个木偶的想象不只是相干事物的完美典范那样简单，它还带领我们，使我们的倾斜指向“它的期望之外”。木偶不是对玩偶的单纯与直接否定，它只不过和露的纽扣一样。克莱斯特（Kleist）早已暗示过这种“不可期望”：它是在穿越无限的知识与反思之后重新发现“最耀眼、最傲慢的光辉”。对于克莱斯特而言，木偶那完全无意识的光辉仿佛是乌托邦光辉的一个象征，只有在重新品尝过知识之树后，我们才可能重新发现它。木偶将我们推向这个非-位置。

牵动着木偶的丝线，就像是诸神为了同人相照面，而从天界降至凡间的阶梯。对于我们，这座桥已经神秘地瓦解了，对于木偶则保存下来。克莱斯特对木偶的怀旧乡愁是对那个依然同宇宙紧密交织之人的怀旧乡愁，柏拉图在《法律篇》（*Laws*）中谈到过，歌舞同内心丝线——诸神借此带领并引导这个人——的一种合奏。在木偶中保存着那个金锁链的记忆，它曾经用牢不可破的链条统一了宇宙。[1] 在玩偶中，这份记忆完全消失了——实际上，玩偶恰恰以沮丧状态、无精打采、激进的历史性为特征。可既然木偶在今天是一个乌托邦，人们就只有通过把怀旧乡愁填入玩偶的沉默这一绝对虚空之中，才能重新发现它的图像。假如这样一个虚空本身不是自童年时期便在我们之中形成，那么超出期望的木偶的质量就不会出现。

保罗·克利（Paul Klee）的作品与这些相同的、近乎昙花一现的关系紧密交织，在货币、相干的事物、纽扣、玩偶及木偶之间的关系，它们表现了难以置信的同情、自相矛盾的显灵以及运动和飞行的瞬间秩序。天使的形象仿佛自在地重新取得它们并保存它们。他的目光聚焦于它们：他必须调停并安排它们，为了将它们从显而易见的破碎和对立中挽救出来。事物的天使觉察到了过程的必然性，这个过程从那个只是对相干事物熟悉的灵魂，通往为玩偶的空洞沉默命名，又从这里通往木偶的神圣图像。天使阻止木偶变得无精打采，就像是霍夫曼斯塔尔在 1918 年 12 月那个夜晚的经验，正如布克哈特（Burckhardt）所讲述的那样，他阻止了木偶退回到一个不可言说的过去之中。[2] 克利的那些形象，

1　米尔恰·伊利亚德（Mircea Eliade），《梅菲斯特与双性同体》（*Mefistofele e l'Androgino*），Rome: 1971, 154ff.。

2　卡尔·雅各布·布克哈特（Carl Jacob Burckhardt，1891—1974）。同著名历史学家雅各布·布克哈特（Jacob Burckhardt）一样，他也是瑞士的布克哈特家族成员。1918 年，在维（转下页注）

本雅明写到，“可以说，是在绘图台上得到规划的，正如一部好车，即便是它的造型，也首先要服从于发动机的需求，因而这些面部表情要服从于他们自己的‘内心’。”[1]因此，这些形象本质上就是木偶。天使就是木偶的君王。路斯的室内似乎就是为这样的形象所设想的。必须让它的构图清晰性，它对质料的关心，还有通过最辛勤的练习获得的所有其他效果，看上去必要和自然。在这条从货币到木偶的道路尽头，我们必须尽力将后者的姿势浇铸成图像，就好像我们凭着某个幸运的机缘发现了他。

（接上页注 2）也纳担任外交官的布克哈特结识了霍夫曼斯塔尔。当时的奥匈帝国因战败而分崩离析，奥地利的君主制也走到了尽头，这对于曾受命创作爱国文学、以复兴奥匈帝国传统文化为使命的霍夫曼斯塔尔来说，无疑是巨大的创伤经历。据布克哈特回忆，是年 12 月两人有过一次关于喜剧创作的谈话。霍夫曼斯塔尔援引诺瓦利斯（Novalis）的说法，认为在战争失败后应当创作喜剧，并讲述了自己对喜剧创作及其困难之处的独特理解。几年后，霍夫曼斯塔尔完成了《胆怯的人》（*Der Schwierige*）这部喜剧。该剧中，一位情感丰富却不敢表白的伯爵，在一次晚会上遇到了自己爱慕的女士；他在谈话中仅仅描绘了自己理想中的婚姻关系，却不知这番不带任何意图的谈话已经赢得了对方的心。在布克哈特看来，《胆怯的人》是献给哈布斯堡王朝的挽歌，刻画了旧贵族在帝国倾覆与社会转型之际所体现出的高贵态度：一切高贵的、直抵灵魂的东西，凭借的乃是姿势，而非辩证的表达。——译注

1　本雅明，《经验与贫乏》（Erfahrung und Armut），见《著作全集》（*Gesammelte Schriften*），第 2 卷第 1 册，Frankfurt: 1980, 216。

阿道夫·路斯，海伦娜·霍纳住宅，维也纳（1912）

17. 玻璃链

我此前的许多评述附议了吉奥乔·阿甘本（Giorgio Agamben）的《幼年与历史》（*Infanzia e storia*），在那本书的开头，作者分析了本雅明写于1933年的精彩短篇《经验与贫乏》（*Erfahrung und Armut*）。[1]经验的退化，或者说它在当下的贫乏（如阿甘本解释的那样，各种生活哲学是对它的证实，而非驳斥），在这篇文章中、在现代建筑运动的发展中发现了它的例证。玻璃与钢的功能性建筑代表着对经验所特有的诸前提之系统性清算。它的明确目标在于不可能“留下痕迹”、不可能生产任何一种秘密的位置，在于使作为单纯建筑物的住宅完全可见——除了它的单体物理结构，还有它同整个城市组织的关系。在这种纯粹的视觉操作中，玻璃是卓越的质料，是质料的君王。的确，玻璃体现了透明性的原则本身。正如本雅明所引用的那段谢尔巴特的话：“我们完全能够谈论一种玻璃文化。这个新的玻璃环境将会彻底地改变人。我们唯一有所期望的就是，这种新的玻璃文化不会有太多反对者。”[2]

然而玻璃不只是一切灵晕的敌人——本雅明似乎这样认为。

1 吉奥乔·阿甘本（Giorgio Agamben），《幼年与历史》（*Infanzia e storia*），Turin: 1978。

2 本雅明，《经验与贫乏》，见《著作全集》，第2卷第1册，218。

它攻击那个室内的理念。职此之故，路斯无论如何都不能被当作谢尔巴特式玻璃文化的一部分。玻璃只是间接地同占有相对立。其文化背后的根本理由取决于反对一个位置的存在——在那里，（被聚集的）事物也许会成为对个体来说不可异化的经验。因此，玻璃并不反对占有本身，而是反对一种不可异化的占有之理念。通过展示、生产、显明一切占有，玻璃使其仅仅作为货币存在于市场上。玻璃文化对占有的批判完全从流通和交换的视角被主导。钢与玻璃的城市令刺激和知觉的不断流动成为可能，在这种精神生活的连续丰富性中，遭受亵渎的与其说是古代的灵晕，不如说是经验的可能性本身——被生产的是经验的贫乏。在普遍的透明中，每一事物都被认为具有平等的价值，是等价的。玻璃的透明性暴露且背叛了每一处室内，并将其交付给闲逛者的等价性，波德莱尔曾歌唱过他们可悲的装束。因而在谢尔巴特的小说里，那些没有历史的名字、他的“全新”（本雅明语）造物，他们根本没有室内。他们生活在开敞中——却如同霍夫曼斯塔尔笔下的*无名之人*（Namenlosen），他们被奥利维的祛魅囚禁。[1]

我们知道路斯的室内同那些舒适的陈设有着天壤之别，尽管连本雅明也将二者相提并论。对于塑造了一切“最卓越头脑”的时代潮流，就在那种“强有力的”接受到来之际，路斯的室内表达了一种同怀旧乡愁的留恋不舍相对立的原则。另外，的确正是从路斯的室内开始，在玻璃文化及其关于现代的修辞中依然占据主导地位的灵晕，有可能被渲染得透明。玻璃文化宣告了经验已

1　奥利维是霍夫曼斯塔尔最后一部剧本《塔》（*Der Turm*）中的人物，该剧讲述了17世纪波兰王国的王室权力斗争。老国王在王子出生时听信了预言，将王子自幼囚禁于塔楼中，防止他推翻自己的统治。塔楼的看守长认为王子心地善良，试图谋求父子之间的和解，以便王子日后能建立温和的统治，却未能成功。国王的残暴招致民众与贵族的联手反对，最终被迫退位。民众都希望拥立王子，但兵权已经落入一介武夫奥利维之手。为篡夺王位，奥利维最终派人暗杀了王子。——译注

经死亡，并声称自己才是它的唯一继承人。它的玻璃反映了当下的贫乏。尽管它的先锋派姿态拒绝了父性的语言，并以主观任意和自由构造来反对它所假定的有机性，玻璃文化依旧属于一种彻底的逻各斯中心主义文明。为了渲染透明、暴露、去神秘化，它的意志表达了一个乌托邦，后者全面而持续地将人类等同为语言学的：所有秘密都必须大声讲出，所有室内都必须显而易见，所有童年都必须生产出来。语言，还有它的权力，在此是绝对的。正是它那新颖的、自由的构造性使它能够取得主体 - 自我发号施令的权柄。语言甚至最终从主体的意向（intentio）中被解放出来，自在自为地道说、生长、转型。人是被语言所占有的动物——然而这种语言是透明性和生产的语言，是技术的语言。这就意味着完成那个自我所特有的形而上学，它说：我思。玻璃文化仅仅是这一完成在其中被折射的诸形式之一。

批评这个权力的界限，这表达的并不是一种经受它的无力感，而是那样一种欲望，即阻挠它并展示它同当下贫乏的有机联结。它构成了当下贫乏的原因，而这一事实则往往为玻璃文化所掩盖。举例来说，像布鲁诺·陶特这样一位深受谢尔巴特影响的作者。在解释他自己的玻璃馆（Glashaus）——1914 年展出于科隆的玻璃房屋模型或者柏拉图式理念——时，陶特谈到了一种如万花筒般丰富、迷人、多样的建筑。他所说的每一个词，都美化和修饰了此处的玻璃原则。大都市生活的刺激强度同经验的贫乏，它们之间的联结即便对于齐美尔来说也是如此显著，而在这里甚至都没有被提到过。一切努力只是为了令玻璃文化咄咄逼人的登场同灵魂和体验的怀旧乡愁相和谐。经验的丧失如天体般被提升，凭借对炼金术实验的一种格外天真的隐喻——那便是陶特为《世界建造大师》（*Der Weltbaumeister*，1920）绘制的插图，它们被献给了谢尔巴特的精神，通过一系列分离（separatio）与连接（coniunctio）的操作，那里出现了夏日的阳光，还有孩子们的歌声、教堂的完美晶体、耀眼的水晶住宅（das leuchtende Kristallhaus），石头为了展示它的奇观而敞开。这里的玻璃原则，不但没有——像本雅明所想的那样——被不带任何幻象地看待，竟然还要求向一个室内的完美典范开放。可是玻璃并没有一个可供显明的室内，因而在语言的全面掌控之下，本身没有什么可否定的。实际上，它的语词仿佛变魔术一般生产出来的室内，如果不再是闪亮的玻璃（blitzendes Glas），就什么也不是：玻璃毫无生气地复制着自己——反射映像。个别与有限形式的一切恐慌又恢宏的情愿离世（cupio dissolvi）[1]，只是对失落经验的一种可怜替代；这不过是回到同一个开端的间接道路：玻璃链。

我们必须补充说明的是，在密斯·凡·德·罗（Mies van der Rohe）的作品中，玻璃具有一种完全不同的价值——本雅明应当转向的人正是密斯，而非谢尔巴特。对于密斯来说，透明性是绝对的，因为它诞生自那种准确无误且真正绝望的认识，即没有留下什么可供“聚集”，因而便没有什么可以变得透明。从这个意义上讲，玻璃不再扰乱室内，而是从此显现为它协助摧毁的那个事物之意义。然而这是否宣告了，在密斯那里最终被给予严格规定的玻璃，同样适用于路斯所把握到的问题呢？当玻璃扮演了一个根本的构图角色时，例如在美式酒吧[2]，它反射并增殖室内，却并不“传递”。它并不比一块光滑又贵重的大理石板更透明（路斯总在寻求更薄的大理石板，这清楚地表明他的目标是为玻璃原

1 天主教会官方拉丁文版《圣经》用语。参见《新约·腓立比书》1：23：“我正在两难之间，情愿离世与基督同在。因为这是好得无比的。”——译注

2 即上文提到的凯恩特纳酒吧。在19世纪的最后几年里，路斯曾旅居美国，对盎格鲁-美利坚文化钦敬有加。在酒吧的入口处，路斯设计了用彩色玻璃马赛克拼贴而成的美国国旗与店名。——译注

阿道夫·路斯，凯恩特纳酒吧，维也纳（1908）

则找到一个替代）。玻璃没有表明经验会发生在这个室内，它没有强调它所包围的这个空间，仿佛这个空间是一个“惊奇之盒”。可是玻璃也没有在语言中生产它——相反，它抑制了它的发展，即沿着这一方向的可能发展。凭借一个漫长的停顿，凭借一个被经受的延迟，玻璃扩大了室内。通过这一延迟，室内在它的差异中反映出自身，并使人反思经验的一个可能位置，反思一种可能的“尚未”。回溯地追求那些在经验中不复存在的，这也许很荒谬；然而宣告从此一切都将是玻璃和钢，则同样荒谬。可能者既没有宣布自身、呼告它的在场，也没有解除束缚；也许，它为沉默赋予了一种意义，并且在等待的同时聚集着。

18. 关于进步和先驱

至于迄今为止挑选出的所有这些路斯式评论，其主题如何可能被系统性地忽视，一个显而易见的例子正是献给这位维也纳建造大师六十岁生日的纪念文集[1]，其中的绝大多数文献并未触及这些话题。另外，在这一卷中被库尔卡[2]和闵茨（Münz）等人预见的许多主题随后将会再次出现，它们涉及路斯的毕生工作。职此之故，这一卷的历史意义绝对不应被低估。

对路斯全部作品特征的找寻，被那种占据了主导地位的预示之主题所取代。不是那个构成了路斯的奇异性的东西，而是那种所谓的现代主义“平庸”吸引了诸如艾斯勒（Eisler）[3]、冯·菲克尔（von Ficker）[4]、欧得（Oud）[5]、波尔加（Polgar）[6]和布鲁诺·陶特这些心灵。正是路斯预示了当下的通用语言（koiné）——

1 《阿道夫·路斯：六十岁生日纪念文集》。

2 库尔卡，《阿道夫·路斯》（*Adolf Loos*），Vienna: 1931。

3 汉斯·艾斯勒（Hanns Eisler，1898—1962），奥地利作曲家，布莱希特的好友。——译注

4 路德维希·冯·菲克尔（Ludwig von Ficker，1880—1967），德国作家与出版商，曾出版并大力推广自己的好友特拉克尔（Trakl）、克劳斯等人的著作。——译注

5 雅各布斯·欧得（Jacobus Oud，1890—1963），荷兰建筑师，曾参与“风格派”（De Stijl）运动，被认为是“二战”以前欧洲最伟大的现代主义建筑师之一。——译注

6 阿尔弗雷德·波尔加（Alfred Polgar，1873—1955），奥地利记者、批评家、剧作家，曾为多部电影编写剧本。——译注

他预见到它的特点，而他仅有的明显意图便是让那些特点恰到好处地实现他的预言。[1]路斯的重要性从而被还原为创造了“领先的一代”——已经注定要胜利的一代。这样一来，他反对“多余”的斗争就仅仅变成了当代建筑理性主义乌托邦（在此前所解释的意义上）的初步图像。路斯式辩证法被敉平为大都市的室外抽象尺度，他的清晰性（Klarheit）则被敉平为他的空间的重复单纯性。“健全的人类理性加上实践生活”：据说就是以这个二项式的名义来庆祝路斯的理念最终胜利。

在这一卷的其他条目中，将路斯无条件地插入当代建筑的历史，即便不是更加精细的，也是更加充分自觉的。举例来说，马尔卡劳斯（Markalous）[2]正确地强调了路斯全部作品的反 - 激情（anti-pathos），及其空间的、构造的、反绘画的价值——他暗示了那个本雅明式主题，即同“创造的生活”这一恋物作斗争——却只是为了让整体凝结为一首道德说教的、蛊惑人心的萨拉班德舞曲，“服务公众、人民、国家（原文如此！）”的音调。经由那些困难的道路，对“创造的生活”之批判返回了传统语言，语言又被关联于位置的主题，遥远的距离将路斯的西方，同——西方人天真地为之申辩的——单纯的去位置化相分离。只要人们仅仅把这种操作当成实用伦理（angewandte Ethik）（波尔加语），他们就根本不可能触及那些道路。这个实用伦理是实用艺术的一个亚种。相反，在路斯的作品中真正具有伦理性的，是它的全部问题意识；在其中，不存在任何实用的、屈从于书写的理想真理。

所有这些由他的同代人作出的评述，从未断言路斯的经验相

1 “如果某人只是超越他的时代，那么时代总有一天会追上他。”见维特根斯坦，《杂论集》，25。（译按：中译参考维特根斯坦，《文化与价值》，涂纪亮译，北京大学出版社，2012，14。）

2 博胡米尔·马尔卡劳斯（Bohumil Markalous，1882—1952），捷克作家、艺术批评家。——译注

对于当代建筑具有理论例外性。对于天真地接受这种建筑的“哲学”，路斯抱有一种有计划的拒绝。在路斯式构图那复调的不协调中，紧凑的乌托邦式进步文明设计（及其对“创造的生活”之批判）在一种被悬搁的构图中突然爆发，那简直就和勋伯格在同一时期的作曲一样彻底。路斯的现代性并不是一种范式——在预见中显露，随后又能被完成；路斯所寻求的现代性是作品的完全实际性（actuality），在语言和思想的相互归属中，嵌合于生命的诸形式。预见，这个典型的先锋派主题必然会粉碎这种嵌合，促成那种筹划的建筑学唯心主义，后者试图将栖居领会为筹划之先验目的的一个相关项。然而一种真正实际的、当下的现代绝不会再次在场。恰恰就在我们飞入未来的那个时刻，我们的目光“被颠倒”向过去，我们就是那个过去，我们正面对着（gegenüber）新的风景、新的问题、新的任务。这个现代的理念，我们知道，它的完全实际性（在场性）注定显现为一种完全非实际性（非-在场性）。这种现代是当代的对立面，当代是筹划、预见、去位置化，是完全可预料的乌托邦，将西方文化还原为被直接接受的大都市文明。那个构成了路斯式现代的根本实际性的东西，也构成了它相对于当代的非实际性。当他说他的语词是“虚空中的语词”时，路斯还可能表达了些什么？可悲的是，绝大多数为纪念文集撰稿的人都未能理解这一决定性声明。它被当作一种模糊的悲观主义迹象，应当为他后来的成功所抹除；它被当作对其作品的接受状况感到失望的证据，这个失望已不再“在场”。相反，在虚空中路斯谈到了菲里希及其死亡，谈到了可能的位置及其时间，它在空间的外部格局中几乎不被察觉。在虚空中路斯谈到了艺术同建筑之间的差异，我们将会就此结束我们的评论。完全的实际性是虚空，它相对于当代是完全非实际的。然而虚空也指向一个愿意接纳的位置，一种能够被给予的空间化。

在纪念文集中，还有一部分人倾听了这些虚空中的语词。在描述她的住宅时，艾尔瑟·拉斯克-许勒（Else Lasker-Schüler）[1]谈到了路斯——室内的“洁白灵魂”，它自室内发出闪光，它的目光“自另一种思想，自另一处陌生的、易变的土地”袭来。路斯将一种秩序“带入被逃避自我之人留给建筑师的那个世界”，秩序起源于这个室内，起源于这种“退隐至思想背后，仿佛被囚禁在重重牢狱之中”的目光。理查德·绍卡尔（Richard Schaukal）[2]也在路斯的思想中探寻这种“退隐”。绍卡尔翻译过法国象征主义作品，并且在1906年出版了《安德烈亚斯·冯·巴尔泰瑟大人的生活与意见：浪荡子与半吊子》（*Leben und Meinungen des Herrn Andreas von Balthesser: eines Dandy und Dilettanten*），这本书对于20世纪初的维也纳非常重要。在尝试定义路斯的文化时，他的参照是必不可少的：从克莱斯特式木偶剧（从霍夫曼斯塔尔到里尔克，它曾深刻地影响过不计其数的作者），经由发现一种构图的清白，对立于被人阐释的世界，直到反讽的主题。绍卡尔非常智慧地把握到了这些母题在路斯那里所处的核心地位。在其差异的持久性中，不同主题的交织标志着反讽的经验，就反讽一词最基本的浪漫主义含义而言。不仅如此，反讽丧失了其消解一切的重心，而且总会再次成为目光的清澈、必要的超然、宁静与成熟的弃绝。参照格里尔帕策（Grillparzer）[3]，

1 艾尔瑟·拉斯克-许勒（Else Lasker-Schüler，1869—1945），出生于德国的犹太裔女诗人，德国表现主义运动中为数不多的女性艺术家之一。——译注

2 理查德·绍卡尔（Richard Schaukal，1874—1942），奥地利著名诗人。他所写的评论文章往往清晰严格，与路斯和克劳斯对装饰的批评相仿，而他本人的诗歌创作却带有印象主义的绚丽与浮夸，这种矛盾和不一致构成了其作品整体的最显著特征。——译注

3 弗兰茨·格里尔帕策（Franz Grillparzer，1791—1872），奥地利著名剧作家，其思想与作品深受康德哲学影响。——译注

一个机敏的毕德麦雅（Biedermeier）[1]，他的每一次决裂仿佛都被压抑在语词的谦逊中，被保存在内部的面容里——对于像路斯这样一位维也纳的大师而言，这个参照是无法估量的、富于启发的。路斯所关心的“一个被淹没的世界的”剩余，除了质料语言和手工艺技艺的正确使用外，还必须加上克莱斯特的木偶与格里尔帕策的反讽。我们已经知道，通过与克莱斯特的那些段落相关联，对筹划（即建筑师有权将他的“模型手册”“转化为任其摆布的空间”）的批判得到了丰富与澄明；对于格里尔帕策来说，维也纳的文学传统具有一种象征，除此之外，根本不可能通过这种方式把这些文字理解为同阿尔滕贝格与菲里希的告别，就像在克劳斯最出色的作品中那样，反讽成了一件武器，一种抵抗的学派——抵抗被根除性、乌托邦以及装饰自由。“谈笑风生是真理所凭借的一种形式，它使真理易于被接受，”罗伯特·绍尔（Robert Scheu）在描绘路斯的时候如是说。如今，单凭反讽就足以毫无遮蔽地“开启诸深渊”。因此，不妨借用特里斯坦·查拉（Tristan Tzara）[2]在纪念文集中的说法，反讽并不上镜（photogenic），它排除了那些虚幻的美，只能获得另一种完美——它们蕴藏着生活的矛盾、边缘、不纯粹性（impurities）。

1　该词最初特指中欧各国在19世纪上半叶所经历的一段时期。当时的各个君主制国家吸取了法国大革命及拿破仑帝国崩溃的“教训”，为保证国家稳定，一方面严格限制公民的政治权利与言论自由，另一方面则大力提倡享乐文化与消费自由。因而在这一时期，欧洲各大城市的中产阶级不仅在人口规模上迅速增长，而且发展出了自己的文化生活与艺术品位，在建筑、家具、服装、音乐、文学等方面都出现了不同于传统贵族趣味的全新风尚。这种岁月静好的气氛直到1848年才被席卷欧洲各大城市的资产阶级革命所打断。现在，“毕德麦雅”也被用来代指那种对政治参与漠不关心、耽于安逸享受的中产阶级生活风格。——译注

2　特里斯坦·查拉（Tristan Tzara，1896—1963），出生于罗马尼亚的先锋派文学家，达达主义运动的主要发起人之一。——译注

19. 论路斯的坟墓

只有通过其毕生作品的历程，路斯才暗示了“言入虚空”的意思。在虚空中真正被说出的是路斯的艺术，准确地说，是它和传统之间、和传统的“建造”观念之间的差异问题。这个差异来自路斯的目的，可以说他的全部作品正是为了这个目的而存在。

理解路斯的艺术之维，通常的方式是把它当作一种超越的空间、一种抽象的他者，可以经由澄明而获得。相反，艺术的澄明在路斯那里是严格世俗的。只有在这个语境之中并且正是因为这个语境，这个艺术所特有的理念才可能被领会——对于和思想一同成长的语言，以及从对传统的忠实里产生的决断与革新来说，它绝非单纯的否定。这个艺术是这种语言的不可言说者；它属于语言的结构，并且在它的语词中揭示自身。路斯在某些时刻将艺术同建筑相分离，当作彼此无关的领域，那种激进的方式——建筑受目的支配，艺术则是理论上自由的——不应使我们忘记其论点的总体逻辑，这也是我们迄今所遵循的。无论其构图如何复杂，任何建筑都无法自在地解释与穷尽艺术的问题。任何艺术也都无法基于建筑术、构造与手工艺的工作（operari）被获取或被解释。可艺术的语言同样无法要求“治外法权”[1]；我们能够努力言说它，

1　在写给茨维塔耶娃（Tsvetaeva）与里尔克的信中，鲍里斯·帕斯捷尔纳克（Boris Pasternak）曾谈到过抒情诗的“治外法权”（extraterritoriality）。在另一封信中，茨维塔耶娃坚持认为过去没有母语。

因为它的位置并非乌托邦的。它是语言的一个位置，是语言危机的一个位置——这个位置首先强调了语言所具有的全部张力、革命的权力、想象的能力。它植根于此，并在此重获其根基。它是语言的前景——既是语言对语言之最大限度的判断与革新，也是语言对语言中“源初的”活的话之最为深切的领会与同情。这是在同“母语”的全部资源进行一场非常冒险的游戏，如此冒险以至达到其自身的断裂、自身的去位置化——然而它恰恰是为了反对这一根除才冒险。这个伴随着每一前提的维度，是一种保存在语言中的可能性，作为例外，它从语言中爆发，却并未随之崩溃。

艺术的问题决定了路斯对一切语言学混乱与杂糅的批判。艺术不是一项依据最任意的组合，从而可以被用于任何空间的权利。它标志着“例外性”，即时刻的悖论，传统的语言在那一时刻成为新思想与新形式，功能性的、可测量的空间在那一时刻被“超越”——不是被“渲染崇高”，而是被一个位置、一个语词的澄明，语词被保存在这个位置中，它在位置的沉默中也是必然的。路斯和那些艺术的“捕手们”不一样，他们令艺术成为日常构造实践中纯粹习惯性的全部意义与终极目的，路斯却依然忠实于对位置的这一倾听，这个位置就像是语言的室内，从室外不可预见、“不可筹划”，却仍然同这个室外有着必然的关系，路斯的住宅恰恰是这种情形。行为与领会的整个辩证法支配着他的手艺人与建造师傅之形象，直到这个辩证法在艺术作品的革命前景中爆发，路斯以此来反对那种在机械复制中清算艺术的立场——还有那种完全互补的立场，将艺术同可复制品相分离，从而将它的语言还原为装饰。并且这里再次出现的恰恰是时刻的主题——以及它的不可言说者，它从根本上关联于每一个过程、关联于每一场灾难。正如这个时刻未被给予，同样，艺术作品本质上只能发生在那个人身上，他以无尽的耐心照看他自己的语言并保持着对它的忠实。

正如在本雅明看来，每一秒钟都可能揭示那扇救赎的“窄门”，同样，在路斯看来，只有“非常微小的一部分”建筑能够向艺术敞开。[1] 与其他任何语言印记不同，例外位于边缘地带，暴露在开敞中，而匆匆的浏览却依然难以企及、难以捉摸它：它同时就是最大的赤裸与最大的亲密。

因此人们可以说，艺术在路斯那里就是“金库”，其中保存着不可言说的价值，对此只有事实才有发言权[2]——前提是这个不可言说者没有被当作一个免于所有界限和游戏的国度（大写的不可言说者）。只有承认在权利与正义，空间与位置，传统、习俗与艺术，规范与例外之间存在牢不可破的、相互的归属——只有显明那种伴随着每一个语词并在其中回响着的沉默，人们才可能获得一种对游戏的真正理解。但是这个相互归属并非一种相互“归化”（domestication）。在路斯关于艺术的写作中，就像在同时代的诸多文化领域中一样，其主导问题是感觉到位置之中、例外之中不可阻挡的自我穷竭——目睹了自鸣得意的见解与宽慰人心的短语，它们仅仅适用于当今，却自称艺术。克劳斯说，艺术家开创了无用之物；他发现了新东西。然而为了这个发现，他必须迎头撞向语言之墙，鲜血直流地退下来，然后还要再试一次。[3] 这

1 路斯，《建筑》，见《言入虚空》，254。

2 塔夫里，《球体与迷宫》，333-334。有关路斯的这些疑难，另见阿尔多·罗西（Aldo Rossi），《阿道夫·路斯》（Adolf Loos），见《美丽之家》（*Casabella*），1959（233），尽管年代久远，这篇文章却依然十分有趣。

3 这里所总结的各种克劳斯式主题，大部分都见于《夜间》（见《言说与反驳》，280-290）。我们应当记住，在克劳斯看来，艺术家“是语词的一位仆人”（强调为后加），而不是那个擅自“支配语言”的文员（《言说与反驳》，136）。通过比较这两个断言可以发现，把自己抛向语言之墙是一种服务语词的方式，尽自己最大的努力去放肆，就是在表达这个语言最大程度的张力和危机。任何真正服务语词之人，总是一次又一次地试图变换语言的规则；在两个时刻之间，存在着一种悖谬的相互归属而非原则的对立。

样一种观点从根本上对立于一切当代性：不仅因为它反对一切慰藉，而且更重要的是，因为它表明了整体语言的一个跨度，表明了其灾难中的一种密切参与。

在建筑中，艺术仅仅存在于陵墓和纪念碑，这个表述无论如何也不能按照一种过分简化的主题意义去理解。以煽动者与“阴谋者”（“那个阴谋就是艺术”，克劳斯说）的直率方式，这一断言暗示了，只有非常狭窄的门扇、近乎幽灵般的可能性，才能在艺术中“爆破”语言的过程。这些门会敞开，却只朝向那些没有混淆事实与价值的人们、那些既没有“应用”艺术也没有为建造者的“保守”功能性“渲染崇高”的人们——只朝向那些人，他们能够耐心地分析、分辨、分隔，并且通过这种方式拒绝关于其形式的一切“美的整体”与一切聊以慰藉的怀旧乡愁。假如陵墓和纪念碑被当作主题来理解，那么它们不管怎样也无法逃离功能的宇宙。路斯执意坚持，艺术所占据的位置乃是陵墓与纪念碑的理念所在，一个例外位置的理念所在，生活导致了这个例外，但是它却超越了或者重启了生活的诸功能。然而正是陵墓暗示了这一切，这个事实为看似处于彻底无望之中的这个艺术所证明。菲里希的“桥”与事物瓦解了，今天的艺术只能在无望的领域中同一般的去位置化进行搏斗。它的室内就是陵墓的室内，它被保存在那里——但这也是被语言不断置入思想的位置，以及生活不断遇难沉没的位置。

在这个时代，假如例外的可能性来自陵墓，那么人们也能说生存总是在那里被“聚集”。此外，陵墓并非意指过去的一幅永恒图像。只有在那里，我们依然能够发现希望，那既不是慰藉，也不是逃避，既不是装饰，也不是虚幻的和谐。不存在沉默的裁决，因而就不存在摒除的形而上学。对假扮例外的拒绝，对诸事实前提之支配地位的去神秘化，就是对时刻的等待与倾听的另一面。这一等待的权力只有在危险的最高处，在无望的极致处才出现。只有在倾听被专注于陵墓之地，我们才有望达到这一高度。

阿道夫·路斯（1870—1933）之墓，位于维也纳中央公墓，墓碑由路斯自己于去世前两年设计

论虚无主义的建筑

为了诠释卡内蒂（Canetti）所描绘的克劳斯的“抵抗学派”[1]，我们可以谈谈路斯有关栖居之为抵抗活动的观点。用哲学术语来讲，在路斯那里呈现出的疑难，正是在尼采式虚无主义之完成（nihilism fulfilled）的时代里，栖居的可能性与意义之疑难。[2] 通过现代建筑运动、理性主义等宏观图式重构现代建筑的历史发展，尽管这种做法已经成为传说，但是，声称理解了这种建筑的意义却没有把握到疑难、把握到独特的戏剧，这依然是荒谬的——因为正是这个疑难、这出戏剧，激起了针对现代建筑的种种立场与回应。

这出戏剧，就是在过去半个多世纪的历程中涌现出了一种虚无主义之完成的建筑，这种建筑逐渐充斥了大都市的图像：它是

1 埃利亚斯·卡内蒂（Elias Canetti），《卡尔·克劳斯，抵抗的学派》（Karl Kraus, scuola di resistenza），见《权力与生存》（*Potere e sopravvivenza*），Milan: 1974。

2 在其最新著作中，基阿尼·瓦蒂莫（Gianni Vattimo）成功地引起了人们对这个概念的关注，尽管他所采用的视角和我们此处的视角完全不同。有关就这一问题的争论，见《虚无主义的诸疑难》（*Problemi del nichilismo*），Milan: 1981。V. 维尔拉（V. Verra）撰写的条目“虚无主义”（Nichilismo）也很有帮助，见《20 世纪百科全书》（*Enciclopedia del Novecento*），第 4 卷，Rome: 1979。我自己的著作则重点参考了塞韦里诺，《虚无主义的本质》（*Essenza del nichilismo*），修订版，Milan: 1982。

生产所特有的形象，是领先所特有的形象，是连续不断又无法定义的克服所特有的形象。对克服的迷恋体现在通过这种建筑所实施的“彻底根除”之运作中：从城郭的边界、从支配着它的社交圈、从它的形式中根除——从与栖居相连的位置（栖居的位置）中根除。城市沿着与它的结构相交的街道和轴线“离去”。同海德格尔的林中路完全相反，它们不引向任何位置。城市仿佛被转型为道路的随机，路线的语境，没有中心的迷宫，荒谬的迷宫。在 20 世纪初，伟大的城市社会学完美地理解了城市的这种爆炸性辐射所具有的根除意义。在这些社会学中，大都市作为计算知性的重大隐喻而出现，它没有任何目的，它的神经生活浸没在等价情形的序列中。大都市的“无质量”建筑——完成的虚无主义的自觉图像——排除了位置的特征；在它的筹划中，每个位置在普遍流通中、在交换中都是等价的。空间和时间是从算术上可度量的、可分离的和可重构的。[1]

那么，问题的症结就在于完成的虚无主义建筑之筹划界限；在其中，地域风格的多元性得以被订造。在 20 世纪初期对 19 世纪进步主义的追随过后，为过程性、可变性及无限可兑换性给出的天真辩护被悉数保存下来，并且通过艺术和工业的多次联姻发出了强力回音，而在妄图凭借完成的虚无主义制造出一种文化的荒谬行为中，它又得到了完善。[2] 用质量、礼法和价值去填充普

1　有关节奏（rythmos）与无节奏（a-rythmos）的辩证法，从古希腊科学到文艺复兴时期的异名同音，再到当代音乐学和哲学，追随着阿尔伯特・冯・提穆斯（Albert von Thimus）的脚步，汉斯・凯泽（Hans Kayser）著作中的天才之处有待被重新发现：它构成了现代文化中一个不同寻常却几乎被遗忘的篇章。作为其更加系统化的著作之导论，见《谛听：世界的和声学理论》（*Akróasis: Die Lehre von der Harmonik der Welt*），Basel: 1946，第 2 版，1964。

2　这适用于现代建筑的整个构造性传统，从制造联盟与包豪斯（Bauhaus）到他们的全部建筑学与城市规划后裔。然而有趣的是，在 20 世纪初，虚无主义与文化的配对如何被来自中欧的那些最具革命性的哲学人物所直接否定：卢卡奇，维特根斯坦，米歇尔施泰特（Michelstaedter），魏宁格——自杀者或……自杀生还者。

遍被根除性的产品，将交换的等价性同使用的虚假本真性结合起来——对于这些怀旧企图的无力激情来说，情形的确是这样。为和平的“跨增长”所付出的这些徒然努力、这些调和与慰藉的假设，正是现代建筑发展的特点。在象征中想象这个纪元的一般动员之人，他的追求则与此不同，或者至少要复杂得多：位置的清除在此被转型为整个地球的理想图像（imago），后者则成了位置。保存与分割的“砖”消失了，但这并没有被经验为一种单纯的去神圣化，而是被经验为一种对于整个宇宙来说极端的、悖谬的且往往颇具讽刺意味的自毁式计时（templificatio）。[1]一方面，去位置化被当作复兴光的形而上学的一种——对这个纪元非常独特的——肯定条件，但是另一方面，企图给出这种肯定的悖谬性则变得透明，因为在形式的爆燃中，任何光的形而上学都是不可能的。职此之故，在布鲁诺·陶特“表现主义”阶段的作品中，以及在谢尔巴特的写作中，这个理想图像总是几乎要退化成某种简单的幻想游戏。这种研究对立于语义灵晕、引经据典和讽喻流动发生总体缺失的虚无主义：梦想着一种完全透明的功能秩序，梦想着一种无所不在且永远警觉的意识形态批评。秩序必须被共时地给予；理论将其包含在各部分的总体性中。没有任何位置能承受这种去蔽的作品；每个位置都必须是可见的功能。在这种筹划的组织里，矛盾消失了——或者说只代表了一个已被克服的偶发事件。一旦回收了矛盾，无质量符号的禁欲主义便揭示出新的理性（ratio），技术的卓越生产理性及其控制、操纵和预见的权力。这个理性把它自己的未来变成了过去的样子。而在所有这一切之中恰恰存在着完成的虚无主义之筹划所具有的乌托邦特征：使它

1　有关陶特与谢尔巴特身上的传统元素——尽管就其被接受的限度所具有的个体化而言，它并不总是准确的——参见 I. 德西代里（I. Desideri），《保罗·谢尔巴特的另类透明性》（L'altra trasparenza di Paul Scheerbart），见谢尔巴特，《莱萨本迪欧》（*Lesabéndio*），Rome: 1982。

本身的新奇(novitas)——秩序的例外性，它想要使之变得有效——成为国家的一个完美理念，并同时显明自身为一个最高的被根除过程，后者充分地引发了秩序，从而“取消”不可预见者，或者令系统的偶发事件边缘化。[1]

分析路斯对这种筹划的抵抗十分困难——就其内部环节来说，它是如此多样化。这一抵抗的某些元素似乎承认这种筹划的形象是完成的虚无主义的完美类型。装饰的概念，实用艺术所特有的概念，以及为使用价值自主的自身显明感到怀旧乡愁——路斯对它们的严厉批判难道不是首先指向了针对虚无主义的抵抗之激情？路斯的抵抗，它的起源与它背后的理由来自截然相反的另一端。他的抵抗诞生自不带丝毫魅力的虚无主义。它以清醒的方式运作，它惊恐地抓住了所有掩盖规划知性之缺陷的东西。路斯的抵抗诞生自对完成的虚无主义之筹划及其建筑的根本质疑。

这个质疑的中心正是筹划（project）所特有的概念及其自相矛盾的构成：筹划是对新奇的断言，撕下了一切传统和预先假定，与此同时，它还断言了一种国家意志，一种完美的国家乌托邦，抑或仅仅是大写的乌托邦。因此，在路斯的批判之核心处，我们不仅发现了筹划具有无法还原的逻各斯中心主义，而且发现了理应内在于这个筹划的不可化约的诸矛盾：最大程度的开放与最大程度的封闭同时出现。职此之故，路斯最独特的特征就是乌托邦元素在他的语言中完全缺席，这令他最明显地区别于其他当代建筑的大师们。建造师傅路斯的设计通过差异（通常是不易被觉察到的差异，以便杜绝全部激情）得到了发展，创作了矛盾本身，并为它们的不协调赋予了形式——一种可能的形式。根据复杂的生活形式，传统元素、手工艺及创造性的语词全部相互交织在一

1　有关筹划之困境，参见拙文《筹划》(Progetto)，见《政治实验室》(*Laboratorio politico*)，1981（2）。

起——它们绝不单单是可复制的，绝不单单同筹划的解决之乌托邦有关。[1]它的不可化约性必定使它成为室内与室外之间的一种游戏，室外无法“解蔽”室内，反过来，室内也不是一个终极的“惊奇之盒”，而是这个关系的一项元素，这个整体的一项功能，是它的在场的一种冲突。

路斯在创作时所根据的正是这种节奏（rhythm），而不是根据无节奏（a-rythmos）的数字度量、绝对时空的统一度量。绝对或释放（Ab-solutus）：也就是说，从全部位置中被根除，从这个位置或这个事件的“礼法”中被根除，因而能够被“自由地”切割、装卸与重组，完全听任筹划的摆布。在这种路斯式批判中不存在任何怀旧乡愁；相反，它拆穿了筹划之虚无主义的致命困境：假如时空维度自在地是绝对的，那么这种绝对性就只能是筹划本身的产物。根据这一逻辑，筹划成了新的主体，成了这种根除力量的实体。通过这种方式，否定了全部位置的权力要求成为唯一的特征，成为真正的奠基与主体。断言一种绝对时空，便最终引入了权力和行动，它们在绝对化中根除，如同植根或奠基一样。因此，抵抗这样一个困境，就意味着承认不可绝对化的诸在场与诸位置，意味着——根据种种关系、功能与复现——穿越了难解的构图所企图实现的节奏。路斯的抵抗在下述观点中发现了它的存在理由（raison d'être）：完成的虚无主义的建筑也是它的结束。赫菲斯托斯的奴隶们，[2]从空间中撕下了全部位置，又从无差别的绵延中撕下了全部时间，这些永不满足的建造者已经结束了他们的工作。伟大的筹划现在将要被有节制的文字学（grammatologies）

---

1 在路斯同所谓的“第二个”维特根斯坦之间存在着紧密的关系，加尔加尼在《奥地利与英格兰之间的维特根斯坦》一书的核心段落中讨论过这个关系。

2 《赫菲斯托斯的奴隶们》（*Gli schiavi di Efesto*）一书汇集了费鲁乔·马西尼（Ferruccio Masini）的多篇论说文，主要专注于——我们在这本书中所特别关心的——那个时期的德语文学。

方法[1]、本雅明式“贫乏”时间所取代——而这个筹划的大写时间也将被诸时间的多元性取代，那些时间必须被承认、被分析、被创作，那些时间同必须在方案中得到追问的各种位置相联结：传统、风俗、环境、功能、室外与室内、数字与节奏。恰恰是因为在这个时空里不可能回响起任何绝对，室内、节奏、传统及菲里希师傅的那些家具才既能够抵抗它，又不至于让这种抵抗变成感伤的激情、退步的怀旧乡愁或新的乌托邦。更确切地说，它为虚无主义的完满给出了一种有节制的、去神秘化的表达，无论它会持续多久。

然而在虚无主义之完成的建筑中，究竟有什么被完成了、被带向了尽头？我们又该如何理解这一点？对于充分理解路斯的批判来说，这个问题至关重要：经由决定性的一步，虚无主义之完成的视角才转回到自身，从而发现了它自己的完满。由于忽视了这个问题，各种历史学派彼此重叠，几乎没有区别：按照它们的说法，在大都市的筹划同栖居的象征、宗教及文化植根性[2]之间，裂缝应当具有一种绝对化的效果。无论这个情势被冷静地予以认可，还是以破碎的价值（或者说偶像？）之名受到谴责，被筹划当作其特征的新奇也从未受到过批评家的关注。这样一种途径最终不可避免地令普遍动员时代的*虚无主义建筑*（architecture of nihilism）这一术语及大都市中没有尽头的生产性（也就是尼采曾谈到的过度）[3]无效化；它把这个时代的语言当作从关于传统维度

1　正是围绕着同一个“去位置化”，才有了德里达真正划时代的著作《论文字学》（*De la grammatologie*，Paris: 1967）。

2　关于*栖居*的概念，参见拙文《欧帕里诺斯或建筑》，见《对置》，1980（21）。这篇论说文支撑起了本书所包含的许多论点。（译按：见本书附录。）

3　像西蒙娜·薇依（Simone Weil）这样的当代文化人物，尽管他们旗帜鲜明地反对自尼采以降的“赫菲斯托斯的奴隶们”，却似乎依然未能逃脱《快乐的科学》（*Die fröhliche Wissenschaft*）中那个著名的段落：阐释的畸形增殖摧毁了令世界神圣化的全部可能性，在它面前，现代人据说是不堪一击的。（难道*玻璃建筑*本身不也应当被理解为这一命运的对抗倾向吗？）

的一切疑难中释放出来的发明。这种途径是世俗化过程直接的、天真的图景，或者说，它是这个过程本身经常提供的辩护性自我阐释。总之，在它自己的语言、它的原创性内部，虚无主义的建筑相信一切根基、形式及传统的象征尺度都被完全穷尽了。在这种建筑中，这一根基的世俗化过程，或者说从这一根基中解放出来的过程，被断言为完成的。筹划的绝对化过程得到了完成。筹划最终能够显现为自主的。

对这个辩证法的解构——同对筹划这个现代术语的解构相一致——并不是立刻显而易见的。它必须经由两个根本时刻逐步展开，这两个时刻对应于筹划的自我断言想要综合起来的两个术语（绝对化与克服）。在筹划中，确切地说，在虚无主义之完成所固有的筹划中，人们并未局限于构想大都市的技术生产权力之完全绝对化，而是把这视为对原先维系（religio）形式的一种克服。在绝对性与克服之间存在着一种永久的短路：恰恰是由于这个原因，被完成的——既然它是先前过程的结束——也就克服了构成这个过程的每一形式。然而“绝对”这个术语仅仅映现了先前条件的崩溃，而非它的克服；一种彻底分离的权力而非一种“更高”理解的权力；出现了一种完全“进入未来的”新奇，而非原先语言的“命运”。在这两个术语的综合中，人们遭遇到一种无法逾越的荒谬性：假如我们从根本上断言虚无主义的绝对化权力，这种权力就不可能同先前的过程有任何关系；尽管它的语言可能是完全自由的或被发明的，它却无论如何也没有力量带来结束。另外，假如我们坚持认为虚无主义已经被完成了、结束了，那么对于它的绝对立场就不会存在任何疑问，因为正是一个过程的极端产物最终充分地领会到它既不是自由的，也不是“被发明的”。

同密斯·凡·德·罗在其他各方面的禁欲主义一样，只有在完成的虚无主义建筑逻辑上的不可靠之疑难——首先是它的绝对化意志的不可靠——这一语境下，路斯的批评与作品才能得到正确评价。在路斯和密斯那里，我们重新思考了世俗化过程，根据其内部的实例与元素——它们通过寓言指涉传统的宗教维度——的结构持久性。正如我们将要看到的那样，这个过程所特有的那些构成性困境使这一指涉成为结构的。在思考了对这些元素的否定或克服之断言后，我们又研究了它们的在场所经历的转型、所遵从的“转译和背叛”。最终，这个分析令克服的逻辑变得不可思议：它达到了各种语言之间的差异，无论是以历史主义的术语还是以价值的术语，这个差异都没有按照等级秩序被排列。分析觉察到了差异所具有的无法还原的特异性，连同它的转型、它的交错和它的指涉所具有的组合或语境。差异不是一个新的宇宙。只要一种图景把转型当作克服、实现或否定的某种形式——只要一种图景把由差异的诸位置组成的空间重新排列成一个新的等级秩序，这个方法便是对这种图景的批判。在转型中，这个方法注意到了被遗留下来的——被转译和背叛的——特异性。不存在绝对的差异，但是在转型中也不存在对这个差异的任何克服。在转译它的过程中，既不存在固定不变的“源初”自在传统，也不存在任何此类实现——当目的论与象征的因素重新出现在虚无主义之完成的建筑领域中时，的确是这样。承认这些存活元素所具有的结构功能（不同于它们在虚无主义的绝对化视角中被思考的方式），同针对存在于它们当前的功能和原先的意义之间的差异——一种无法被还原为等级秩序的差异——所进行的详细分析必然一致。在路斯对所有借用象征的做法——它被直接整合进了现代的筹划，并且同时被整合进了它对艺术作品中成果卓著的象征主义的敬重——给出的严厉批判中，这一事实显而易见。对于密斯来说，差异的观念以同样的方式呈现自身：对一切象征价值的禁绝是对它的“更高”理解，而不是为象征的完满与克服、为从象征中被释放出来的筹划给出一种虚无主义的断言；相反，它是在不可见者中对象征的真正保存。在谈及密斯时断言存在于象征和筹划之间的单纯他异性，这是不正确的，因为他异性的理念再次引入了绝对的理念。实际上，在密斯那里存在着对话、指涉、转型——可唯独在这一点上，作为其最终结果的分析才会出现：象征被转型为不可见者。但如果没有觉察这个不可见者的能力，没有观看其显明性的目光，人们甚至会将密斯还原为太过现实的理性主义编码、还原为它的秩序的等价空间。验证这些联系需要一些过于庞大和困难的研究作为基础，在这里甚至无法进行任何概括性尝试。[1]我们只限于廓清一些阐释进程，根据此前所提出的一般图式，集中于进一步阐明虚无主义之完成的完满视角，以及它的建筑。

罗伯特·克莱恩（Robert Klein）比其他任何人都更强调在建筑与乌托邦之间存在着系统性团结——而不是亲和。[2]他的分析聚焦于文艺复兴的理想城市形式；然而，自发城市的主题，即能够从它的设计中清除掉全部概率、风险及不可预测性的城市，当然无法被还原为“笛卡尔主义”城市的合理秩序，也无法被仅仅看作它的前身。在成为城市形式的内在立法者以前，有序的逻各斯曾象征着宇宙正义（díkē）。在充当为克服种种事例——它们组成了人的无政府城市——中无法摆脱的虚假（vanitas）而进行的计算以前，建筑师曾是一位气象学家，他反映了一种不变的秩序——城邦根据这一秩序的节奏而矗立。这两种“类型”之间当

1　在我看来，似乎只有一部具有历史广度的著作在沿着这个方向前进，那就是塔夫里的《球体与迷宫：从皮拉内西到 1970 年代的先锋派与建筑》。

2　罗伯特·克莱恩（Robert Klein），《从菲拉雷特到瓦伦汀·安德烈的乌托邦城市规划》（Urbanisitica utopistica dal Filarete a Valentin Andreae），见《形式与可理解者：文艺复兴与现代艺术论文集》（*La forma e l'intelligibile: Scritti sul Rinascimento e l'arte moderna*），Turin: 1975。

然存在着一个年代久远的非连续性，但是也存在着一个深刻的问题关联，实际上，在合理的自发平面上完全消解的城市之所以现在必须显现为乌托邦，正是因为城邦与正义的象征遭到了粉碎。这个象征是城市一度“栖居”的位置；一旦这个位置被用尽，同吞噬一切的时间作斗争——立法者与建筑师的这个目标——就必定被交付给生成的过程。它成了生成的诸形式之一——恰恰是通过那个形式，象征的目标在生成的过程中被再现为乌托邦。这一途径是这个目标中那种进步的去神秘化途径的精确对立面。筹划是超越了全部位置的权力意志，是对全部位置的“克服”，因而它也就是这个目标的世俗化；它必须依照这个目标度量自身，必须以某种方式重新实现它——作为乌托邦。合理自主筹划的权力意志，事实上同它自身的纯粹时间本质、它的生产与根除结构相矛盾，它无法回应这个矛盾，除非以乌托邦的形式。这一点似乎直到筹划的最工具性、最惯例性的诸环节都始终保持有效。因此，建筑与乌托邦之间的团结在上游包括了一种不可放弃的象征目标，而在下游又包括了筹划结构的固有困境——困境的一方面是向时间的不可逆转性最大程度地开放，另一方面是停留在理性秩序中的诸时间模态，这个理性逐步放弃了一切坚固的植根。这一困境指出了筹划的命运朝向一种形式，而这个形式无非是惯例性的、人工性的——但显然，这个形式的可能性——具有价值和权力的可能性、成立的可能性——必须以一种乌托邦的方式得到再现。乌托邦最终必然重新整合了象征维系的维度，这个维度此前被假定为完全去神秘化的。通过这种方式，在文艺复兴理想城市的微缩宇宙中，这些关联在它们全部成问题的力中已经是可见的：一方面，这个城市的设计是纯粹空间几何化的一个清晰筹划；另一方面，占星术、炼金术及魔法的母题不可阻挡的在场，却根本不是装饰的或怀旧乡愁的——相反，它表明了空间几何化的任何筹划所必然遭遇的困境，即想要既充当城邦的筹划又进入生成的状态。职此之故，象征目标在理想城市的总体设计中完成了一种结构化功能——它是这个城市的和谐，是它同技术科学理性的透明秩序之间的协和音程，一种只能存在于乌托邦中的协调一致。[1]

完成的虚无主义建筑恰恰将它自身的批评建立在这些关联所具有的撕裂的矛盾性之中。几何化筹划的虚无主义被从那些母题中撕下，而那些母题往往使它的产物同象征与宗教传统相和谐。它摒除了这一和谐的乌托邦，并通过这种弃绝取得了最大程度的生产力。这是一个根本的、不可阻挡的时刻，它标志着现代建筑的整个发展：在这个时刻，文艺复兴乌托邦的两难被认为是本质上不可化约的，随之而来的朝向惯例与机巧的转向被认为是命运，把象征含义重新整合进由筹划所实施的位置歼灭过程之中的所有企图，则被认为是怀旧乡愁的困惑（confusio）。完成的虚无主义建筑之结束的理念，恰恰来自这个基础——这个结束所意指的既不是拒绝它的历史，也不是超越它，而是追问它的可能性，在它的诸元素与诸意图的完全性与复杂性之中，当这些元素与意图生效时。

这个追问所通向的结论与我们从路斯的作品中所得出的那些结论相似。完成的虚无主义使筹划的线性时间绝对化。然而，在虚无主义的语言界限之内，这个绝对化本身再一次取得了一种乌托邦式协和音程。在这些界限之内，没有什么能排除其他时间的

1 关于建筑同乌托邦之间的关联，除塔夫里外，其他有帮助的论述另见吉尔·拉普热（Gilles Lapouge），《乌托邦与文明》（*Utopie et civilisations*），Paris: 1978；让·塞夫里耶（Jean Sevrier），《乌托邦的历史》（*Histoire de l'utopie*），Paris: 1967；埃米尔·米歇尔·齐奥朗（Emile Michel Cioran），《历史与乌托邦》（*Histoire et utopie*），Paris: 1960。相比那种更专业的方法，在我看来反倒是这类著述更加重要，因为在前者那里，乌托邦几乎总是——依照它的公认意义——被天真地当作对解放的预先构想。

幸存或复归。完成的虚无主义所特有的绝对时间概念仅仅无视了文艺复兴乌托邦之“结”的诸方面之一，因此虚无主义之成为——从这个结中的，以及这个结本身的——一种根本断裂的要求似乎缺乏根据。完成的虚无主义之时间只是文艺复兴戏剧的一个时间：使它绝对化为一个独一无二的时间，这同筹划的理念本身作为象征目标的解决方案相矛盾。职此之故，在完成的虚无主义内部，这个解决方案事实上是不可能的。

看到虚无主义之完成的完满——看到这个*完成*（Vollendung）的另一面——意味着看到克服与解决的全部借口、*完成存在*（consummatum est）的所有裁决均告终结。因此它不是一种眺望，既然它不得不以不同的方式、以不同的构图重新思考——虚无主义试图容纳进自身、试图自在地完成的——那些形式与时间。在这个思考中被带至终点的，正是解决方案所特有的理念。完成的虚无主义不能没有这个理念，因为它是它自身时间的求绝对化意志（will-to-the-absolutization），通过节奏的时间得以完全量化；它还是它自身空间的求绝对化意志，通过在位置中“被聚集”的东西得以量化。虚无主义不能没有解决方案，假如它不能“消解”它自身可解决的目标，那个为它赋予活力的筹划就会被迫重新显明自身，在暗地里，以一种神话般的音调：为它自身固有的权力意志赋予神话色彩。对自身生产性的建构性提升——在完成的虚无主义建筑中随处可见——是这个困境的典型。*建造*（edificio），或者更确切地说，*建造的权力*（edificare），一种对灵魂的稳定性、对其不可动摇的价值基础之传统隐喻，被转型为对没有尽头的技术生产性之隐喻。但是技术的语言究其本质来说是把价值还原为估价，这种还原本身阻止了一切*坚不可摧的磐石*（solidissima petra）。因此，正是这种语言的绝对化使得复苏所带来的——在这个语境下，则是建筑物（aedificium）的宗教隐喻所带来的——荒谬性、位置不当（á-topon）成为不可避免的。[1]

完满的一个必要部分反倒在于把握住这些时间内在的、交互的不可还原性。这个完满所要求的任务是引发它们众多可能的和解，而非它们单一的综合。在这个完满中，在它的差异中，因而要么存留着建筑物的“精神”时间，它没有受到技术的绝对化目标操纵，不是其乌托邦的一项单纯功能；要么存留着在其特定象征根基中作为微缩宇宙的城市之时间，它并非指向筹划的几何透明性。完满所要求的任务既不是带来解决方案，也不是带来全部解决方案的终结，而是构图的理念作为对差异的倾听、作为对其特征的承认以及作为这种特征的可领会的传播。路斯的抵抗就分布在这条线上——有可能将完成的虚无主义建筑理解为结束的、有定论的。那么，怀旧乡愁的做法并不是倾听筹划所试图克服的那些“特征”，而是反过来，格外执着于等级化语言，那种语言属于筹划所固有的克服。荒谬之处在于，恰恰在这种语言中保存了一个绝对化的意志，它不断地再生产出种种浪漫的混合物，它们掺入了那些总被认为得到了澄明的神话与象征维度。

虚无主义的时间类似于历史主义连续体的时间。同样，它声称最后的胜利者是正当的。另外，完满的时间反映了过程的非连续性。这里的破碎者从未被那个粉碎了它的立场所实现。破碎者也是不可分割的（individuum），因而它的形式在它的礼法中忍耐。由于虚无主义本身的绝对化与自主要求所具有的暴力，那个在完成的虚无主义中似乎被迫复归、变得畸形且无法辨识的东西，在此并未复归，而是可以被倾听与理解。疗愈性的怀旧乡愁同完

1 有关这些主题，参见亨利·德·吕巴克（Henri de Lubac）的精彩篇章《建筑的象征》（Symboles architecturaux），见《中世纪的释经学》（*Exégèse médiévale*），第二部分，第 2 卷，41-60。

满的精神无关，正如它同完成的虚无主义之精神相似一样：事实上这个后者需要保存那个“很久很久以前”，为了把它当作自己的基础——完美保存的废墟，完美修复的碎片。完满的精神知道破碎者绝无可能被再次体验；职此之故，它没有克服它或者包含它，而是在它的特定此在中倾听它，在它的向死存在之不可见性中探寻它。这就是彻头彻尾的灾难之链条，它在本雅明的天使眼前展开。完满的时间是语境，是这些奇异性的构图，任何支配性的时间也不能宣告它们的死亡，任何正义也不能把它们指派给它们本身之外的任何东西。虚无主义之完成恰恰要求构成对“很久很久以前”的清算与实现，它要求占有它真正的名字，完满（Vollendung）[1]的目光则不同，它觉察到了它自身构图的起源之缺席；它知道对破碎者个体性的倾听恰恰是它自身的倾听，而那从来就不是它自身的一种源初的自在。实际上，它承认破碎者的形式一度曾是，在它的时间中，构图与倾听……

这样，从完满的角度来说，建筑物的宗教隐喻无论如何也没有变为完成的虚无主义建筑的建构性权力——既然没有变为这样，它也就没有失落，更不能说它被耗尽。同样，回响在城邦这个术语中的充足性与多元性之和谐，以及回响在公民权（civitas）[2]中的稳定居住之和谐，在大都市理性的无节奏几何秩序中并没有

1 “完满”（fulfillment）与“完成”（fulfilled）对应的德文其实是同一个词：Vollendung。但它们表达了两个不同层面、不同阶段的含义。虚无主义之完成的完满，同所谓的“克服”完全相反，后者仅仅企图否认或逃避虚无主义之完成的现实性与必然性；完满既包含了对虚无主义之完成的最高肯定，也指向了一个全新的转向与开端，这就意味着有可能把那个完成的虚无主义带向终结，使它真正被完成。因此，上文才会将“完满”称作“完成的另一面”。——译注

2 勒内·盖依（René Guénon），《神圣城市》（La città divina），见《神圣科学的象征》（*Simboli della scienza sacra*），Milan: 1975；不过，关于这里所提到的论点，另参见该书中“建造的象征主义”（Simbolismo costruttivo）这一部分，并且同阿南达·K. 库马拉斯瓦米（Ananda K. Coomaraswamy）的互补性研究相对照，后者收录于论文选集第1卷，《传统艺术与象征主义》（*Traditional Art and Symbolism*），Princeton: 1977。

复归，而这个秩序也不是文艺复兴对称性的合法继承人。[1]任何怀旧乡愁都无法修复这种对称性的科学所构想的圣殿之理想图像（imago Templi）[2]这一象征。但是它的确可以被挽救——想象它从连续体中获得了自由，没有受到综合的影响，也没有被辩证地“教育”。

1　参见鲁道夫·维特科尔（Rudolf Wittkower），《人文主义时代的建筑原理》（*Principi architettonici nell'età dell'umanesimo*），Turin: 1964，尤其是 24-33。

2　有关圣殿的观念，参见亨利·柯宾（Henry Corbin）的精彩论文，《同世俗规范相对的圣殿之理想图像》（L'Imago Templi face aux normes profanes），见《圣殿与冥想》（*Temple et contemplation*），Paris: 1980。这本书所收入的素材，甚至比此前所引用的那些更能为——从传统着手的——大量现当代文化研究提供一个起点。

欧帕里诺斯或建筑

曼弗雷多·塔夫里（Manfredo Tafuri）与弗朗切斯科·达尔·科（Francesco Dal Co）的《当代建筑》（*Architettura contemporanea*）一书以海德格尔的名字作为结束。“差异”和“弃绝” 构成了一个悲剧的观点，从中描绘出了这种建筑的发展过程。[1] 因此这本书同“历史”没有什么关系——而是同现代建筑的问题，同它的可疑之处（Fragwurdiges）相关：它同世界、同事物的根本关系，它的语言作为这种关系的实存。所以引述海德格尔是必要的，因为他恰好早就已经思考过那些在建筑学的当前情势中看似“值得追问”的东西。不仅如此，他还以这样一种方式系统地阐述了它，以至于令这种建筑赖以滋养自身的那些价值和目的变得难以置信或者不可思议。对这种不可思议的“绝望”分析则构成了塔夫里与达尔·科的著作支点。然而它与海德格尔主义批评的关系是复杂的、繁多的，并且这些关系本身无法被还原为可调合的统一体。通过解构这些关系，使它们隶属于分析，我们或许能让自己看到——在一种就学科规范而言并不那么脆弱的情况下——被我们

1　塔夫里、弗朗切斯科·达尔·科（Francesco Dal Co），《当代建筑》（*Architettura contemporanea*，译按：又译《现代建筑》），Milan: 1976, 379。

称为“当代建筑”的这个发展过程的根本方面。岌岌可危的并非那些旧的准则——政治的、社会学的、美学的，它们时常被采用，以便抓住这个“名称”——而是这个“名称”本身。今日何为“建筑”？何为诗人？（Wofür Dichter?）

令海德格尔感兴趣的是建筑的建构（tectonic）方面。建筑生产——在古希腊意义上的“技艺”（tékhnē），它所表示的“既不是艺术，也不是手工艺，而是这样或那样地让某物作为此物或彼物进入在场者之中而显现出来”[1]。建筑筑造，只要它生产，只要它引导某物进入在场。这个某物是栖居。栖居并非筑造的结果，而是筑造所生产到在场之中的东西。它成为筑造所生产、所让显现的，而不是被筑造决定的。“唯当我们能够栖居，我们才能筑造。”[2]

也许是住房（l’allogiare），而非栖居，才会被人们当作筑造的结果。筑造作为栖居之产出，无论如何，这构想了一种在“筑造”和“栖居”这两个术语之间的源初同一化。借助一种典型的语源学和隐喻的链条，海德格尔解释到：筑造（bauen）起初还表示居住，即逗留于一个位置——然而逗留是“我是”（bin）的形式。“我是”的模态便是这个“循环”：栖居—筑造—栖居。不是栖居在住房中，也不是筑造住房；而是逗留，作为保养（拉丁文的 colere 与 cultura）：在四重整体（das Geviert）中存在——在大地上，在天空下，在诸神面前，在众人的共同体中。筑造就是生产栖居，而栖居是在四重整体中存在：建筑是建构的活动，只要它令四重整

1　海德格尔，《筑·居·思》（Building Dwelling Thinking），阿尔伯特·霍夫斯达特（Albert Hofstadter）译，见《诗·语言·思》（*Poetry, Language, Thought*），New York:1976, 159。海德格尔在《形而上学导论》（*Einführung in die Metaphysik*, 1953）与《泰然让之》（*Gelassenheit*, 1959）中处理了相同的问题。《筑·居·思》一文可以回溯至 1951 年。（译按：附录所引海德格尔著作，包括《筑·居·思》、《形而上学之克服》、《“……人诗意地栖居……”》等文章，中译均参考《演讲与论文集》，孙周兴译，北京：生活·读书·新知三联书店，2005。）

2　海德格尔，《筑·居·思》，见《诗·语言·思》，160。

体发生，令它显现，并保护它。[1]

我们也许还要问：什么是一个被筑造的物？一座桥。桥让两岸显现，统一了围绕着它的大地，“聚集”起它的元素；“桥以其方式把天、地、神、人聚集于自身”[2]。桥是一个地点：“筑造建立位置，位置为四重整体设置一个场地”[3]，守护它，看护它。桥出现以前只有空间——因为有了桥，一处空间成为场地。筑造意味着给出位置，意味着引发。筑造就是为四重整体给出一个位置并停留在那里。

可是所有这一切有什么问题呢？为什么这篇演讲要对筑造—栖居展开追问？对于海德格尔的这些文本，有一种庸俗的、像白痴一样的理性主义解读方式，把他还原成像斯宾格勒一样的“建筑哲学”。斯宾格勒谈到过“居所”在世界城市中的缺席，“灶神维斯塔和门神雅努斯、土地神拉尔和家神佩纳特斯”得以固守其中的那些居所缺席了。居所仿佛被根除了，人们仅仅作为租户或房客生活在那里。这个空间的风景被单纯的建造（aedificare）、单纯的建筑艺术（ars aedificandi）系统性地摧毁了，精神对于它来说是陌生的。这个精神不再是一种“植物”，不再同“天空和大地”有机地联系在一起，变得毫无生气，造成了一种同大都市的“人工自然”格格不入的存在。[4] 所有这一切正是“激进的”建筑学与上亿份关于“异化”的伪社会学文献的始作俑者。然而它与海德格尔论点中的内在意图恰恰相反。大都市的被根除精神不是“毫无生气”，而是尤为多产（productive）。它是主体

1 海德格尔，《筑 · 居 · 思》，见《诗 · 语言 · 思》，161。

2 同上，153。

3 同上，158。

4 斯宾格勒，《西方的没落》（*The Decline of the West*），查尔斯 · 阿特金森（Charles Atkinson）译，New York: 1957。

的自然存在之决定性断裂，容许主体成为超越自然的权力意志。海德格尔明白这一点。齐美尔也早就已经讲过这一点。但是这两者之间还有一个甚至更为实质性的差异。问题不在于筑造的形式本身。缺席的不是筑造对精神的“适宜性”——在那种情形下，精神对它的家感到陌生。问题在于这样一个事实，即精神也许不再栖居——它已经变得疏离于栖居。而这正是筑造不能“让”家（Dimora）“显现”的原因所在。

那么海德格尔又会如何继续下去？只需要激进地承担起建筑学的主张和意图，将它们推向其自身逻辑的极端后果：“你说筑造。但也许筑造只不过是栖居的一个手段？你筑造住房——尽管你声称人‘居住’在这些住房里。你的目的是要让人‘居住’。可是你如何才能断言这一目的，假如你没有意识到那样一个事实，即唯有当栖居首先联系于筑造，生产栖居才是可能的？那么你就必须向我展示这个联系的存在。此外，‘居住’是否仅仅意味着‘容身’，抑或还意味着‘保养’，以及在四重整体的诸要素之间‘建造桥梁’？”实际上建筑学的回答是这样的：它宣扬住房与劳动之间、棚屋与自然之间的关系。它似乎趋向于这个目的。尽管这个目的从来没有被追问过；它被假定为“自然的”，但实际上它是建筑学的当前情势中可疑之处的根本环节——不是作为解决可疑之处的手段，而是作为自在自为的目的。因此，在海德格尔身上根本就没有什么怀旧乡愁——而是恰恰相反。他令那种支撑起任何可能的“怀旧乡愁”态度的话语变得激进，扯下这一逻辑的遮羞布，残酷无情地指出它同实际状况之间无法逾越的距离。

问题不在于改变形式，即建筑学赖以思考家宅筑造的手段。人们必须问问自己，家（Dimora）究竟是怎样一种事物。除非在家（dimorare）成为筑造的一个先决条件，除非在家从一开始便联系于筑造，家才存在。除非筑造生产出四重整体的位置，家才存在。对于这一急迫性而言，任何“美学的”或“经济的”调解都不可能。但这并不是说那种调解不存在，而是说那是一种不切实际的、令人迷惑的念头，即相信室内设计或房屋构造能解决栖居的问题。避免住房危机是必要的和基本的，但是这一程序应当从根本上区别于任何其他要求，尤其是关于家的问题之要求。栖居的问题不在于房屋、服务或设计的质量。我们要么按照它本身的语言去言说它，要么就根本不去言说它：栖居是在四重整体中存在，栖居被经验为人自身存在的一个根本条件，感觉到自己是一个“栖居者”。然而是否可能为“栖居者”筑造？只有“栖居者”才能这样做。而在今天，“栖居者”恰恰是缺席的。

海德格尔将自己局限于重新证实人的被根除性，他面对着各种虚假与徒劳的努力——企图有机地重组自身，企图使人再次成为有机体、植物、根。那个自命为这一“重组”的建筑学应当被追问，“你想要生产家宅（dimore）？那么你知道如何栖居吗？”海德格尔认为有必要“学会栖居”。他一直在倾听栖居的呼声。可神并未呼唤。不如说是当前的危机本身在呼唤。但是危机如何能够呼唤栖居呢？海德格尔不可能说。事实上，他的文章证实了栖居—筑造—栖居这一循环的非 - 实存逻辑（non-existent logic）——从而先天地废除了假定这种逻辑具有目的或外延的任何主张。这个逻辑什么也没说，以一种维特根斯坦的方式——它仅仅形成了前提。

海德格尔使我们脱离了筑造—栖居的理念，因而不仅令它的有效性，甚至还令对它的怀旧乡愁都变得绝对成问题。毫无疑问，海德格尔始终在倾听栖居之呼声。然而这种倾听只是沉默。道说的并非栖居，而是栖居的危机。它的语言是批判的：确切地说，是分裂，是脱离，是差异。通过勾画栖居的条件，海德格尔描绘出那个将我们同栖居相分离的差异——通过根据一座桥展示被筑造的物，他向我们展现了一座桥实际的不可思议性。的确，他向我们展现了那些自称为桥的调解在实际中的不幸境遇。他告诉我们，那些伪装成家宅的棚屋、伪装成位置的城市，是完全无力的。

在海德格尔那里，这种批判显现为倾听和等待的形式。而这个等待则被认为是先天地不可定义的。导致我们从栖居—筑造中被分离出来的那些理由，包含在西方思想的整个历史中——包含在从古希腊技艺（tékhnē）到欧洲技术（technique）的那个转译中。表象，即对在场者的端呈，直到今天仍然是思想的根本特征。西方思想把存在当作在场。

可是我们的思想在哪里贬低了我们所说的在场？[1]现成在场预先假定了一种“无蔽状态”。在被构想为在场的存在中，一种根本的无蔽状态在发挥效力，然而，西方思想却无从把握它。西方思想假定存在与在场之间的等价是自然的，而它的努力则被集中于对这个在场的技术分析，被集中于它的理解和它的使用。海德格尔的《什么叫思想？》（Was heißt Denken?）一文以此作为结束。但是，假如筑造不是将栖居的根本无蔽状态带入在场，那么筑造又是什么呢？栖居同关于存在的本质根源之思考相联：为栖居思考。然而这一本质根源依然对海德格尔保持为隐匿的与神秘的——他的思想尚未到达那个地步。此外，西方思想的历史与命运在沿着技术的方向运动——不是沿着生产的方向，而是沿着科学生产率的方向。在这个命运中，能否再次出现一种栖居的意义、一种筑造的意义——作为栖居之无蔽状态的产出？在他的等待中，海德格尔揭露了一切虚假的诉求——可是他依然在等待，

1 海德格尔，《什么叫思想？》（*What Is Called Thinking?*），J. 格伦 · 格雷（J. Glenn Gray）译，New York: 1968。

在倾听。其探究的含义对于其他一切也不会有任何裨益。这些不可逆转的“转译”标记出思想的历史，也在栖居的历史上留下了印记。

再说一遍：房屋的形式和质量根本不是此处的问题所在。在现实中，这些是我们唯一能谈论的东西，然而形式与质量同建筑学的可疑之处毫不相干：筑造就是栖居，栖居就是筑造。可是，既然这个理念在今天不仅无法获得实现，甚至还不能被有效地听到，那么剩下的便只有在倾听的沉默中持续等待，抑或选择筑造住房，还是构筑物。海德格尔没有要求家宅的构造——他没有像斯宾格勒一样批评家宅的缺席。相反，他拆穿了这样一个幌子，即称那些仅仅是住房或构筑物的东西为家宅；他还拆穿了那个令人难以置信的语言学混乱，在住房和对家的怀旧乡愁之间，那个混乱构成了建筑学意识形态的特定形式。[1]海德格尔怎么可能要求由那些不再是栖居者的人所构筑的家宅？因为他知道这是一个本质的条件，是当代人的宿命。

当然，海德格尔保持着对那个呼声的等待、倾听、期盼。栖居的本质来自“保持”，来自“停留”——它并非来自任意位置，而是来自一个提供了和平的位置。栖居就是在和平中存在；它不是一种消极的保护，而是招致四重整体在终有一死者栖居处显现。眼下，在家中存在不是取决于避难所，不是取决于藏身之处，而是取决于这里，取决于无蔽状态本身。

“牧人们，”海德格尔说，“不可见地居住着，居住在荒漠化了的大地的荒地之外。”[2]他们守护着“大地的毫不显眼的法

1　参见塔夫里，《为一种建筑学意识形态批判》（Per una critica dell'ideologia architettonica），见《对立面》，1969（1）。

2　海德格尔，《形而上学之克服》（Overcoming Metaphysics），见《哲学的终结》（*The End of Philosophy*），琼·斯坦博（Joan Stambaugh）译，New York:1973, 109。

则”免受那个——通过迫使它超越自身的可能性而将它拖向耗竭的——技术意志的暴力。但这些牧人是不可见的，他们所守护的法则同样是不可见的——大地凭这一法则停留在其可能性界限的安全范围之内。怀旧乡愁在它第一次被瞥见的那个时刻便消失了。没有任何主体能保持在家中，保持在一种同大地的本质关系中。仅仅凭借自己同那个掌控着大地的权力意志之间的关系，主体得到了显明。通过定义栖居，海德格尔描绘了一种在今天不再可能的生活样式的可能条件。在家中存在就是成为不可见法则的不可见守护者。[1]

尼采在“伟大城市”门前的思想[2]当然更加严厉、更加冷静（nüchternes），因为他甚至不再倾听。他的思想始于等待所特有的沉默突然中止，而对无家可归（Heimatlosigkeit）的分析又刚刚开始之处。

不在家中存在、不是一个“栖居者”——这又意味着什么？作为主体，我们令自然成为数学（mathémata），我们在超越了大地的可能性之际扰乱了它，我们是非 - 栖居者。在我们这些主体看来，关键在于技术与权力意志必不可少的被根除性。与人们通常的看法和意见相反，主体既不生活在家里，也不向往它，而是只能在家的缺席中、在被根除性中存在：只有在这里他才是强有力的，才是多产的。主体借以表达其权力意志的语言——功能与惯例——是尼采式思想的唯一主题。斯宾格勒——而非海德格尔——才是查拉图斯特拉的猴子，他想要把圣人从“伟大城市”的门前赶回到山上去。尽管如此，海德格尔依然在等待事件，即本有（Ereignis）——人将被转化，并被带回到筑造—栖居的道路

1 此处显然参照了克尔凯郭尔的“信仰骑士”（knights of the faith）。

2 参见拙著《大都市》（*Metropolis*，译按：见本书第一部分），Rome: 1972；G. 帕斯夸洛托，《时下的思考》（Considerazioni attuali），见《新潮》，1975—1976（68-69）。

上。不过，即使无法看到任何正在修建的家宅（并且在这个问题上他拒绝陷入任何希望的幻象），他依然不时地暗示出它们的踪迹。家在诗歌的语词中留下踪迹。家退隐到了诗歌中，退隐到了这个苦难纪元的诗歌中。诗歌是否定（not），是不可见的——尽管诗歌是语词，却是家与四重整体退却的语词。[1] 诗歌（在其语词的非存在中）保存了建筑学的建构元素，房屋只能悲喜交加地指涉后者，只要房屋参与大地的毁坏。

海德格尔主义祛魅所特有的这一倒转——更好的说法是，在作为悲剧理论的想念（Andenken）同作为怀旧乡愁主张的想念之间，这个摇摆的辩证法，我在其他地方曾分析过[2]——为筑造—栖居—筑造的循环寻求了一个基础，那就是荷尔德林晚期的一首诗作，《在可爱的蓝色中》（*In leiblicher Bläue*）。在海德格尔看来，诗的本质包含在“人诗意地栖居”这一断言中。因而栖居以诗歌为基础。栖居所允许的筑造是诗意的：筑造就是作诗，它所做的就是创作（poiesis）。作诗的本质是采取尺度，“从这个词的严格意义上来加以理解；通过‘采取尺度’，人才为他的本质之幅度（Weite）接受尺度”[3]。

这个尺度是神，他不是自在地被知晓，而是在天空中显明。神性本身是缺席的，但恰恰是作为隐匿者，他才显明于天空中。天空显明神性为不可知的：并且这个关系度量人的存在——它是创作的尺度。在这个尺度中人栖居——在其中，他是一个“栖居

1 海德格尔，《诗人何为？》（What Are Poets For?），见《诗·语言·思》；以及《诗歌中的语言：对特拉克尔诗歌的一个探讨》（Language in the Poem: A Discussion on Georg Trakl's Poetic Work），见《在通向语言的途中》（*On the Way to Language*），彼得·D. 赫兹（Peter D. Hertz）译，New York:1971。

2 参见拙文《维特根斯坦的维也纳》（La Vienna di Wittgenstein），见《新潮》，1977（72-73）；以及我为芬克的《尼采的哲学》一书所写的导言，Venice: 1977。

3 海德格尔，《“……人诗意地栖居……”》（“... Poetically Man Dwells ...”，1951），见《诗·语言·思》，222。

者”。“作诗首先让人之栖居进入其本质之中。”[1]唯当人筑造，在诗意地采取尺度的意义上，他才栖居。如果栖居，人便诗意地栖居。

今天我们诗意地栖居了吗？海德格尔随即指出荷尔德林并未谈及现代栖居的真实条件。他补充说，诗意地采取尺度在我们今天看来如此怪异，并且只有我们的诗性直觉才使我们能够经验这样一个事实，那就是我们今天栖居在一个完全非诗意的世界：非诗意地栖居着人（undichterisch wohnet der Mensch）。而人们所明确期盼的则是对这一境况的颠倒。一种关照被转向了诗意，它允诺了希望。荷尔德林的诗句便是基于这一点得到评论，但是在我看来，这个意图似乎是完全缺失的。那首诗的开篇处描绘了一个位置的无蔽状态：教堂的尖塔“在可爱的蓝色中闪烁”；传来钟声的窗户“就像是通往美的门扇”。“我时常真正害怕去描绘”的那些图像（Bilder）是如此“单纯与神圣”（einfältig und heilig）。这就是栖居的位置——它是四重整体。然而，“只要善良，这种纯真，尚与人心同在”（so lange die Freundlichkeit noch am Herzen, die Reine, dauert），人就可能凭它度量自身。善良（Freundlichkeit），正如海德格尔明确指出的那样，是对恩典（khàris）一词的转译，一种人与风景之间、人与家之间交互归属的境况。但是海德格尔此处所谈到的尺度仅仅在诗中才是可能的。大地已经摧毁了同四重整体的其他元素连通的桥梁，这个大地不再“仰望天空”，任何尺度在这里都是不可思议的。“大地上有没有尺度？绝对没有。”（Giebt es auf Erden ein Mass? Es giebt keines.）人的栖居生活（wohnend Leben），逐渐消失在远

1　海德格尔，《“……人诗意地栖居……”》（“... Poetically Man Dwells ...”, 1951），见《诗·语言·思》，227。

方（die Ferne geht）。它并未将他召回，而是脱离了他——它无法被收回，它唯有作为形式，作为度量差异的形式，才是可能的。

非诗意地栖居着人……这个非诗意栖居的杂多形式组成了塔夫里与达尔·科的“历史”之题材。诗意栖居从未直接被命名，反倒正是这个“缺席的形式”使我们有可能去批判建筑学——关于人与风景、人与城市的调和——所提出的家的意识形态与种种荒谬要求（也就是建筑学本身）。

奇怪的是，塔夫里与达尔·科在这一语境中提到了海德格尔的名字，却没有提到过保尔·瓦雷里（Paul Valéry）的名字。[1] 尽管海德格尔在自己论建筑的文章里重拾了欧帕里诺斯（Eupalinos）的根本主题，事实上，后者的座右铭正是：朝向恩典（prós khárin）。斐德若（Phaedrus）向苏格拉底讲述了墨伽拉（Megara）的欧帕里诺斯及其建筑作品。除了“柱式与数字”，也就是度量，他无须通过任何其他手段来筑造家宅。在他的实施过程中没有任何“细部”[2]——一切都是本质的，具有同等价值。在欧帕里诺斯看来，筑造就是认识自己——因为筑造是栖居，而栖居是存在，在和平中存在，在家中存在。筑造就是认识作为栖居者的自己。而家宅则被栖居者视作心爱之物。

欧帕里诺斯表达了建筑学源初的、建构的意义。筑造是创作。存在着无声的房屋——那些构筑物与住房；也存在着道说的房屋；但仍然有其他的——那也是最为罕见的——歌唱的房屋。道说的

---

1 保尔·瓦雷里（Paul Valéry）的《欧帕里诺斯或建筑师》（Eupalinos ou l'architect）始见于1921年，现收入《全集》（*Oeuvres*），第2卷（七星文库［Bibliothèque de la Pléiade］），79 ff.。在两次世界大战之间，这篇文章基本上被阐释为“建筑形式的诗人”，然而它的悲剧与祛魅方面却遭受了彻底的误解，我在这里想要强调的正是这个方面。也许正是由于这些原因，塔夫里与达尔·科才没有分析过这部作品。页码对应于伯林根系列（Bollingen series）第4卷，《保尔·瓦雷里作品集》（*The Collected Works of Paul Valéry*），W. M. 斯图尔特（W. M. Stewart）译，New York: 1956。

2 同上，71。

房屋必须将自身限定为清晰的道说："法官在这里思量。囚徒在这里呻吟。"在正义的驻地，一切都必须宣读判决并体现惩罚。"石头庄重地声明了那些被它封闭在内部的；墙体寸步不让，而这个石头的作品同真理是如此地密切一致，有力地宣告了它的严肃目标。"[1]市场、法庭、监狱还有剧场体现了严肃的目标——即使"伪装"自身，它们也无法体现任何其他东西。

建筑师必须控制这些目标，但他同时还必须承认它们既不表现栖居的本质，也不以任何方式完成诗意地筑造的本质。在这些目标同那种仿佛"自为地歌唱"的杰作之间，插入了一个根本的区分。歌唱的房屋是家宅。只有在那里，人才是一个栖居者。它们是度量人之存在的纪念碑："在人的作品内部存在，就像是海里的鱼一样，被完全地浸没在其中，生活在其中，并且归属于它。"[2]这些纪念碑必须具有坚固性和持久性，[3]因为它们表现了筑造和栖居之间交互的、源初的归属。这正是路斯强加给房屋建筑学、住房技术的同一个界限——对这个幽暗的可能性，即音乐和纪念性建筑之间的一致，给出了同样的路斯式肯定；就荷尔德林的"虚空"与作为创作的建筑学而言，赋予了同样的路斯式形式。[4]瓦雷里的对话同样根据这些"路斯式辩证法"而进行。

但是，又有哪些纪念碑真的在歌唱呢？作为和谐的城市又在哪里？在瓦雷里的对话中，相对于辩证元素，建筑的建构元素似乎是为了它的效果而被提出："寻求这个神，恐怕没有什么意义。我这一生都在努力发现他，穿过思想的王国独自追求

---

1 瓦雷里，《欧帕里诺斯或建筑师》，见《保尔·瓦雷里作品集》，83-84。

2 同上，94。

3 同上，129。

4 参见拙文《路斯与维也纳》（Loos-Wien，译按：见本书第二部分），见我与弗朗切斯科·阿门多拉齐尼（Francesco Amendolagine）合著的《家政：从路斯到维特根斯坦》（*Oikos. Da Loos a Wittgenstein*），Rome: 1975。

他……人们所找到的神不过是许多语词中的一个语词，他又回到了语词。”[1] 思想已经从筑造中被切除——或者已经令筑造仅仅变为技术。然而，在苏格拉底看来，筑造——在最严格的海德格尔主义的意义上——似乎才是“一切活动中最完整的”；相比起“这个伟大的建造活动”，他反倒认为造物主（Demiurge）的工作是不完整的，因为后者“安排了不平等”，“在其令万物不和的怒火中”组织起又分离开各种元素。“它的逆命题必定到来”[2]：也就是四重整体，“在大地上、在天空下”的家，安抚人心的女神缪斯。

这是一种想要超越倾听和等待的诉求吗？它是一个真实的可能性吗？路斯相信只有在陵墓和纪念碑中，建筑才能成为创作。当他的时间被不可逆转地用尽后，苏格拉底在语词中竖立起了他自己的建筑。他在*死后*才是一位建筑师。他不仅在语词中独自构想筑造的形式——而且他的语词是一个*死人*的语词，是沉默。苏格拉底与斐德若相会在伊利索斯河畔，在阴影的透明国度，在一个不再存在的*此地*——而他们所说的一切“无异于这些阴间地带的沉默在进行一场自然的体育竞技，就像是某位修辞学家在另一个世界中把我们当作木偶摆布那样的愚蠢妄想”[3]。

非诗意地栖居着人……家是过去的，它不再存在。[4] 栖居与筑造的统一——它为家赋予形式——已经成为虚无。家的废除，是西方形而上学独特信念的一个根本方面，即纯粹的*存在*（l'ente）就是*虚无*（niente）。住房同家相分离，令住房仅仅存在于时间中：

1 瓦雷里，《欧帕里诺斯或建筑师》，见《保尔·瓦雷里作品集》，145。

2 同上，145-148。

3 同上，180。

4 关于接下来的这一段，参见塞韦里诺的重要文章，《时间性与异化》（Temporalità e alienazione），见《哲学档案》（*Archivio di Filosofia*），Rome: 1975。

对于时间中的存在(esse)同纯粹的存在(ente)之间的根本分离——通过这一分离，形而上学的主体占有了纯粹的存在——它不是字面上的寓言，它就是这个分离本身。家被构想为虚无，或者仅仅被保持为废墟或记忆，是为了甚至更清晰地展示它的无效性、它所获得的废除。在此基础上，主体是“自由的”，它能自由地运动，能开展它的工作、它的命运——使全部非时间的存在同时间中的存在相分离，把全部存在还原为时间、还原为主体本身运动的时间。主体寄宿在时间中——它并未栖居在家宅中。栖居、筑造及作诗之间的差异，不是可逆转的或可调和的；而这个差异的意义对于理解西方形而上学与技术的根本虚无主义来说，则是至关重要的。职此之故，建筑在这个“历史”中具有举足轻重的意义。它代表着诸种决定力量中的一种：从纯粹的存在同时间中的存在之关联中分离出前者，并掩盖了巴门尼德的图景——在后者看来，存在整个是永恒的，而且从一开始便同时间中的存在相统一。建筑也许是正当的，作为这些力量中的一种——作为沉默也同样是正当的，对家的空洞形式的沉默监护。用传统形式与古老废墟装饰我们的功绩，以自然伪装手艺并以永恒伪装存在，给技术功能贴上“诗意”的标签，以及使那些由技术组成的多元政治的苛刻条约显得“高尚”——恰恰是这些做法迫使建筑陷入了最可鄙的苦难。

非诗意地栖居着人……这无论如何都不应当依照一种道德的或“文学的”意义去理解；就诗意的栖居来说，我们在此所关心的是其形式分析的实践结果，或者其可能性的先天条件。这个结果应当同任何形式的怀旧乡愁或者乌托邦式超越性之间保持“纯洁”。在此，重要的仅仅是非诗意栖居的诸条件与现象学。这正是塔夫里与达尔·科的“历史”的主题——和处理方法。

这段“历史”描绘了一个结果：结果就是非诗意栖居。然而这个非栖居如何具体地显明了自身？非栖居是大都市生活的本质特征。[1]在谈到诗意的栖居时，无论海德格尔，还是瓦雷里，都未曾提及大都市；尽管栖居实际上恰恰是在这里遭受了贬黜。所以当代建筑的“历史”是一种大都市的非栖居现象学。或者说它理应如此，因为当代建筑的目标在于把自身重建为在大都市内部栖居的可能性。[2]宣传这样一种可能性则是基于“城市规划”——作为当代建筑内部的一个学科。因而，承认这个驳杂的地形，便意味着需要一种关于大都市功能的结构分析。正是通过它的起源与自然，“城市规划”创造了一种视角转变：“古典”栖居的无力；但是它也声称大都市功能的多元语言（以及栖居所特有的可能性随之而来遭到毁灭）从本质上讲能够被“升华”成为一种逻辑体系，成为“城市规划”将要再现或化身的那个逻辑。尽管人们承认“古典”栖居此后已再无可能，作为有机体的城之理念却依然是可能的：从建筑与城市规划的逻各斯这一根基中生长出来的植物。这一植物的理念代表了大都市组织的律令、应然。

我们可以说，“‘城市规划’源于将当代的非诗意栖居描绘成一个有机体的努力”。可假如这个“非诗意栖居”所包含的，不是多元性、不是变得“无家可归”（heimatlos）、不是组成了大都市的各种规训，它所包含的又能是什么呢？因此，尽管“城市规划”把要求提升为“非诗意栖居”的“有机组织”，它却依

1　因此，人们应当沿着这一方向扩展齐美尔与本雅明的分析，以及我自己在《大都市》一书中关于这个问题的研究。

2　反都市意识形态的力量不仅仅来自建筑学意识形态。它是当代文化的一般功能——连“新哲学家们”也包括在内。他们所宣扬的“游牧主义”无法为制度所补救，多米尼克·格里索尼（Dominique Grisoni）将其定义为对技术与城市文明之编码的驳斥，见《哲学的政治》（*Politiques de la philosophie*），Paris: 1976。就连文明与文化的二分法也被这些“新的二分法”消解了！更不必提那些“杰出的反动分子”，尼采的“德国人”！当然还有先锋派！甚至连意识形态的苦难本身也只能再一次作为笑剧出现。

然肯定了将这些语言和功能的多元性还原为一个统一体的可能性——它要求能够再现它们的某一种逻辑。然而“城市规划”既不能为这个要求提供基础——因为它本身就是其他各种语言之间的一种语言——也不能证明它的逻辑是有效的。职此之故，它被迫将逻辑转化成应然，转化成道德律令，转化成悖谬的伦理学——或者断言它是纯粹的形式，在异于形式（other-than-form）的内部，在理性游戏的内部——这个游戏针对大都市中各种符号的组成、解组与重组。在当代“城市规划”的公式中，逻辑、伦理和游戏如此这般接踵而至，或多或少作为一种根本“苦难”的祛魅化变体：谋求大都市诸种功能的“和谐”，创造一个全体共有的“故乡”，又将它们的真实冲突判定为微不足道的表面现象——这种理念隐藏起并神秘化了一个“深刻的”、“实质的”礼俗社会。这个“故乡”要求宣告“城市规划”——而正是这项“布告”为它的多样化“构图”方案提供了基础。但是这个构图实际上将会“重组”的是什么？假如不是栖居的“实质性”共同体，这个构图还会由什么组成？

“城市规划”这种语言就逻辑而言是毫无根据的，正如它就历史而言是轻率盲目的。依据它的“逻辑”，当代“城市规划”并不观看（does not see）——或者更好一点，只要工业资本主义大都市蓬勃发展，它便在那里看到了“投机活动的敲骨吸髓”；只要大都市“规训”的功能多元性最终“解放”相互冲突的各种价值，它便在那里看到了社会与政治的解体：它看到了个体的孤独与对诗意栖居的怀旧乡愁，只要那里的阶级构成得到替换、法理社会的多元化政治组织迅速出现。在这个“图景”与大都市自身之间产生了一种不可化约的张力——一个在特殊的历史语境中无法治愈的矛盾。当“城市规划”向大都市“让步”时，这个话语并未改变，因为这依然不是看（seeing），不是让可见

（making-visible）：大都市被当作构图式规划参与的自然而明确的场景；它的任意形式被当作法律，它的惯例被当作不变的游戏规则。而这个立场最终同城市规划游戏的虚假祛魅深深地纠缠在了一起。

当然，“伦理与构图”价值在当代“城市规划”的起源处占据了主导地位。“在广阔的大都市中，去人格化、异化和解体仿佛能够被各种经过衔接与组织后重新出现的凝结核所克服，‘质量’与‘共同体’在这些凝结核中将再次成为主人公”——帕克（Parker）、昂温（Unwin）和霍华德（Howard）在这一视角之内工作。[1] 但很快这个“模型”便倾向于远离“伦理与构图”，借用此前的术语来说就是，“城市规划”倾向于把自身确立为大都市组织的可能逻辑。这个“转折点”通过许多不同的形式显明自身，却无论如何也未曾更改作为一种再平衡的“城市规划”理念：存在着城市发展的合理化、生产要素的地区平衡、城市同乡村的“和谐化”——城市规划的理念作为“对各种历史矛盾的非政治整合过程，为一种乐观的技术进化论所纠正”。[2] 奥姆斯特德（Olmsted）的作品以这种方式“严肃地开启了政治与制度改革的问题……在地区的水平上控制资源掠夺……旧的城市管理模式的衰败，正如普尔曼镇的失败所表明的那样”，它同时既是针对共同体衰败开展的斗争，又是科学、技术与自然的乌托邦同盟——自然，它再一次成了“城市收入的一个强有力源头”。[3] 这样，学院派（Beaux-Arts）的意识形态和语言，在“城市美化运动”（City

1 塔夫里、达尔·科，《当代建筑》，39。（译按：理查德·巴里·帕克［Richard Barry Parker］、雷蒙德·昂温［Raymond Unwin］和埃比尼泽·霍华德［Ebenezer Howard］均为 20 世纪初的现代城市规划先驱，其观念和理论深受 19 世纪英国社会主义思潮影响。）

2 同上，66。

3 同上，24-25。

Beautiful）中与重申“自由市场机制的绝对优先性”取得了“和谐一致”。[1]

即便是德国城市规划所声称的“现实主义”——“旨在为收入机制重构一种自然性（naturalness）的条件”，通过“清除掉对建设用地的垄断所造成的任何对土地市场的人为‘扭曲’”——也仍然伴随着“对前都市的‘城市’隐含的怀旧乡愁”。[2]纯粹的自由市场图景依然是一种平衡的意识形态。此外，在已经被渲染为“平衡的有机体”的这个大都市内部，建筑形式所扮演的角色就像“事件与创造”那样是正当的，少了它们，个体将无法再感到“得心应手”。

理性的游戏与形式的诗意[3]来自那些深深地植根于当代“城市规划”意识形态的大师们。大师们依然在等待新的柯尔贝尔们[4]准备好要实现他们的乌托邦，乌托邦要么是政治的——就这个术语的“古典”意义而言——要么是乐善好施与集体主义体的，却无论如何都是反都市的。[5]希尔伯塞默（Hilberseimer）的《大都市

1　塔夫里、达尔·科，《当代建筑》，48。

2　同上，51-52。然而在这一时期，决定性的发展乃是国土技术管理、国土“官僚分子”的“规训”之形成。这是一种具有韦伯式倾向的“规训”，它的“文化”深受威廉德国的政治与知识氛围影响。参见 G. 皮奇纳托（G. Piccinato）编，《城市规划的建设，1871—1913 的德国》（*La costruzione dell'urbanistica. Germania 1871-1914*），Rome: 1977。

3　有关勒·柯布西耶（Le Corbusier）的一节采用了这个标题，见塔夫里、达尔·科，《当代建筑》，133。

4　让-巴普蒂斯特·柯尔贝尔（Jean-Baptiste Colbert，1619—1683），路易十四的财政大臣，任职期间遵照重商主义经济理论对法国的经济制度实行大规模整顿改革，积极发展本国制造业，一度从经济崩溃的边缘挽救了法国。——译注

5　的确，在其法文旧版《查拉图斯特拉如是说》中，紧接着查拉图斯特拉面对曙光、面对新生的太阳所说的第一段话，“我想要馈赠和分发，直到人间的智者又一次欢欣于自己的愚拙，人间的贫者又一次欢欣于自己的财富”，勒·柯布西耶写下了一句“为张开的手”（à la Main Ouverte），见塔夫里、达尔·科，《当代建筑》，143。然而，这并未证明尼采接近“大师”的“建筑学意识形态”，反倒证明了尼采的完全缺席。查拉图斯特拉赠予人们的是什么礼物？难道是对大地的忠诚？单纯是异教的“好的形式”，是塞尔苏（Celsus）与奥利振（Origen）之争（译按：公元 2—3 世纪发生的一场希腊思想与早期基督教神学之论战）？他谈到了“大轻（转下页注）

建筑学》（*Großstadtarchitektur*）[1] 所带来的"祛魅"，也无法对大师们的伦理形式主义构成一种有效批判：他的城市图像——城市作为具有集成功能的机器，城市作为"赤裸的结构"——是天真的"机器主义"（machinism）的典型特征，这种机械论的痴迷充斥着在大都市内部对传统的、调和的"城市规划"的所有批评。希尔伯塞默看不到对大都市的这种精确图像的任何"替代方案"。对乌托邦的驳斥从而以重新证实乌托邦张力的诸原因宣告结束。而"替代城市"、"公用岛屿"的理念，在维也纳的庄园（Höfe）中享有其最极端的，并且也许是最高的显明——那些骄傲地反对大都市现实的个体们、席勒式英雄们的住宅，塔夫里与达尔·科在一些非常优美的段落中解释说，他们是伟大的资产阶级小说的主人公，来自"上层资产阶级的神话，塑造了成就最高的奥地利马克思主义'魔山'"[2]，尽管在我看来依然不止于此。

"城市规划"作为逻辑和游戏——在一个非批判的框架中，被种种未经阐明的语言所围绕，从本质上讲，这些语言本身的界限是模棱两可的——支配了那个随没落而来的场景：没落的是形式同伦理之间的综合，是表达了对资本主义大都市的伦理批评的形式。"二战"以后的"城市规划"乌托邦除了逻辑和游戏之外什么也不是。然而这些乌托邦甚至作为本质上自相矛盾的术语而出现。事实上，这种乌托邦本身就呈现为总体性（totalistic）观念：

（接上页注 5）蔑的时光"，那时大地的意义不是人本身，而是人的克服——大海能接纳人这条"肮脏的河流"，作为最终的荫蔽，作为已死上帝的终极避难所。当然，勒·柯布西耶同那个被凡·德·维尔德——还有尼采的妹妹——歪曲为纽伦堡"战神广场"的尼采全然无关。（参见凡·德·维尔德的魏玛尼采墓项目，这个项目表明了人们可以如何"延伸"莫瑟的研究，后者依然在一个过于人民的 [völkisch] 基础上进行）。但是勒·柯布西耶也没有为对尼采式"符号"的微妙理解给出任何暗示——我们将会看到，在密斯那里则能够辨识出这个符号。

1　路德维希·希尔伯塞默（Ludwig Hilberseimer，1885—1967），德国建筑师、城市规划师，曾于德绍包豪斯任教，流亡美国后在芝加哥和密斯·凡·德·罗一同工作。——译注

2　塔夫里、达尔·科，《当代建筑》，193。

庄园或居住地（Siedlungen），大都市的各种特定功能（无论它们被如何强调），都不再组成它们的内容，而是组成了诸功能的总体（totality）。这个“设计”的乌托邦本质所具有的意识并未改变它的离基状态（groundlessness）：游戏仅仅以单数的形式存在。企图去玩各种游戏的总体——或者企图在一个游戏中再现所有的游戏——从根本上讲是荒唐透顶的。因此，“总体性概念再一次被还原为一种装饰性的丰富，而这恰恰属于它原本想要支配的那种大都市的混乱”[1]。

这个总体性图像实际上就是大都市的“灵晕”。这个图像绝不是那个它时常要求再现的讽刺剧，它克服了对大都市的伦理谴责（或者说，只要它克服了它），一再坚决地“宣扬”大都市的诸功能，将它们置换成了神圣灵晕的维度。大都市的“灵晕”环绕着摩天大楼——纽约、芝加哥、波士顿的纪念碑群，“自信那种曾在1890年令芝加哥的巨头们惊叹不已的例外之魅力依然有效”[2]。然而，这个以天真的方式包含了一切的技术乌托邦——为大都市给出了一种过分简化的辩护，假定它有一种不可阻挡的“创造性本质”——在它的“灵晕”中突然出现的还有从1950年代至1960年代的粗野主义（Brutalism）与新表现主义（Neo-Expressionism）纪念碑。[3]有必要认真反思纪念碑的在场：无论是刚刚提到的那些“技术的”变体，还是走进“记忆”的尝试（不断地指涉对栖居的怀旧乡愁，不断地为驱赶“中心的丧失”而斗争，例如在路易斯·康 [Louis Kahn] 那里），拒绝“无质量”[4]的当代建筑这一“微不足道的对象”就是一场斗争，为了阻止已被获得

1 塔夫里、达尔·科，《当代建筑》，396。

2 同上，403。

3 同上，参见第4章，371。

4 同上，408。

的时间之去神圣化最终延伸至一种空间之去神圣化。“城市规划”的这种最新变迁的意义，只能通过福柯（Foucault）的术语得到解释。[1]

福柯认为，我们生活在这样一个年代，世界在其中被看作一个网络，它同时联结起并置的和遥远的点。这个空间异化了“历史的虔敬后代”，在那些人看来，世界曾经像是一条宽广的街道，沿着不同的时代发展出了不同的“意义”。这个空间同中世纪城市的等级空间也没有什么相似之处，对于后者来说，诸位置的并置涉及它们各自功能的“价值”。当下的大都市空间由联系着规训与功能的非等级信息流，由各种不相干的、偶然的货币流通组成，它们的运动无法依照目的论来领会，只可能被随机地分析。

可是这一空间的去神圣化——它就在大都市生活的本质中——远未结束。它是未完结的，但这既不是因为欧帕里诺斯的“歌唱”房屋依然欣欣向荣，也不是因为栖居或许依然是可能的；而是因为这个空间的功能如今已被完全去神圣化，现实的房屋在这个空间中依然发现了位置，却又仿佛完全离开了位置——它们同时既是实际的又是绝对的（ab-soluti）：它们是异托邦。福柯把这些异托邦称作实际空间组织的“常量”。然而只有当它们同大都市组织的完全有序（sequential）本质发生抵触，当它们企图作为新的“宗教场所”、作为“抵抗历史的象征”来与之对抗时，它们才变得重要。[2] 赖特（Wright）曾将他的古根海姆博物馆（Guggenheim Museum）比作新的万神庙。[3] 异托邦是“不正常”个体“区分出自身”的诸位置——大都市空间就像涨潮的浪花般撞碎在“例外举止”的诸位置上。但是异托邦也经常把自己插入“正

1　福柯，《他异空间》，建筑研究学会，1967 年 3 月 14 日。

2　塔夫里、达尔·科，《当代建筑》，408。这里指的是路易斯·康。

3　同上，362。

常”功能内部、大都市的“正常”信息系统内部：比方说，这发生在福特基金会“空洞而透明”的内部世界里，它“被当作一个巨大的温室”。[1]

当异托邦面对环绕着它的空间，发展出一种补偿与慰藉的功能时，它就开始变得有趣起来。它想要对周围空间的去神圣化显示出一种谴责，对城市时间的等级与文化价值显示出“救赎”。异托邦所倾向的“好的形式”将会公开反对紊乱失调、糟糕的管理、大都市中心的丧失。纪念碑，组织完美的“居住区”，花园，这些都不是乌托邦设计，而是真实的诸位置，尽管相对于大都市的信息来说是*他异的*。这既不是大都市的逻辑组织的问题，也不是大都市符号组合中的理性游戏的问题，更不是对那里随处可见的异化予以乌托邦式克服的问题——而是用于建造那些纪念碑的空间的问题，换句话说，用于将宗教场所定义为纪念那些并不存在的“人民”、纪念大都市自身的*功能及语言*。异托邦所固有的虚假性终究不允许它将自身视作一个新的家——纵然当代建筑的某些记忆、某些“重温的过去”触及了这种怀旧乡愁。但异托邦依然总是家：不是为个体，不是为栖居者，而是为诸个体的共同体之价值。他们自身永远保持为格格不入的，然而通过这种方式，他们又重新占有了那些可返回的位置，那些应许之地，那些在语言和规训的大流散面前抚慰人心的教会。

可是当代“城市规划”的“意识形态连续性”——或者说那种企图弥补大都市的栖居问题的建筑学——不曾为一个像密斯·凡·德·罗这样的人留下任何余地。塔夫里与达尔·科在书中的最后几句话围绕着密斯——而恰恰是通过密斯，我们“解决了”最初借助海德格尔的术语所阐发的问题。让我们从1923年

1　塔夫里、达尔·科，《当代建筑》，403。

的文本《筑造》（*Building*）开始："我们要求筑造真正地且唯一地表示出筑造。"因此，没有栖居。的确，在1923年的砖砌住宅项目中，"空间的组成部分是完全碎片化的：相对于平面，诸体量的连续性只是一种表面上的连续性，因为各个部分的布置并没有创造出一条流通路线，并没有涉及任何秩序；是的，它们是标识，但它们却表明了迷宫没有出口"[1]。而在1929年巴塞罗那世博会的德国馆中，"筑造是各部分的装配，针对所使用的质料，每一个部分都说着一种不同的语言"[2]。只有筑造，装配起不同的语言，关注细部，却不寻求古典形式的"伟大综合"，不自夸这个建筑行业能满足对家的怀旧乡愁。这个怀旧乡愁甚至拥有它自己的语言，但是它无法被转译为建筑技术的语言。符号必须保持为一个符号，它所言说的只能是它对拥有价值的弃绝——并且只有通过这一弃绝，它才能承认它真正的功能与它自己的命运：一种语言，只有为其自身的界限所澄明，才有可能运作。[3]

密斯对玻璃的使用显明了他的反-辩证法。玻璃是对栖居的具体否定。不仅因为建筑形式淹没在了玻璃中，而且因为在这样使用时，玻璃令那些在其中寻求棚屋的人变得可见。1920—1921年柏林的玻璃摩天楼方案——对于像谢尔巴特那样的表现主义超越性，这是一个令人意想不到的否定——直到纽约的西格拉姆大厦（Seagram Building），人们可以在密斯的全部作品中追溯到这个常量：对栖居的一种至高的漠不关心，通过中性符号得到表达，"同最大程度的形式结构化相一致的，是一种最大程度的图像缺席"[4]。缺席的语言在此证实了栖居的缺席——证实了筑造和栖居

1　塔夫里、达尔·科，《当代建筑》，153。

2　同上，154。

3　同上，参见342-345。

4　同上，346。

之间完美的分离，任何异托邦也于事无补。“巨大的玻璃窗”是栖居的无效与沉默。[1] 它们否定了栖居，一如它们反射着大都市。而对于这些形式来说，只有反射才是被容许的。

---

1 然而，“玻璃”的辩证法比这里所说的要复杂得多，我将会在以后的著作中专门处理这个问题。

凝固的意识形态

杨文默

一

就意识形态领域的分歧和对立而言，高举某一群体或阶层所标榜的纲常与价值观，并以此攻击另一群体或阶层的道德与价值尺度，这根本算不上任何水平的“批判”；意识形态批判的任务，恰恰是要揭示出造成这一观念对立之情势的现实条件、物质基础——一旦把握到现实条件和物质基础，任何牵连于这个基础之上却妄图主导现实世界的观念体系，无论是哪一方，都不再有任何值得无条件拥护的理由，而仅仅是一些有待观察和诊断的病历。[1]

可是，批判性的把握或认识往往并不那么容易实现，这完全要归功于当代的普遍合理化状态，归功于成熟且繁琐的劳动分工与学科建制。今天的知识分子已经被彻底无产化，他的思考总是

1　这种兼具批判性和临床性的基本立场正是马克思与恩格斯在《德意志意识形态》中提出的历史唯物主义：“这种历史观和唯心主义历史观不同，它不是在每个时代中寻找某种范畴，而是始终站在现实历史的基础上，不是从观念出发来解释实践，而是从物质实践出发来解释各种观念形态。”见《马克思恩格斯文集(第1卷)》，中共中央马克思恩格斯列宁斯大林著作编译局编译，北京：人民出版社，2009，544。

首先围绕着自己的工作内容与学科范式，而非针对总体情势给出某种“自由的”、批判的反思；当这位知识分子尝试“反思”或者“批判”时，他也只不过是将某些在社交网络和新闻媒体上被广泛谈论的观念接纳过来，同自己的具体处境相结合，进而首先要求替自己所关注、所代言的某一区域或群体争取一种劳动与生存的“自主性”：这样一种“理想”，也只不过是在这位知识分子所属的群体或阶层当中广为流行的一种意识形态。在每一个群体、每一个区域里，总会有这种或那种意识形态主导和支配着人的思考，抑制了任何批判性反思的可能性，从而遮蔽了威胁到其支配地位的现实条件与物质基础，就连那些专注于基础设施建设，因而也最具有实践性的区域都不例外。例如，建筑学及城市规划的诸种学科与行业建制，它们塑造了我们赖以容身其中的居住条件，而忙碌于那些区域中的知识分子们，偶尔也会援引几句时髦的“批判理论”，用来附议一下自己最关注的学科内部争论。

曾经有一个名叫马丁·海德格尔的哲学教授，为了唤起这些在忙碌中沉沦的知识分子，他费力不讨好地跑去为建筑师们作了两次演讲，希望他们能够悬搁起学科与行业建制所热衷谈论的各种观念和教条，以便像自己清理形而上学的传统一样清理建筑学的意识形态，因为建筑学也是为形而上学所奠基并贯穿的。不幸的是，忙碌的建筑学专家们彻底误解和辜负了海德格尔，他们嘲笑“诗意地栖居”只是一种精英主义的奢侈和陶醉，甚至昏聩地将海德格尔判决为“浪漫色彩的乡土主义”[1]——仅仅因为他在著作中举出了一些乡村与小镇里的生活场景作为例子。这种庸俗的解释反倒变成了对海德格尔晚期思想和著述的一种主

1 亚当·沙尔，《建筑师解读海德格尔》，类延辉、王琦译，北京：中国建筑工业出版社，2017，79。也许更适合这本书的标题应该是“建筑师读不懂海德格尔”。

流意见，就连很多哲学研究者也想当然地认为《筑·居·思》（Bauen Wohnen Denken）与《“……人诗意地栖居……”》（»... dichterisch wohnet der Mensch ...«）不过是海德格尔在建筑师面前卖弄自己智慧和修辞的诗意小品。

只有一个例外，那就是意大利哲学家马西莫·卡奇亚里。在1978年的论文《欧帕里诺斯或建筑》（Eupalinos o l'architettura）中，同建筑学意识形态主导下的庸俗解释完全相反，卡奇亚里指出“海德格尔揭露了一切虚假的诉求”：

> ［……］他拆穿了这样一个幌子，即称那些仅仅是住房或构筑物的东西为家宅；他还拆穿了那个令人难以置信的语言学混乱，在住房和对于家的怀旧乡愁之间，那个混乱构成了建筑学意识形态的特定形式。[1]

二

马西莫·卡奇亚里，一位来自威尼斯的哲学家，1944年6月5日出生，1967年毕业于帕多瓦大学哲学系，获哲学学士学位。1980年，他进入威尼斯建筑大学任教，并于1985年取得美学专业教授职位。2002年，卡奇亚里又前往米兰的圣拉斐尔生命健康大学（Università Vita-Salute San Raffaele），在那里建立了哲学系。除学术工作外，他还积极投身政治活动。青年时的卡奇亚里曾热衷于各种左翼运动，在1968年同阿尔贝托·阿索·罗萨（Alberto

1 见本书附录。

Asor Rosa）、安东尼奥·奈格里（Antonio Negri）等人共同创办了著名的左翼刊物《对立面》（*Contropiano*）。适逢其学术事业的成熟期，卡奇亚里又分别于1993年和2005年两度当选威尼斯市长。比起学术成就，这些从政经历似乎为他带来了更高的知名度。然而，即使在总计十余年的市长任期内，他的学术写作与出版工作也从未间断过：自1970年至今，卡奇亚里出版了六十余种著作，他的哲学研究基于存在论与诠释学传统，涵盖政治、宗教、音乐、建筑、语言等多个领域，着实算得上一位著述丰富且涉猎广博的思想家。同伊曼纽尔·塞韦里诺（Emanuele Severino）、基阿尼·瓦蒂莫（Gianni Vattimo）、吉奥乔·阿甘本（Giorgio Agamben）、文森佐·维蒂耶洛（Vincenzo Vitiello）、吉安吉奥乔·帕斯夸洛托（Giangiorgio Pasqualotto）等人一样，在今天的意大利思想界，卡奇亚里也是足以独当一面的人物。2015年，塞韦里诺与维蒂耶洛一同主编了献给卡奇亚里的纪念文集，《永不宁歇的思想》（*Inquieto pensare*）——这本书的标题透露出人们对一位年过七旬却依然笔耕不辍、忘我工作的思想家所怀有的高度敬意。

《建筑与虚无主义：论现代建筑的哲学》（*Architecture and Nihilism: On the Philosophy of Modern Architecture*）是卡奇亚里的第一部英文著作，由耶鲁大学出版社于1993年出版。这本书以作者在此前二十余年当中针对现代建筑与城市的大量研究为基础，其视角与方法始终未曾偏离海德格尔所开辟的道路。在总结这一系列研究时，卡奇亚里强调自己对海德格尔的激进阐释——尤其是《欧帕里诺斯或建筑》一文——为全部问题意识的形成和发展提出了规范与框架，提出了“作为一个整体的现代建筑史”。[1]由此可见，《建筑与虚无主义：论现代建筑的哲学》集中展现了卡

1　见本书前言。

奇亚里对建筑学意识形态的批判，在重申海德格尔关于栖居之追问的同时，它第一次挖开了建筑学的形而上学基础；另外，卡奇亚里的工作也为阅读海德格尔提供了全新的方向和线索，沿着这条线索，我们得以瞥见在海德格尔的著作当中始终保持遮蔽状态的思想视域，那就是大都市条件下的现代生存：如果说海德格尔在自己的生活中刻意同大都市保持距离，那么这并不是因为他对某种“前现代”生活样式抱有难以割舍的怀旧乡愁，而是因为他知道自己必须透过这样一段距离去思考大都市——而非直接谈论大都市的内容——才能观入大都市的存在之本质。

三

对于生存来说，这个关键时刻为什么必须是大都市，而不能是某些传统的生存论概念，比如基于形而上学的主体或意志？这是因为大都市见证了古典资产阶级哲学理想的穷竭和崩溃。

> 它［大都市］不能被混同于任何特定类型的大城市，无论是商业的、工业的，还是消费导向的。它的本质在于成为一个系统，一个多环节的都市类型——也就是说，一种为当代大型资本增长提供的广包服务。它是一种整体装配：合格的劳动力组织，工业增长的科学储备与供给，金融结构，市场，以及无所不包的政治权力中心。简言之，为了被称为大都市，它必须是一个一般意义上的资本主义系统：资本流通与再生产的城市，资本主义的精神（Geist der Kapitalismus）。[1]

1　见本书第 2 章。

阶级关系与商品经济何以成为现代社会科学研究的最重要范畴？从根本上讲，这并不是一个单纯的社会学问题，而是一个最严格的哲学问题。康德首先为资产阶级个体的“自我”规定了一种合理性，而韦伯所讨论的“理性化”与“官僚化”，或者说，紧接着“生产关系合理化”而来的“全部社会关系合理化”，[1]便是这一合理性逐步外化为社会组织、程序规范、管理制度的过程。大都市实现了最大程度的集中和垄断，与此同时，它也穷尽了哥白尼式革命的最后潜能。资本主义的精神就是卓越超群的生产力、丰富多样的商品交换，还有一触即发的阶级斗争，在成为一个自在自为的主体之后，大都市反过来又摧毁了个体经由沉思所能廓清的那种主体性：

> ［……］大都市扩展了知觉的范围，增加了刺激的数量，而且似乎把个体从简单的重复中解放了出来——但是这个过程只能被控制在“知性的尺度”以内，后者包含了这些刺激，并且辨识和阐明了它们的多元性。[2]

对于身处其中的个体而言，大都市就是瞬息万变的刺激之不断涌现。“大都市的广包合理性，即系统，内在于刺激，而当刺激被接收、发展和理解时，刺激本身就成了理性。”[3]这一无所不包的理性要求个体服从两项基本能力：神经生活（Nervenleben）[4]与知性（Verstand）。

1 见本书第 1 章。

2 同上。

3 同上。

4 Nervenleben 这个重要概念来自齐美尔的《大都市与精神生活》。值得注意的是，在英语世界，它被草率地翻译成了 nervous life（紧张的生活），因此也就从来没有被当成过一个理论术语。

> 神经生活对应于从交换价值向使用价值连续不断的革新质变——也就是说，它对应于交换价值成为实在价值的必然实例。**知性**，反过来从使用价值的外观中抽象出交换价值的实体；它从过程中抽取出**货币**，从而正确地反映了商品本身——也就是说，它再一次生产了交易。[1]

就个体的水平而言，如果还存在什么自在的主体，那么这个主体也是一个“无形式的主体”——除非你想把闪烁不定的运动与变化，把能量的产生、传递及耗散过程本身也称为“形式”——一种神经生活。为经受这种生活所造成的张力，个体必须凭借知性做出反应，给出最符合自身利益的计算。“作为主体性的共同尺度，知性把自己强加在个体性之上。”[2]

> ［……］不仅康德的诸形式范畴被证明是本质上静态的，因而不适用于这一层面，就连黑格尔的辩证法本身也不再能压倒具体的实体，压倒那些——构成了这个生活的——现实矛盾的产生。[3]

在柯尼斯堡或耶拿看来，革命之后的巴黎是一种陌生的存在。大都市的本质就是否定性，它否定了城市及其意识形态。“在大都市面前，以及在大都市内部，城市的意识形态——也就是说，文化（Kultur）的观念所暗示的综合之可能性——分崩离析。”[4]

1　见本书第 1 章。

2　同上。

3　见本书第 5 章。

4　见本书第 1 章。

只有一种否定性思想——而非先验哲学或辩证法——才能充分洞察到这个否定性本质。

对否定性思想的征用，同时构成了20世纪初的新康德主义与生活哲学（Lebensphilosophie）的成就和局限。恰恰是借助否定性思想，齐美尔才开创性地描述了大都市的精神生活，然而他依然想要为大都市中的个体保留一种自主性、一种自由、一种形式，因此他试图在“大都市”与“精神生活”之间谋求综合。也许正是对这一新康德主义理想的执着，致使齐美尔误解了尼采——他将尼采同保守的英国贵族约翰·罗斯金（John Ruskin）相提并论，当作大都市的对立面[1]——而这种关于尼采的反动阐释，迄今依然支配着许多哲学研究者与爱好者。可正是在大都市的门前，查拉图斯特拉才斩钉截铁地拒绝了任何佯装成“返璞归真”的怀旧乡愁，拒绝了那个模仿自己口吻却歪曲自己思想的“猴子”。[2]同那些广为流传的庸俗解释完全相反，在尼采看来，任何一种妄图为这个现代的、大都市的生活重新赋予形式的努力，无论它是想回到某个更“完整”、更“有机”的共同体，还是想将神经生活的“活力”囊括在一个全新世界观当中，到头来只能见证自己的失败，只能见证经验的贫乏。

尼采把现代大都市当作自己思想的起点——海德格尔同样如此，假如他真正读懂了尼采。

1 格奥尔格·齐美尔，《大都市与精神生活》，见《时尚的哲学》，费勇、吴蓉译，北京：文化艺术出版社，2001，189-190。

2 见本书第2章。弗里德里希·尼采，《尼采著作全集（第4卷）：查拉图斯特拉如是说》，孙周兴译，北京：商务印书馆，2010，278-283。

四

让我们从大都市出发，回忆到建筑学的形而上学基础中去。

在一篇题为“论建筑风格”（Über Baunstile）的演讲里，戈特弗里德·森佩尔（Gottfried Semper）专门探讨了人类的起源和发展同建筑艺术的关系。在引述亚里士多德的经典命题——“人类自然是趋向于城邦生活的动物”——之后，他这样说：

> 根据这种古老的观点，单个的人有意识地将自身脱离于一般的地上此在（allgemeinen tellurischen Dasein）而成为独立的个体，就往往被认为是人类的起点（Ausgangspunkt des Menschentums）。至少这种观点对一切建筑学传统来说都是基础。[1]

在这个古老的观点中，回响着索福克勒斯同样古老的诗句——“奇异的事物虽然多，却没有一件比人更奇异”[2]。这个人是如此地奇异，以至于他竟然试图将自身从存在者整体中分离出来，使自身面对着大地上的其他一切存在者而站立，只有这样，他才能作为人开始他的存在。此后他将投身于不断的劳作与冒险中：跋山涉水、翻耕土地、驯养牲畜、筑造房屋、建立政权……面对从无边的自然中不断袭来的强力，“人强力行事地打扰了生长发育之平静，打扰了无劳无虑者之营养与结果”[3]——这两种强

1　戈特弗里德·森佩尔，《建筑四要素》，罗德胤、赵雯雯、包志禹译，北京：中国建筑工业出版社，2010，239。译文有所改动。

2　索福克勒斯，《安提戈涅》，见《索福克勒斯悲剧二种》，罗念生译，北京：人民文学出版社，1979，16。

3　马丁·海德格尔，《形而上学导论》，熊伟、王庆节译，北京：商务印书馆，1996，158。

力通过建筑被相互经受。

然而强力行事之人的故事并没有在索福克勒斯的时代或森佩尔的时代结束：这个奇异的、不断冒险的人离开了乡村，建立了人口更多、房屋更坚固的城市；城市不断扩大，成为汇集各方来客的大都市；在大都市的指令下，信息以光速传遍各地，整个星球的事务得到统一规划；人的故事还在继续，尽管它看上去似乎已经到达了一个终结或饱和的阶段，一种“无历史状态”（Geschichtslosigkeit）[1]——这种表面上的终结或饱和，正是虚无主义的完成。

可见，这种通过强力行事使自身脱离根基的行动和意志，不仅构成了人类的起点，也指引了人类的命运，把人遣送上了一条不断让自身脱离根基、投入冒险的道路。人类的历史性从根本上包含着对这个起点的重演。此外，森佩尔将“人类的起点”标记为“单个的人有意识地将自身脱离于一般的地上此在”那样一个时刻，而不是这个人在脱离了存在者整体之后才做出的某项业绩，也即是说，那种将自己同大地或自然相分离的意志本身就构成了人类存在的基础。当然，所有这一切过程，都是在一种形而上学的意志或对象化中被完成的。反过来说，无论形而上学的历史，还是为形而上学所贯穿的物质生产的历史，就总是一个不断以脱离根基的方式为自身建基的过程。

形而上学总是将建基当作一种肯定性工作，从而遮蔽了建基作为脱离根基的否定性本质。那么这种误认和遮蔽又是如何可能的呢？这就要求我们去探究一下这个根基本身的本质性运作。人最先与之相分离的那个根基被称为“地上此在”，它和大地相关

1　海德格尔，《哲学论稿》，孙周兴译，北京：商务印书馆，2013，109。

联。在《艺术作品的本源》（Der Ursprung des Kunstwerkes）中，大地的本质通过一种运作方式得到刻画，这种运作被称为“自行锁闭”，它抵抗与锁闭着意志和对象化所要求的敞开域，而那个敞开域又恰恰是人的作品或业绩所建立的世界之运作方式。因此，世界同大地的争执绝不是两种类型的存在者之间的争执，而是两种相互对抗的运作方式之间的争执。“［……］大地仅仅是在耸然进入一个世界之际，在它与世界的对抗中，才自行揭示出来。”[1]职此之故，海德格尔才将建立世界和制造大地共同规定为“作品之作品存在的两个基本特征”[2]。

当世界倾覆之际，大地的自行锁闭也将停止运作，因为世界已被完全锁闭。今天的人绝无可能在阒然无声的古代神庙前经验到希腊诸神的在场，因为那个古代神庙曾开启的世界早已彻底倾覆；然而神庙依然是现代人在艺术史、考古学，甚至旅游业中的对象，这些学科与产业开启了现代世界，所以说，“甚至那上帝缺席的厄运也是世界世界化的方式”[3]。当世界倾覆之际，那些曾经建立了世界的作品或业绩也将并入大地本身，在意志看来，它们只不过是堆积在那里的对象，或者有待被脱离的根基。通过在形而上学和建筑之间所建立的巧妙隐喻，康德对这个意志进行过一番格外形象的描绘。在《纯粹理性批判》的最后一篇《纯粹理性的历史》中，康德站在一种“未来形而上学”的基础上回望整个旧形而上学的历史，他仅仅投去了“匆匆的一瞥”——透过这种高傲的目光，他所看到的“虽然是建筑物，但却只不过是废墟

1　海德格尔，《艺术作品的本源》，见《林中路》，孙周兴译，上海：上海译文出版社，2008，49。

2　同上，29。

3　同上，27。

而已”[1]——在拆毁旧形而上学的同时，他也从废墟里挑选出了建造新建筑所需的基本材料。

到目前为止，人最为奇异的地方才真正向我们显现出来：他必须不断使自身脱离大地，而脱离大地的行动反倒恰恰是他归属于大地的方式。作为基础，大地就像岩层一样被不断堆积，而人最初经验到的存在之源初发生则被历史推挤到了深不可见的最底层。离基（Abgründ）就是建基（Gründung），这也正是海德格尔在手稿中反复将两个词并列在一起使用的原因。[2]整个形而上学的历史就通过这种离基着的建基建立了一个深渊。作为形而上学的终结，虚无主义的完成所指的就是这样一种状态：仿佛已经没有什么有待脱离的东西，也没有什么有待建基的东西，历史在此处终结或饱和。

相应地，在当代哲学中被反复提出的“解构”（deconstruction），也根本不是什么对现实共识或基本规则的挑战与破坏，正如很多浅薄之人的庸俗见解所宣称的那样。解构其实是这样一种操作：对那个通过离基实现建基、通过毁灭（destruction）实现建造（construction）的形而上学的本质运作机制进行清理和展示，从而耗尽它的现实性。因为这种形而上学的本质运作贯穿着整个人类文明的各个领域和范畴，所以解构的任务不得不——在言说、书写、绘画、戏剧等各种文化活动当中，在伦理学、人类学、文艺学、政治理论等各种学科建制当中——反复执行。[3]

1　伊曼努尔·康德，《纯粹理性批判》，李秋零译注，北京：中国人民大学出版社，2011，551。相比导论部分有关“建造大厦”的比喻，“纯粹理性的建筑术”与“纯粹理性的历史”中有关拆除旧建筑、清理废墟的比喻则为很多研究者所忽略。阿甘本在康德的其他著作中敏锐地觉察到了这个问题，并指出哲学的考古学“是一门关于废墟的科学”、一门“废墟学”，参见吉奥乔·阿甘本，《万物的签名：论方法》，尉光吉译，北京：中央编译出版社，2017，101。

2　海德格尔，《哲学论稿》。

3　参见雅克·德里达的全部著作。

这样看来，建筑学究其本质而言是形而上学的，形而上学究其实存而言也是建筑学的：

> 它［建筑］代表着诸种决定力量中的一种：从纯粹的存在同时间中的存在之关联中分离出前者，并掩盖了巴门尼德的图景——在后者看来，存在整个是永恒的，而且从一开始便同时间中的存在相统一。[1]

因此，《建筑与虚无主义：论现代建筑的哲学》绝对无法被归入文化研究或建筑理论的范畴，它是最纯粹、最严格意义上的哲学著作，即使它面对着作为实体的建筑——正如《悲剧的诞生》面对着作为实体的悲剧。假如能明白这个浅显的道理，人们也不会仅仅因为海德格尔在演讲中信手列举了几个熟悉的乡间生活场景，便断定海德格尔代表了什么“浪漫色彩的乡土主义”。如此盲人摸象式的阐释是极其荒唐可笑的，这就好比是盯住康德在《纯粹理性批判》中使用了一些建筑学的比喻，便断定《纯粹理性批判》只是一部建筑理论著作，而不是一部哲学著作。

五

促使海德格尔追问建筑与栖居的原因，是我们现代人的生存困境；然而在追问的过程中，他并没有将这些困境的本质归于技术或其他任何现代原因。

1 见本书附录。

> 不论住房短缺多么艰难恶劣，多么棘手逼人，栖居的真正困境并不仅仅在于住房匮乏。真正的居住困境甚至比世界战争和毁灭事件更古老，也比地球上的人口增长和工人状况更古老。真正的栖居困境乃在于：终有一死的人总是重新去寻求栖居的本质，他们首先必须学会栖居。倘若人的无家可归状态就在于人还根本没有把真正的栖居困境当作这种困境来思考，那又会怎样呢？而一旦人去思考无家可归状态，它就已然不再是什么不幸了。正确地思之并且好好地牢记，这种无家可归状态乃是把终有一死者召唤入栖居之中的唯一呼声。[1]

栖居的困境是一个古老的问题，无论它在今天显得多么急迫。为什么“终有一死的人总是重新去寻求栖居的本质”？也许他从来就没有真正栖居过，从来就没有真正学会过栖居。既然建筑学本身就是以一种形而上学的方式展开的，那么也许建筑学对栖居的理解始终是成问题的，也许栖居的困境就是形而上学的困境。即便海德格尔描绘过任何前现代的生活与共同体，他也只是通过这种描绘提醒人们不要妄想把任何过去与传统的图像永恒化、乌托邦化：

> 怀旧乡愁在它第一次被瞥见的那个时刻便消失了。没有任何主体能保持在家中，保持在一种同大地的本质关系中。仅仅凭借自己同那个掌控着大地的权力意志之间的关系，主体得到了显明。通过定义栖居，海德格尔描绘了一种在今天不再可能的生活样式的可能条件。[2]

1　海德格尔，《筑 · 居 · 思》，见《演讲与论文集》，孙周兴译，北京：生活 · 读书 · 新知三联书店，2005，170。

2　见本书附录。

对“人诗意地栖居”之描述，恰恰是为了指明“非诗意地栖居着人”这一事实性。假如建筑学本身也为形而上学所奠基并贯穿的话，在充分认识到自己的这个基础之前，建筑学为掩盖“无家可归”的生存状况而在住房设计方面投入的一切努力，都于事无补。在卡奇亚里看来，当代建筑的“历史”完全可以被定义成“一种大都市的非栖居现象学”，因为“非栖居是大都市生活的本质特征”，而“当代建筑的目标在于把自身重建为在大都市内部栖居的可能性”。[1]可是，这个当代建筑的抱负注定一再失败——不论是一往无前地标榜技术的乌托邦与“自由的”审美创造，还是自以为“迷途知返”地转向伟大传统与怀旧乡愁——因为它从未怀疑过建筑学的形而上学基础。既然建筑学与建筑行业的发展始终未能理解栖居的困境，这种发展就从根本上远离了栖居，它所实现的是一种“无栖居的筑造”。

另外，如果“无家可归状态”是把人“召唤入栖居之中的唯一呼声”，那么它就不仅不是栖居的缺席，反倒恰恰是栖居的引发。可这里所说的无家可归状态又是什么呢？

> 家的废除，是西方形而上学独特信念的一个根本方面，即纯粹的存在（l’ente）就是虚无（niente）。住房同家相分离，令住房仅仅存在于时间中：对于时间中的存在（esse）同纯粹的存在（ente）之间的根本分离——通过这一分离，形而上学的主体占有了纯粹的存在——它不是字面上的寓言，它就是这个分离本身。家被构想为虚无，或者仅仅被保持为废墟或记忆，是为了甚至更清晰地展示它的无效性、它所获得的废除。在此基础上，主体是“自由的”，它能自由

1 见本书附录。

地运动，能开展它的工作、它的命运——使全部非时间的存在同时间中的存在相分离，把全部存在还原为时间、还原为主体本身运动的时间。[1]

如果说这种“自由”、这种“无家可归”是所谓“激进启蒙”的后果，那么，超越激进启蒙及其现实后果的唯一道路，就是把这个启蒙继续下去，通往更激进的启蒙。只要建筑学的形而上学基础没有被摧毁，筑造就不仅不是真正的栖居，而且还原始地意味着无家可归。任何一种建筑学科或建筑行业所关心的问题，无论是建筑的形式、质量，还是数量，对于栖居的困境都无能为力。同建筑学所大规模开展的“无栖居的筑造”相对，在《哥林多前书》3：10-16 中，保罗则讲述了一种“无筑造的栖居”：

我照神所给我的恩，好像一个聪明的工头，立好了根基，有别人在上面建造。只是各人要谨慎怎样在上面建造。

因为那已经立好的根基，就是耶稣基督，此外没有人能立别的根基。

若有人用金、银、宝石、草木、禾秸，在这根基上建造。

各人的工程必然显露。因为那日子要将它表明出来，有火发现。这火要试验各人的工程怎样。

人在那根基上所建造的工程，若存得住，他就要得赏赐。

人的工程若被烧了，他就要受亏损。自己却要得救。虽然得救乃像从火里经过的一样。

岂不知你们是神的殿，神的灵住在你们里头吗？[2]

1　见本书附录。

2　此处采用和合本译文。和合本的“工头”一词所对应的希腊文原词是 arkhitéktōn（建筑师）。

我们不应忘记，海德格尔曾明确指出过真理和宗教之间的本质关系：“真理设立自身的再一种方式是本质性的牺牲”[1]。作为真理发生之必要条件的敞开域，火不仅凭其光线照亮一切，而且凭其热量“灼烧一切”、“平整一切”[2]。这个无筑造的栖居揭示栖居的本质为“让栖居”（Wohnen-lassen）——不是让人栖居，而是让人被一个更高的尺度所居有，这个尺度是人的存在之根据。这种栖居的实现不是通过筑造，而是通过牺牲；不是通过建筑的建立，而是通过建筑的毁灭。人本身就是一个居所，为其存在之根据所保留的居所，形而上学的建基总是遮蔽它，因而已经使它被彻底荒废掉。这个内在的、本质性的空缺，也许正是人试图令自身脱离大地时所造成的撕裂创伤。只要它没有被存在重新填补，人就会在无家可归状态的驱迫下投身于脱离根基的冒险与建基中，企图“重新去寻求栖居的本质”，却仅仅找到了无栖居的筑造。

当然，栖居的前提不是必须虔诚地皈依于宗教信仰，更不是摧毁人类在漫长的历史中建造起来的业绩——相反，形而上学的建基则往往采取这种“破旧立新”的方式。将要被火烧尽的，并非建筑物或其他任何存在者，而是存在者在当下的存在之规定，即形而上学所建立的尺度。事实上，在拒绝了保守的浪漫主义者对大都市的道德指控以后，尼采曾暗示过针对大都市的同一种存在论批判——“这大城市在其中焚烧的火柱”；然而，他仅仅留下一句“这是有自己的时间和自己的命运的”，便让查拉图斯特拉再度踏上了旅程。[3] 真理发生的时机被保存在了它自身的遮蔽当中、潜能当中，它绝无可能在时间序列里得到明确的规定与筹划。

1 海德格尔，《艺术作品的本源》，见《林中路》，42。

2 海德格尔，《荷尔德林诗的阐释》，孙周兴译，北京：商务印书馆，2000，65。

3 尼采，《尼采著作全集（第 4 卷）：查拉图斯特拉如是说》，282-283。

唯有对时机的期待才能显明这一存在的末世论维度：承认现实的必然性，承担此在的事实性，才有可能见证那个将其耗尽的时刻。

六

假如奥斯瓦尔德·斯宾格勒是“查拉图斯特拉的猴子”，那么克里斯蒂安·诺伯格-舒尔茨（Christian Norberg-Schulz）就一定是海德格尔的猴子。这位建筑学意识形态专家妄想以“现象学”的名义重建一种场所拜物教，从而把当代的空间生产拖回到前现代的等级化语言之中，为此他甚至还求助于那种为胡塞尔所拒斥的心理主义陈腔滥调。他不断地在自己的著作中引用着海德格尔——同时也不断地歪曲着海德格尔，最终在建筑学界为海德格尔赢得了一种奇怪的名誉。

事实上，海德格尔早在1940年代就已经略带嘲讽地指出，以诺伯格-舒尔茨的“场所精神”（Genius Loci）为代表的现代折衷主义与再魅化理想只不过是一种自欺欺人：在那些庸俗的理论家看来，“仿佛还可以在一座附属建筑（Nebenbau）中，为人受技术意愿摆布而与存在者整体发生的那种本质关系安设一个特别的居留之所似的，仿佛这个居留之所可能比时常逃向自欺的出路有更多的办法似的，而逃向希腊诸神也就属于这种自欺的范围之内”[1]。这种自欺不仅注定失败，而且还会导致现实问题的扩展和加剧，因为“以形态学、心理学方式把持存现实清算为没落和遗失、清算为厄运和灾难、清算为毁灭，所有此类尝试都只不过是一种技术行为。这种行为运用列举各种症状的装置，而所列举

1　海德格尔，《诗人何为？》，见《林中路》，266。

的症状的持存可以无限扩大并且不断翻新花样”[1]——所有这些情形又恰恰是那个助长着居住问题的市场最欢迎的。

猴子之为猴子，并不在于他的诉求仅仅是怀旧乡愁或“浪漫色彩的乡土主义”，而在于他将一切伟大的思想庸俗化、市侩化，缝合进了自己日常操劳的职业工作或学科教条当中。与其说猴子借助哲学回答了自己所操劳的学科范畴中的问题，不如说他用自己所操劳的学科范畴中的意见蛮横地强暴和剥削了哲学。通过这种方式被生产出来的理论，只是思想的尸体。建筑学界的理论贩子们在认定海德格尔的思想只不过是“浪漫色彩的乡土主义”后，便迅速将他的理论术语丢到一边，紧接着又囫囵吞枣地追赶起后结构主义、生命政治、后人类、对象引导本体论等一系列听上去越来越时髦的当代思潮。他们检验理论的唯一标准，就是该理论所采用的术语能否被拿来当作建筑设计方案的广告词。尽管如此，猴子的理论缝合传统却得到了继承和发扬：建筑学界很快便迎来了一位德里达的猴子，他的名字叫彼得·埃森曼（Peter Eisenman）；随后又迎来了一位德勒兹的猴子，他的名字叫格雷戈·林恩（Greg Lynn）……此外，不要忘记当代最著名的建筑学意识形态专家肯尼斯·弗兰姆普敦（Kenneth Frampton）——假如我们批判地阅读他的《现代建筑：一部批判的历史》（*Modern Architecture: A Critical History*），我们就会建议将这本书的标题改为“现代建筑：一部缝合的历史”。

如果建筑学的形而上学基础——或者更直接一点，建筑学本身——未曾遭到过怀疑和批判，那么不论学科内部的那些问题如何被分类、是否被分类，整个建筑学的理论进展也依然只是一个托勒密化的过程。正如我们已经指出的那样，这种未经批判的意识形态

1 海德格尔，《转向》，见《同一与差异》，孙周兴译，北京：商务印书馆，2011，118。

根本不可能胜任它所自诩的批判工作。另外，缺乏形而上学传统的东方在面对当代建筑的创新意志与总体危机时，则径直奔向了一种非批判的努力，即试图通过对现有各个文化层面中涉及建筑的信息内容加以搜集整理，建立一种广包性建筑理论，吴良镛的《广义建筑学》与黑川纪章的《共生思想》便是这种理论努力的代表。吊诡的是，这样一种广包性理论恰恰属于形而上学与人类学意义上的“世界观”学说。因此，诸如“东亚研究”等鼓吹多元主义的文化研究学科，终究难以逃脱当代博物学趣味的范畴，无法带来任何严肃的、有建设性的理论。想要穷究这个普遍的现实性，就必须完全承认它并浸没在其中。幻想凭借某种后现代思潮或文化多元主义就能“克服”它，到头来只会以自欺和投机告终。而在各种建筑学意识形态得到彻底批判与清算之前，谈论什么“建筑现象学”根本就是可笑至极——不幸的是，这出笑剧已经上演了半个世纪。

作为技艺与生产，建筑学具有不可或缺的基础地位。但是，当建筑学的专家们想要把自己的领域扩展到职业与学科的实践界限以外，并且认为建筑学只要能维护自己的僭越，就能同一切伟大思想分庭抗礼之时，因为缺乏理论的目光，他们总是会陷入培根所说的“洞穴假象”[1]。这样看来，通过对海德格尔思想的释放，卡奇亚里为当代建筑学奉献了一部“纯粹理性批判”，然而他的著作在建筑学专家当中受到的冷遇，几乎完全对立于康德的著作在哲学家当中受到的尊重。

难怪今天的建筑理论会如此令人失望。

1　尽管“洞穴假象”这个说法源自柏拉图的《理想国》第七卷，但培根就这一假象所给出的主要规定恰恰是因沉迷工作与专业而产生的僭越：“有些人留恋于某种特定科学和思索，这或则由于他们幻想自己就此成为有关的著作家和发明家，或则由于他们曾在那些东西上面下过最大的苦工，因而对它们有了极深的习惯。这类人若再从事于哲学和属于普遍性质的思索，则会在服从自己原有的幻想之下把这些东西加以歪曲和染色。”见培根，《新工具》，许宝骙译，北京：商务印书馆，1984，28。

附记

翻译这部精彩的著作无疑是一项挑战，也就是说，完成翻译的整个过程既充满艰苦，又饱含愉悦。

一方面，我并不期待这本书能为今天的建筑理论研究带来什么实质性帮助，也许它将成为“一部建筑师看不懂的哲学书、哲学人看不懂的建筑书、普通读者看不下去的思想书”。

另一方面，作为附录收入的《欧帕里诺斯或建筑》一文，则填补了国内海德格尔阐释工作的一项空白——恰恰是由于这一空白，时至今日，很多时尚的学者依然大言不惭地贬低海德格尔是什么“带有前现代乡愁的思想家”、贬低海德格尔的著作是什么“带有浪漫主义式的忧郁伤感的怀乡症”，以此来标榜自己的研究题材有多么“当代”、多么“激进”。既然“中文世界海德格尔研究终于有了比较完备的文献积累”，那么接下来或许有必要清除在中文世界海德格尔研究当中盘踞多年的各种歪曲。

原书的导言由帕特里齐亚·隆巴多（Patrizia Lombardo）撰写，她采用了一种在文化研究学科中极为常见的写作方法：在简要介绍了卡奇亚里的背景和著作之后，便立刻将书中对大都市与现代建筑的各种分析和思考直接还原为作者早年政治活动的结果；在罗列了大量无关紧要的其他材料之余，却没有就卡奇亚里的著作与思想给出更深入的论述和探究；此外还忽视了作者真正关心的哲学问题，仅仅把这些重要的研究归入了文化批评和建筑理论等当代学术工业范畴——所有这一切不仅背离了卡奇亚里在本书前言中所申明的学术原则与学术态度，而且损害了这部著作原本所承载的意义和价值。因此，卡奇亚里曾告诫中国的出版方必须删去原版导言，并委托我根据自己的理解与观点为本书撰写全新的中译本导言，即《凝固的意识形态》。

书中引用的部分著作，参考了林克、朱刚、路坦、王立秋、孙周兴、吴勇立、张旭东、赵蓉恒、李步楼、贺绍甲等多位前辈的译文。同其他任何种类的生产活动一样，学术翻译与学术写作也必须以思想作品的交换为前提，而保证交换活动顺利进行的最有力基础则是文字本身的可靠性。希望《建筑与虚无主义：论现代建筑的哲学》也能成为这样一部可靠的译作。

感谢各位学友的帮助，特别是武小西与李乾坤就若干德文专有名词的翻译所提供的建议，以及杨泽佳对部分章节译稿中几处笔误的纠正。

本书的翻译工作系江苏省研究生科研创新计划项目“建筑现象学的哲学基础”（KYLX15_0004）的阶段性成果。

图书在版编目（CIP）数据

建筑与虚无主义：论现代建筑的哲学 /（意）马西莫·卡奇亚里著；杨文默译. -- 南宁：广西人民出版社，2020.1
（人文丛书）
书名原文：Architecture and Nihilism: On the Philosophy of Modern Architecture
ISBN 978-7-219-10906-9

Ⅰ. ①建… Ⅱ. ①马…②杨… Ⅲ. ①建筑哲学 Ⅳ. ①TU-021

中国版本图书馆CIP数据核字（2019）第215103号

拜德雅

建筑与虚无主义：论现代建筑的哲学
JIANZHU YU XUWU ZHUYI LUN XIANDAI JIANZHU DE ZHEXUE

［意］马西莫·卡奇亚里 著
杨文默 译

出 版 人　温六零
特约策划　任绪军　邹　荣　特约编辑　任绪军
执行策划　吴小龙　　　　　责任编辑　许晓琰
责任校对　邬小梅　　　　　书籍设计　左　旋

出版发行　广西人民出版社
社　　址　广西南宁市桂春路 6 号
邮　　编　530021
印　　刷　广西民族印刷包装集团有限公司
开　　本　890mm×1240mm 1/32
印　　张　10.25
字　　数　239 千
版　　次　2020 年 1 月第 1 版
印　　次　2020 年 1 月第 1 次印刷
书　　号　ISBN 978-7-219-10906-9
定　　价　58.00 元